大矢雅則・戸川美郎［著］

大学の数学

高校‑大学
数学公式集
第II部

A COLLECTION OF
MATHEMATICAL FORMULAS
FOR UNDERGRADUATE STUDENTS

近代科学社

◆ 読者の皆さまへ ◆

　小社の出版物をご愛読くださいまして，まことに有り難うございます．

　おかげさまで，㈱近代科学社は1959年の創立以来，2009年をもって50周年を迎えることができました．これも，ひとえに皆さまの温かいご支援の賜物と存じ，衷心より御礼申し上げます．

　この機に小社では，全出版物に対してUD（ユニバーサル・デザイン）を基本コンセプトに掲げ，そのユーザビリティ性の追求を徹底してまいる所存でおります．

　本書を通じまして何かお気づきの事柄がございましたら，ぜひ以下の「お問合せ先」までご一報くださいますようお願いいたします．

　　　お問合せ先：reader@kindaikagaku.co.jp

　なお，本書の制作には，以下が各プロセスに関与いたしました：

- 企画：小山　透
- 編集：高山哲司
- 組版：三美印刷（LaTeX）
- 印刷：三美印刷
- 製本：三美印刷（PUR）
- 資材管理：三美印刷
- カバー・表紙デザイン：Malpu Design（渡邉雄哉）
- 広報宣伝・営業：冨高琢磨，山口幸治

- 本書の複製権・翻訳権・譲渡権は株式会社近代科学社が保有します．
- JCOPY 〈（社）出版者著作権管理機構 委託出版物〉
  本書の無断複写は著作権法上での例外を除き禁じられています．
  複写される場合は，そのつど事前に（社）出版者著作権管理機構
  （電話 03-3513-6969, FAX 03-3513-6979, e-mail: info@jcopy.or.jp）の
  許諾を得てください．

はじめに

　第一分冊の『高校–大学 数学公式集：第Ⅰ部　高校の数学』の序で記したように，本公式集は高校の 3 年間と大学の 2 年間（学科によっては 3 年間）で学ぶ数学を基礎から応用まで一歩一歩学んでいけるように著してある．

　第二分冊である本書『第Ⅱ部　大学の数学』では，目次を見てもらえばわかるように，多くの学科で学ぶ数学のほとんどを取り上げている．ここに挙げた数学をマスターするように忍耐し努力すれば，様々な現代科学を理解する基礎を身に付けられるであろう．

　このことは，現在学生である人以上に，大学を卒業し，いろいろな仕事についている人にも言えることである．むしろ，一度学んだことを整理した形で学び直すことは非常に有用なことだと考えている．学生も社会人も，本書を通して数学の大切さと面白さを知ってもらえれば幸いである．しかしそのためには脳をフル回転させること，そうさせようとする意志が必要ではある．

　なお，第 14 章に掲載した写真等は，いずれも「public domain」として扱われているものであり，Wikipedia（および，その関連サイト）より引用した．

平成 27 年 1 月
大矢雅則・戸川美郎

『高校–大学 数学公式集：第Ⅰ部　高校の数学』の序

　都心では高校生の約 9 割が大学に進学し，日本全体では 5 割ほどの高校生が大学に進学するといわれている．このことは，学問を求めて大学に行く若者の数が増えたからではなく，若いうちから働く必要のないという現在の社会状況によるところが大きいであろう．それゆえ，高校でさほど勉学に興味のない者も大学に進学することになり，畢竟（ひっきょう），高校で習ってきたことをベースにしている大学の教育についていけない学生が増えてきている．特に，積み上げていくことが基本である科学の分野，とりわけ諸科学の基礎となる数学においては，大学生の理解がどんどん低いものになるのは避けられないようだ．

　それに加えて，面白い教育やすぐに役に立つ学問を求めるといった社会の戯言は，学生に忍耐を忘れさせ，基礎を軽視するといった風潮を増長させている．こうした実利主義の馬鹿さ加減は，市民講演のような刹那的なイベントと積み重ねが必要な教育をごっちゃまぜにして，楽しければよいといったところにある．すぐに創造性や個性を求めたりする浮ついた風潮も同様で，文化や学問の進展に大きく反するものであろう．

　本物は，決してすぐに身に付くものでも，すぐに社会で役に立つものでもない．学問を身に付けるとはそういうことであり，遊び感覚でできることではないのである．いろいろな学問の中でも数学は，多く学問の基礎を与えるものであるから，最も大切であるとともに，それを身に付けることは最も難しいものである．

　数学の中でも，人類の文化に大きな寄与をなしてきた，高校 3 年間で習う数学と大学 2 年までに習う数学をいかに理解させ，使うかを教えることが本当は人類にとって最も重要なことなの

である．しかし，このことは決して容易なことではない．わかり易いことは良いことで，わかり難いことは良くないことだという自分勝手な観念を植えつけられた人々にとって，数学のようなわかり難いものを理解することを拒む志向が自然に働くようである．

こうしたもろもろの状況の下で，大学を卒業するころには，特殊な場合を除き，数学を好んで勉強する人は非常に少なくなってきている．

高校まで数学を得意としてきた者まで，大学に入ると数学がわからなくなるという．

そこで，こうしたギャップを埋めようとして様々な試みがなされてきた．ある人は生活において役立っている数学を見せ，またある人は数学クイズを通してその面白さを見せようとした．しかし，ほとんどは，帯に短し 襷（たすき）に長し，という類で，成功はしていない．

本書は "生活における数学" などを見せるものではないし，数学は楽しいなどというものでもない．むしろ，様々な科学をマスターするために必要な数学のすべてを，公式集と銘打ってはあるが，基本概念の説明から始めて，それらの使い方をも解説するものである．"数学には王道はない" のであって，数学をマスターするためにはきちんと筋道を立てて学ばなければならないのである．ただ，本書は，高校と大学の数学のギャップを埋め，それら数学をきちんとマスターできるように，そのことを手助けできるようにという思いで著してある．

そうすることによって，以下の特徴を持ち，また，次のような具体的な（日常的に卑近な）目的にも役立てることができると考えている．

1. センター試験から様々なタイプの大学入試に必要となる高校数学の公式，基本となる問題の解き方，公式の使い方の習得．
2. 大学の1，2年で習う数学の基礎をその使用を念頭に置いてまとめてあるので，大学の期末試験の準備にも役立てられる．
3. 大学入試で使うすべての公式をもれなく選び，単なる暗記に陥らないように，各公式の意味と使い方を，例を付して説明する．
4. 公式のみならず，問題を解くためのキーとなる方法 ◆注 を，通常のものから，少々程度は高いが，知っていると得になると思われるものまで説明する．
5. 典型的な問題を取り上げ，どのように公式や定理が活用されるかを解説する．
6. 高校で習う数学が大学で習う数学とどうつながっているかを随所で説明する．

本書は二分冊からなっており，主に高校で習う数学を第 I 部で説明し，大学の2年（大学によっては3年）までに習う数学を第 II 部にまとめた．本書をいつも携帯し，事あるごとに見直し，使っていれば，高校3年間と大学2年間の様々な数学を身に付けることが無理なくできるであろう．諸君の忍耐と頑張りに期待する．

この著書を出版するにあたって近代科学社代表取締役の小山透氏には編集にあたり様々な助言をいただき大変お世話になった．ここで深謝する次第である．なお，この公式集を書くに当たって，私の研究グループの渡邉 昇，佐藤圭子，松岡隆志，井上 啓，入山聖史，浅野真誠，原 利英，田中芳治，斎藤辰徳などの研究者に原稿読みその他で大いなる協力を得た．ここに感謝する．

平成 26 年 10 月
大矢雅則・戸川美郎

目次

第1章 微分積分 ... 1
- 1.1 収束・極限・連続性 ... 1
- 1.2 微分 ... 7
- 1.3 積分 ... 15
- 1.4 多変数関数の微分 ... 22
- 1.5 多変数関数の重積分 ... 31

第2章 ベクトル・行列・線形空間 ... 36
- 2.1 ユークリッド空間 ... 36
- 2.2 行列とその応用 ... 38
- 2.3 線形空間と線形写像 ... 48
- 2.4 内積空間 ... 55
- 2.5 行列式 ... 58
- 2.6 固有値とスペクトル分解 ... 62

第3章 論理・集合・写像 ... 70
- 3.1 論理 ... 70
- 3.2 集合 ... 74
- 3.3 関係 ... 79
- 3.4 写像 ... 83
- 3.5 無限集合 ... 87

第4章 確率論 ... 91
- 4.1 場合の数・事象 ... 91
- 4.2 順列と組合せ ... 91
- 4.3 確率 ... 93
- 4.4 離散系の確率分布と期待値 ... 95
- 4.5 連続系の確率分布と期待値 ... 97
- 4.6 測度論的確率論 ... 98

第5章 エントロピーと情報 ... 102
- 5.1 熱力学エントロピーと統計力学エントロピー ... 102
- 5.2 ボルツマンのエントロピー ... 104
- 5.3 情報通信のエントロピー ... 108

第6章　統計学 ... 117
- 6.1　度数と分布表 ... 117
- 6.2　代表値 ... 118
- 6.3　相関関係 ... 120
- 6.4　母数推定 ... 122
- 6.5　いくつかの分布 ... 127
- 6.6　母集団の検定 ... 128

第7章　代数系とその応用 ... 131
- 7.1　代数系 ... 131
- 7.2　群 ... 132
- 7.3　環・イデアル ... 137
- 7.4　可換体 ... 139
- 7.5　グラフ理論 ... 142

第8章　符号と暗号 ... 147
- 8.1　符号理論 ... 147
- 8.2　初等整数論 ... 153
- 8.3　暗号の理論 ... 159

第9章　微分方程式と差分方程式 ... 163
- 9.1　1階の常微分方程式 ... 163
- 9.2　高階の定数係数の線形常微分方程式 ... 169
- 9.3　差分方程式 ... 174

第10章　応用解析 ... 176
- 10.1　特殊関数 ... 176
- 10.2　複素関数 ... 183
- 10.3　ラプラス変換 ... 191
- 10.4　フーリエ解析 ... 193
- 10.5　ベクトル解析 ... 197

第11章　確率過程（マルコフ過程からポアソン過程） ... 204
- 11.1　マルコフ過程とエルゴード仮説 ... 204
- 11.2　定常な推移確率を持つマルコフ連鎖 ... 206
- 11.3　ランダム・ウォーク ... 211
- 11.4　ブラウン運動 ... 213
- 11.5　ポアソン過程 ... 214

第12章　算法とコンピュータ　　216
12.1　ハードウェアとソフトウェア　　216
12.2　論理回路　　217
12.3　プログラミング言語　　218
12.4　アルゴリズムと流れ図　　220
12.5　計算の複雑さ　　223

第13章　数値計算　　225
13.1　方程式の数値解　　225
13.2　数値積分　　226
13.3　常微分方程式　　227
13.4　線形代数と数値計算　　229

第14章　著名な数学者たち　　231
14.1　デカルト　　231
14.2　フェルマー　　232
14.3　パスカル　　233
14.4　ニュートン　　234
14.5　ライプニッツ　　235
14.6　オイラー　　235
14.7　ラグランジュ　　236
14.8　ラプラス　　237
14.9　フーリエ　　237
14.10　ガウス　　238
14.11　コーシー　　238
14.12　アーベル　　239
14.13　ガロア　　239
14.14　リーマン　　242
14.15　ボルツマン　　242
14.16　カントール　　243
14.17　ポアンカレ　　244
14.18　ヒルベルト　　244
14.19　ルベーグ　　245
14.20　フォン・ノイマン　　246
14.21　コルモゴロフ　　247

索引　　249

高校 - 大学 数学公式集
第 I 部 高校の数学

目次

数学 I
第 1 章　数と式
第 2 章　集合
第 3 章　2 次関数と方程式
第 4 章　図形と計量
第 5 章　データの分析

数学 A
第 6 章　場合の数と確率
第 7 章　図形の性質
第 8 章　整数の性質

数学 II
第 9 章　式と証明
第 10 章　複素数と方程式
第 11 章　図形と方程式
第 12 章　三角関数
第 13 章　指数関数と対数関数
第 14 章　微分法と積分法

数学 B
第 15 章　平面上のベクトル．
第 16 章　空間のベクトル
第 17 章　数列
第 18 章　確率分布と統計的な推測

数学 III
第 19 章　複素数平面
第 20 章　式と曲線
第 21 章　関数と極限
第 22 章　微分法とその応用
第 23 章　積分とその応用

その他
第 24 章　2 × 2 行列とその行列式

第 1 章　微分積分 1

第 2 章　ベクトル・行列・線形空間 36

第 3 章　論理・集合・写像 70

第 4 章　確率論 91

第 5 章　エントロピーと情報 102

第 6 章　統計学 117

第 7 章　代数系とその応用 131

第 8 章　符号と暗号 147

第 9 章　微分方程式と差分方程式 163

第 10 章　応用解析 176

第 11 章　確率過程（マルコフ過程からポアソン過程）204

第 12 章　算法とコンピュータ 216

第 13 章　数値計算 225

第 14 章　著名な数学者たち 231

第1章 微分積分

1.1 収束・極限・連続性

1.1.1 収束

数列の収束

実数の**数列** (sequence of numbers) $\{a_n\}$ が実数 a に収束することの正式な定義は，いわゆる ε-δ 論法 (ε-δ method) に基づき，以下のように行う．

定義 1.1.1 どのような正の数 $\varepsilon > 0$ に対しても，番号 n_0 を適切に選ぶことにより，n_0 以上のすべての番号 n について，
$$|a_n - a| < \varepsilon$$
が成り立つようにできるとき，数列 $\{a_n\}$ は a に**収束** (convergence) するという．

この定義により，高校で学んだ収束についての定理は，すべて，直観に頼ることなしに厳密に証明することができる．

例題 1: $a_n = \dfrac{n}{3n+\sqrt{n}}$ とするとき，$\displaystyle\lim_{n\to\infty} a_n = \dfrac{1}{3}$ であることを上記の収束の定義 1.1.1 に基づいて証明せよ．

解 正の数 ε が与えられたとする．n_0 として $\dfrac{1}{81\varepsilon^2}$ より大きな正の整数を選ぶと，
$$\left|\frac{n}{3n+\sqrt{n}} - \frac{1}{3}\right| = \frac{\sqrt{n}}{3(3n+\sqrt{n})}$$
$$= \frac{1}{3(3\sqrt{n}+1)} < \frac{1}{9\sqrt{n}} < \varepsilon$$

注 与えられた正の数 ε に対して，正の整数 n_0 は，条件，
$$|a_n - a| < \varepsilon \quad (\forall n \geqq n_0)$$
を満たすように選べばよい．

2: 高校で学んだ収束についての公式のうち，
$$\lim_{n\to\infty}(a_n + b_n) = \lim_{n\to\infty} a_n + \lim_{n\to\infty} b_n$$
を，収束の定義 1.1.1 に基づいて証明せよ．

解 $c_n = a_n + b_n$, $\displaystyle\lim_{n\to\infty} a_n = a$, $\displaystyle\lim_{n\to\infty} b_n = b$, $c = a+b$ とおく．正の数 ε が与えられたとする．$\dfrac{\varepsilon}{2}$ は正の数であり，数列 $\{a_n\}$, $\{b_n\}$ は，それぞれ a, b に収束するので，

$$|a_n - a| < \frac{\varepsilon}{2} \quad (n \geq n_1)$$
$$|b_n - b| < \frac{\varepsilon}{2} \quad (n \geq n_2)$$

を満たす正の整数 n_1, n_2 が存在する．ここで，$n_0 = \max\{n_1, n_2\}$ とおくと，$n \geq n_0$ に対して，

$$|c_n - c| = |(a_n - a) + (b_n - b)|$$
$$\leq |a_n - a| + |b_n - b|$$
$$\leq \frac{\varepsilon}{2} + \frac{\varepsilon}{2} = \varepsilon$$

よって，数列 $\{c_n\}$ は c に収束する．

最大・上限・上極限

有限集合 $A \subset \mathbb{R}$ に対して，記号 $\max A$ は "A の最大値" を表す．無限集合 A に対しても，

$$a \in A \Rightarrow a \leq m$$

を満たす A の要素 m が存在するならば，これを A の**最大値** (maximum value) と呼び $m = \max A$ と表す．しかし，無限集合に対しては最大値が存在するとは限らない．

$A \subset \mathbb{R}$, $A \neq \varnothing$ に対して，

$$a \in A \Rightarrow a \leq m$$

を満たす $m \in R$ (A の要素でなくてもよい) が存在するとき，A は**上に有界** (bounded from above) であるといい，m を A の**上界** (upper bound) という．$A = \{1, 2, 3, \cdots\}$ のように上に有界でない集合も存在する．A が上に有界ならば，上界は無限個存在する．

大小関係を逆転させることにより，**最小値** (minimum value)，**下に有界** (bounded from below)，**下界** (lower bound) も同様に定義される．

上にも下にも有界であることを**有界** (bounded) であるという．

$A = [0, 2)$ とすると，A は上に有界であり，$2 \leq m$ を満たす数 m はすべて A の上界になる．A に最大値は存在しない (2 は A の要素ではないので A の最大値ではない)．A の上界の集合 $[2, +\infty)$ は最小値 2 を持つ．

> 上の例で，半閉区間 $[2, +\infty)$ の記号の中に記号 $+\infty$ が使われているが，$[2, +\infty)$ は，
> $$[2, +\infty) = \{x \in \mathbb{R} \mid 2 \leq x\}$$
> と定義されるのであり，$+\infty$ という実数が存在すると主張しているわけではない．したがって，$+\infty$ は上界には含まれない．

定理 1.1.1 (実数の基本性質)
(1) $A \subset \mathbb{R}$ が上に有界のとき，A の上界の集合には最小値が必ず存在する．
(2) $A \subset \mathbb{R}$ が下に有界のとき，A の下界の集合には最大値が必ず存在する．

定義 1.1.2 $A \subset \mathbb{R}$ が上に有界のとき，A の上界の集合の最小値を A の**上限** (supremum) といい，$\sup A$ で表す．
$A \subset \mathbb{R}$ が下に有界のとき，A の下界の集合の最大値を A の**下限** (infimum) といい，$\inf A$ で表す．

例えば，$\sup[0,2) = 2$, $\inf[0,2) = 0$ である．また，A が上に有界でないとき，$\sup A = +\infty$，下に有界でないとき $\inf A = -\infty$ と書く．

数列 $\{a_n\}$ に対して，
$$\limsup_{n\to\infty} a_n = \lim_{n\to\infty} \sup\{a_n, a_{n+1}, a_{n+2}, \ldots\}$$
$$\liminf_{n\to\infty} a_n = \lim_{n\to\infty} \inf\{a_n, a_{n+1}, a_{n+2}, \ldots\}$$
と定め，これを，それぞれ，数列 $\{a_n\}$ の**上極限**，**下極限**という．
$a_n = (-1)^n \left(3 - \frac{1}{n}\right)$ と定めると，
$$\limsup_{n\to\infty} a_n = 3, \quad \liminf_{n\to\infty} a_n = -3$$

距離空間での収束

収束性の概念は，実数の数列だけでなく，一般に距離が定められている集合での点列についても定義される．

定義 1.1.3 空でない集合 X において，X の 2 つの要素 x, y に対して実数 $d(x,y)$ を定める規則が与えられていて，以下の性質を満たすとき，d を X 上の**距離** (distance) と呼び，また，距離の定められた集合 X を**距離空間** (metric space) という．
1. $d(x,y) \geqq 0$ であり，$d(x,y) = 0 \iff x = y$
2. $d(x,y) = d(y,x)$
3. $d(x,z) \leqq d(x,y) + d(y,z)$

空でない集合 X において，各番号 n に対して X の要素 a_n が対応しているとき，$\{a_n\}$ を**点列** (sequence of points) という．距離空間の点列についても，数列の収束と同様にして，収束の定義を与えることができる．

定義 1.1.4 どのような正の数 ε に対しても，番号 n_0 を適切に選ぶことにより，n_0 以上のすべての番号 n について，
$$d(a_n, a) < \varepsilon$$
が成り立つようにできるとき，距離空間 X の点列 $\{a_n\}$ は $a \in X$ に**収束する**という．

実数の集合 $\mathbb{R}$ は，$d(x,y) = |x-y|$ と定めることにより距離空間になり，点列としての収束は数列の収束と一致する．
また，n 次元空間 $\mathbb{R}^n$ において，$\boldsymbol{x} = (x_1, \ldots, x_n)$, $\boldsymbol{y} = (y_1, \ldots, y_n)$ に対して，
$$d(\boldsymbol{x}, \boldsymbol{y}) = \sqrt{(x_1 - y_1)^2 + \cdots + (x_n - y_n)^2}$$
と定めると，d は距離になる．

このとき，点列 $\{P_n\}$ が点 P に収束することは，点列 $\{P_n\}$ の各座標が P の各座標に収束することと一致する．

収束と似た概念としてコーシー列と呼ばれるものがある．

定義 1.1.5 どのような正の数 ε に対しても，番号 n_0 を適切に選ぶことにより，n_0 以上のすべての 2 つの番号 n, m について，
$$d(a_n, a_m) < \varepsilon$$
が成り立つようにできるとき，点列 $\{a_n\}$ は**コーシー列** (Cauchy sequence) と呼ばれる．

コーシー列を**基本列** (fundamental sequence) と呼ぶこともある．

定理 1.1.2 距離空間において点列 $\{a_n\}$ が収束するならば，点列 $\{a_n\}$ はコーシー列である．つまり，収束列は必ずコーシー列である．

定義 1.1.6 距離空間 X において，コーシー列が必ず X の点に収束するとき，この距離空間は**完備** (complete) であるという．

定理 1.1.3 – (実数の基本性質) $\mathbb{R}$ は完備である．

例 閉区間 $[0, 1]$ は完備である．しかし，区間 $[0, 1)$ は，数列 $a_n = 1 - \frac{1}{n}$ がコーシー列であるが $[0, 1)$ の点には収束しないので完備ではない．

例 有理数の集合 $\mathbb{Q}$ に距離 $d(x, y) = |x - y|$ を定めた距離空間は完備ではない．これは，
$$x_n = \sqrt{2}\text{の小数展開を第 } n \text{ 桁で打ち切ったもの}$$
と定めると，数列 $\{x_n\}$ はコーシー列だが収束しないことからわかる（$\sqrt{2}$ は $\mathbb{Q}$ に含まれないため）．

開集合・閉集合・有界閉集合

距離空間 X の要素 a と正の数 r に対して，部分集合，
$$\{x \in X \mid d(a, x) < r\}$$
を a の r 近傍 (r-neighborhood of a) と呼び，$S_r(a)$ 等の記号で表す．

X の部分集合 A は，

A の各要素 a に対して，$S_\varepsilon(a) \subset A$ を満たす正の数 ε が（a に依存して）存在する

という条件を満たすとき，**開集合** (open set) であるという．

開集合の補集合を**閉集合** (closed set) という．

例 $\mathbb{R}$ において，
- 開区間 (a, b), $(a, +\infty)$, $(-\infty, a)$ は開集合
- 閉区間 $[a, b]$, 半開区間 $[a, +\infty)$, $(-\infty, a]$ は閉集合
- 半開区間 $[a, b)$ や $(a, b]$ は閉集合でも開集合でもない

- 全体集合 $\mathbb{R}$ と空集合は開集合であり，また，閉集合でもある

例 $\mathbb{R}^2$ において，
- 境界を含まない単位円 $\{x \in \mathbb{R}^2 \mid d(x,0) < 1\}$ は開集合
- 境界を含む単位円 $\{x \in \mathbb{R}^2 \mid d(x,0) \leq 1\}$ は閉集合

である．ここで，d は通常の座標の差の二乗和で定められる距離．

距離空間 X の部分集合 A は，
$$A \subset S_r(x)$$
を満たす正の数 r と $x \in X$ が存在するとき，**有界集合** (bounded set) であるという．有界な閉集合を**有界閉集合** (bounded closed set) という．

主 距離空間をさらに一般化して，収束や連続性などを論ずる分野として位相空間論があり，そこではコンパクト性という概念が重要な道具となる．距離空間では，「有界閉集合」が，コンパクト集合 (compact set) に対応する．

主 位相空間論では，位相空間 X の開集合全体を，ある公理を満たす X の部分集合族として与える．

位相空間 X において，X の部分集合からなる族 $\{O_j\}_{j \in J}$ について，その和集合が X 全体となるとき，族 $\{O_j\}_{j \in J}$ は X の**被覆** (covering) であるといい，特に，各 O_j が開集合であるとき，**開被覆** (open covering) であるという．X の任意の開被覆 $\{O_j\}_{j \in J}$ に対して，そこから有限個の開集合 $O_{j_1}, \ldots, O_{j_k}$ を選んでそれらが X の開被覆となるようにできるとき，位相空間 X は**コンパクト** (compact) であるという．

1.1.2 関数の極限・連続関数

極限

f を開区間 I で定義された関数，$x_0 \in I$, $y_0 \in \mathbb{R}$ とする．高校で学んだ極限の定義，この場合，$\lim_{x \to x_0} f(x) = y_0$ であることの定義も，ε-δ 論法で記述される．

定義 1.1.7 どのような正の数 ε に対しても，正の数 δ を適切に定めると，
$$0 < |x - x_0| < \delta \text{ を満たす，すべての } x \in I \text{ に対して } |f(x) - y_0| < \varepsilon$$
が成り立つとき，$f(x)$ の x_0 での**極限** (limit) は y_0 であるという．

この定義では $f(x_0)$ の値は使われないので，関数 $f(x)$ は x_0 で定義されていなくてもよい．また，関数が開区間以外の領域で定義されている場合や x_0 が定義域の端点である場合も同様の定義を与えることができる．関数が区間 $(a, +\infty)$ で定められているときは，$x \to +\infty$ のときの極限，$\lim_{x \to +\infty} f(x) = y_0$ を，

どのような正の数 ε に対しても，正の数 N を適切に定めると
$x > N$ を満たす，すべての x について $|f(x) - y_0| < \varepsilon$

として定義することができる（$x \to -\infty$ のときの極限も同様に定義される）．

連続関数

定義 1.1.3 f を開区間 I で定義された関数，$x_0 \in I$ とする．
$$\lim_{x \to x_0} f(x) = f(x_0)$$
を満たすとき，つまり，どのような正の数 ε に対しても，正の数 δ を適切に定めると，
$$0 < |x - x_0| < \delta \text{ を満たす，すべての } x \in I \text{ に対して } |f(x) - f(x_0)| < \varepsilon$$
が成り立つとき，$f(x)$ は **x_0 で連続** (continuous at x_0) であるという．また，定義域のすべての x で連続であるとき，**連続関数** (continuous function) であるという．

関数の極限や連続性についても，高校で学んだ様々な定理を上の定義に基づいて厳密に証明することができる．

定理 1.1.4 f を開区間 I で定義された関数，$x_0 \in I$ とする．このとき，f が x_0 で連続であることと，$\lim_{n \to \infty} x_n = x_0$ を満たす，すべての数列 $\{x_n\}$ について，
$$f(x_0) = \lim_{n \to \infty} f(x_n)$$
が成り立つこととは同値である．

定理 1.1.5（最大値の定理）
f を有界閉区間 $[a, b]$ で定義された連続関数とすると，関数 f は，その区間において最大値と最小値を持つ．

定理 1.1.6（中間値の定理）
f を有界閉区間 $[a, b]$ で定義された連続関数とする．このとき，y_0 が $f(a) < y_0 < f(b)$，または $f(b) < c < f(a)$ を満たす値ならば，$f(c) = y_0$ を満たす c が開区間 (a, b) に存在する．

1.1.3 数列と関数の極限

数列と関数の極限について成立する性質をまとめておく．

定理 1.1.7 $\{a_n\}$, $\{b_n\}$ を収束する数列とするとき，
$$\lim_{n \to \infty} (ka_n + \ell b_n) = k \lim_{n \to \infty} a_n + \ell \lim_{n \to \infty} b_n \qquad (k, \ell \text{ は定数})$$
$$\lim_{n \to \infty} (a_n \cdot b_n) = \lim_{n \to \infty} a_n \cdot \lim_{n \to \infty} b_n$$
$$\lim_{n \to \infty} \frac{a_n}{b_n} = \frac{\lim_{n \to \infty} a_n}{\lim_{n \to \infty} b_n}$$
ただし，最後の等式では b_n, $\lim_{n \to \infty} b_n$ は零でないとする．

定理 1.1.8 極限 $\lim_{x \to x_0} f(x)$, $\lim_{x \to x_0} g(x)$ がともに存在するとき，
$$\lim_{x \to x_0} (kf(x) + \ell g(x)) = k \lim_{x \to x_0} f(x) + \ell \lim_{x \to x_0} g(x) \qquad (k, \ell \text{ は定数})$$

$$\lim_{x \to x_0} (f(x) \cdot g(x)) = \lim_{x \to x_0} f(x) \cdot \lim_{x \to x_0} g(x)$$

$$\lim_{x \to x_0} \frac{f(x)}{g(x)} = \frac{\lim_{x \to x_0} f(x)}{\lim_{x \to x_0} g(x)}$$

ただし，最後の等式では x_0 の近くで $g(x) \neq 0$ であり，また $\lim_{x \to x_0} g(x) \neq 0$ であるとする.

1.2 微分

1.2.1 微分係数・導関数

この節の最初は高校数学の部分と重複するが，簡単に復習しておく.

定義 1.2.1 f を開区間 I 上で定義され実数値を取る連続関数とする．$c \in I$ において，
$$\lim_{h \to 0} \frac{f(c+h) - f(c)}{h}$$
が存在するとき，関数 f は c において微分可能であるという．また，この値を関数 f の c における**微分係数** (differential coefficient) といい，$f'(c)$ で表す．

f が I のすべての点 c において**微分** (differential) できるとき，f は I で微分可能 (differentiable) であるといい，c に $f'(c)$ を対応させる関数 f' を f の**導関数** (derivative) という．

微分の公式

よく使われる関数の導関数をまとめておく．

$f(x)$	$f'(x)$	
x^γ	$\gamma x^{\gamma-1}$	γ は任意の実数．整数でなくても成り立つ
e^{ax}	ae^{ax}	a は任意の実数
$\log|x|$	$\frac{1}{x}$	$x \neq 0$ で定義された関数として成立
$\sin x$	$\cos x$	
$\cos x$	$-\sin x$	
$\tan x$	$\frac{1}{\cos^2 x}$	$x \neq \frac{\pi}{2} + n\pi$ で定義された関数として成立
$\sin^{-1} x$	$\frac{1}{\sqrt{1-x^2}}$	定義域と値域に注意
$\cos^{-1} x$	$-\frac{1}{\sqrt{1-x^2}}$	定義域と値域に注意
$\tan^{-1} x$	$\frac{1}{1+x^2}$	定義域と値域に注意

ここで，$\sin^{-1} x, \cos^{-1} x, \tan^{-1} x$ は，それぞれ，
- 定義域は $[-\frac{\pi}{2}, \frac{\pi}{2}]$ で値域が $[-1, 1]$ と考えた関数 $\sin x$
- 定義域は $[0, \pi]$ で値域が $[-1, 1]$ と考えた関数 $\cos x$
- 定義域は開区間 $(-\frac{\pi}{2}, \frac{\pi}{2})$ で値域は $\mathbb{R}$ 全体と考えた関数 $\tan x$

の逆関数を表しており，それぞれアークサイン (arcsine)，アークコサイン (arccosine)，アークタンジェント (arctangent) と呼ばれる．

関数 $y=f(x)$ の導関数 f' を,
$$\frac{dy}{dx},\quad \frac{df}{dx},\quad \frac{d}{dx}f,\quad Df$$
等の表し方をすることもある．Df という表記は，微分を関数 f に導関数 Df を対応させる作用素 (operator)（演算子ともいう）としてとらえている．高校で学んだ導関数の性質，
$$\{af(x)+bg(x)\}' = af'(x)+bg'(x),$$
$$\{f(x)g(x)\}' = f'(x)g(x)+f(x)g'(x)$$
はそれぞれ,

　線形性　　$D(af+bg) = aDf+bDg$
　積の微分　$D(fg) = (Df)\cdot g + f\cdot (Dg)$

と書き直すことができるが，これらの性質を持った微分作用素 D は，微積分学に限らず，代数などの "離散的な" 数学でも重要な働きをする．

合成関数と逆関数の微分

開区間 I で定義された微分可能な関数 f と開区間 J で定義された微分可能な関数 g について，$f(x)\in J$ $(x\in I)$ が成り立つならば，f と g の**合成関数** (composite function) $g\circ f$ を,
$$(g\circ f)(x) = g(f(x))$$
と定めると，$g\circ f$ は微分可能であり,
$$(g\circ f)'(x) = g'(f(x))f'(x)$$
となる．f が**逆関数** (inverse function) f^{-1} を持つとき,
$$(f^{-1})'(x) = \frac{1}{f'(f^{-1}(x))}$$

線形近似としての微分

f が c で微分可能であるとき，1 次関数,
$$y = f'(c)(x-c)+f(c)$$
は，c においての $f(x)$ の "良い近似" になっている．ここで，"良い近似" という意味は，単に誤差,
$$f(x)-\{f'(c)(x-c)+f(c)\}$$
が零に近づくこと，つまり,
$$\lim_{x\to c}[f(x)-\{f'(c)(x-c)+f(c)\}] = 0$$
であることを意味するだけでなく，$x-c$ の大きさに比べて速く零に近づくこと，つまり,
$$\lim_{x\to c}\frac{f(x)-\{f'(c)(x-c)+f(c)\}}{x-c} = 0$$
であることを意味する．

> 注 これは，図形的には，$y=f(x)$ のグラフに 1 次関数 $y=f'(c)(x-c)+f(c)$ のグラフ（直線）が接することを意味している．

1.2.2 高次微分

C^1-級関数・2 次微分

f が I で微分可能で，さらに導関数 f' が連続関数であるとき，f は I において C^1-級関数 (function of class C^1) であるという．また，f の導関数 f' が微分可能ならば，つまり，f が 2 回微分可能ならば，その導関数を f'' で表し，f の **2 次微分** (second derivative) という．

さらに，f'' が連続関数ならば，f は C^2-級関数であるといい，f'' が微分可能ならば，f の 3 次微分 f''' を考えることができる．

$f^{(k)}(x)$・C^k-級関数・C^∞-級関数

一般に，f が k 回微分可能であるとき，f を k 回微分した導関数を $f^{(k)}$ で表し，f の **k 次微分** (k th derivative) という．また，f が k 回微分可能で $f^{(k)}$ が連続関数であるとき，f は **C^k-級関数** (function of class C^k) であるという．

何回でも微分できる関数を **C^∞-級関数** (function of class C^∞) という．

ライプニッツ則

2 つの関数 $f(x)$, $g(x)$ がともに n 回微分可能であるとき，その積 $f(x)g(x)$ の n 回微分は次の公式により求めることができる．これをライプニッツ則 (Leibniz rule) という．

$$(f(x)g(x))^{(n)} = \sum_{j=0}^{n} {}_nC_j f^{(j)}(x) g^{(n-j)}(x)$$

例 $x^2 e^x$ の n 次微分は次のとおりである．

$$(x^2 e^x)^{(n)} = {}_nC_0 \cdot x^2 \cdot (e^x)^{(n)} + {}_nC_1 \cdot 2x \cdot (e^x)^{(n-1)} + {}_nC_2 \cdot 2 \cdot (e^x)^{(n-2)}$$
$$= 1 \cdot x^2 e^x + n \cdot 2x e^x + \frac{n(n-1)}{2} \cdot 2 e^x$$
$$= (x^2 + 2nx + n(n-1)) e^x$$

高次微分の公式

$f(x)$	$f^{(n)}(x)$
x^γ	$\gamma(\gamma-1)\cdots(\gamma-n+1)x^{\gamma-n}$
$\sin x$	$\sin\left(x+\frac{n\pi}{2}\right)$
$\cos x$	$\cos\left(x+\frac{n\pi}{2}\right)$
e^{ax}	$a^n e^{ax}$
a^x	$(\log a)^n a^x$
$\log x$	$(-1)^{n-1}\frac{(n-1)!}{x^n}$

ロピタルの定理

ロピタルの定理 (l'Hôpital's theorem) は，$\frac{0}{0}$ の形の極限を求めるために利用される．

定理 1.2.1（ロピタルの定理）

開区間 I で定義された微分可能な関数 $f(x), g(x)$ が，$c \in I$ において，$f(c) = 0, g(c) = 0$ を満たすとする．このとき，
$$\lim_{x \to c} \frac{f'(x)}{g'(x)}$$
が存在するならば，
$$\lim_{x \to c} \frac{f(x)}{g(x)}$$
も存在し，
$$\lim_{x \to c} \frac{f(x)}{g(x)} = \lim_{x \to c} \frac{f'(x)}{g'(x)}$$
が成り立つ．

例題 $\displaystyle\lim_{x \to 0} \frac{\cos x - \left(1 - \frac{x^2}{2}\right)}{x^2}$ が存在するか確かめ，値を求めよ．

解 $f_1(x) = \cos x - \left(1 - \frac{x^2}{2}\right)$, $g_1(x) = x^2$, $f_2(x) = f_1'(x) = -\sin x + x$, $g_2(x) = g_1'(x) = 2x$ とおくと，$f_2(0) = 0, g_2(0) = 0$ であり，
$$\lim_{x \to 0} \frac{f_2'(x)}{g_2'(x)} = \lim_{x \to 0} \frac{-\cos x + 1}{2} = 0$$
なので，ロピタルの定理により，
$$\lim_{x \to 0} \frac{f_2(x)}{g_2(x)}$$
も存在し，その値は 0 である．また，$f_1(0) = 0, g_1(0) = 0$ であり，かつ，上の結果により，
$$\lim_{x \to 0} \frac{f_1'(x)}{g_1'(x)} = 0$$
なので，再びロピタルの定理により，
$$\lim_{x \to 0} \frac{f_1(x)}{g_1(x)}$$
も存在し，値は 0．

ランダウの記号

$x = 0.001$ とするとき，x^2 は x に比べても小さく，さらに x^{20} は x や x^2 に比べてはるかに小さい．このような"極めて小さい正数"の比較は数学を実際の場面で使用するときには重要であるが，数学の厳密な定義とすることは難しい．そこで，個々の値の比較ではなく，0 に収束する速さの比較をすることにより，"極めて小さい正数"の比較の代用をすることになる．例えば，x を 0 に近づけるとき，x^2 のほうが x よりも速く 0 に近づく．このことを，
$$x^2 = o(x) \quad (x \to 0)$$

のように書き表す．これは，x^2 は x に比べて非常に小さいことを意味している．同様に，x^{20} の場合は，
$$x^{20} = o\left(x^2\right) \quad (x \to 0)$$
のように書くことができる．しかし，x^{20} は x と比べても小さいため，
$$x^{20} = o(x) \quad (x \to 0)$$
と表すこともできる．一般に，
$$\lim_{x \to 0} \left|\frac{f(x)}{g(x)}\right| = 0$$
となるとき，$f(x) = o(g(x))\ (x \to 0)$ のように書く．

また，$x \to x_0$ のときに $f(x)$ が $g(x)$ のオーダーであるとは，ある実数 $\varepsilon > 0$ と $M > 0$ が存在して，$|x - x_0| < \varepsilon$ ならば $|f(x)| < M|g(x)|$ を満たすことをいう．記号で表すと，
$$\exists \varepsilon > 0, \exists M > 0 \ |x - x_0| < \varepsilon \Rightarrow |f(x)| < M|g(x)|$$
となる．このとき，$f(x) = O(g(x))\ (x \to x_0)$ で表す．この記号 O はランダウの記号 (Landau symbol) と呼ばれる．

なお，ある有限値 x_0 ではなく $x \to \infty$ を考えることもある．この場合，$f(x)$ が $g(x)$ のオーダーであるとは，ある実数 x' と実数 $M > 0$ が存在して，$x > x'$ ならば $|f(x)| < M|g(x)|$ を満たすことをいい，$f(x) = O(g(x))\ (x \to \infty)$ と表す．

テーラー展開

非線形関数 $f(x)$ を $x = c$ の近くで近似する 1 次式 $a_0 + a_1(x - c)$ は，$a_0 = f(c)$，$a_1 = f'(c)$ と選ぶと最も良い近似となる．1 次式の代わりに，n 次多項式，
$$a_0 + a_1(x - c) + a_2(x - c)^2 + \cdots + a_n(x - c)^n$$
で近似すれば，さらに良い近似が得られると考えられる．テーラー展開 (Taylor expansion) はこのような近似多項式を与える．

定理 1.2.2 $f(x)$ は開区間 I で定義された $n + 1$ 回微分可能な関数とし，$c \in I$ とする．
$$a_0 = f(c), \quad a_1 = \frac{f'(c)}{1!}, \quad a_2 = \frac{f''(c)}{2!}, \ldots, a_n = \frac{f^{(n)}(c)}{n!}$$
として，多項式，
$$P_n(x) = a_0 + a_1 x + a_2 x^2 + \cdots + a_n x^n$$
を考えると，これは次の意味で，$x = c$ において関数 $f(x)$ を近似する最も良い n 次多項式となる．

1. $f(x)$ と $P_n(x)$ の n 回までの $x = c$ における微分は一致する．つまり，
$$f(c) = P_n(c), \quad f'(c) = P_n'(c), \quad f^{(n)}(c) = P_n^{(n)}(c)$$

2. 近似の誤差，
$$f(x) - P_n(x)$$

は、
$$R_{n+1} = \frac{(x-c)^{n+1}}{(n+1)!} f^{(n+1)}(\theta)$$
と表すことができる．ここで，θ は c と x の間にある．

上の定理の n 次多項式 $P_n(x)$ と誤差 R_{n+1} を用いた等式，
$$f(x) = f(c) + \frac{f'(c)}{1!}(x-c) + \cdots + \frac{f^{(k)}(c)}{k!}(x-c)^k + \cdots + \frac{f^{(n)}(c)}{n!}(x-c)^n + R_{n+1}$$
を関数 $f(x)$ の $x = c$ でのテーラー展開といい，R_{n+1} をその**剰余項** (remainder) という．

例題 e^x の $x = 0$ でのテーラー展開を求め，その剰余項の大きさを $|x| < 0.1$ の範囲で評価せよ．

解 $f(x) = e^x$，$c = 0$ とおくと，
$$f^{(k)}(c) = 1, \quad k = 0, 1, \ldots, n$$
なので，テーラー展開は，
$$f(x) = 1 + \frac{x}{1!} + \frac{x^2}{2!} + \cdots + \frac{x^k}{k!} + \cdots + \frac{x^n}{n!} + R_{n+1}$$
となり，剰余項 R_{n+1} は，
$$R_{n+1} = \frac{x^{n+1}}{(n+1)!} e^{\theta},$$
と表される．ここで，$|x| < 0.1$ であり，θ は（その具体的な値は不明であっても）$|\theta| < 0.1$ なので，$|e^{\theta}| < 2$, であり，
$$|R_{n+1}| \leq \frac{(0.1)^{n+1}}{(n+1)!} \cdot 2$$
となる．したがって，分母 $(n+1)!$ が n が大きくなると急速に増大するという効果を無視して評価しても，
$$|R_{n+1}| \leq (0.1)^{n+1}$$
という評価が得られる．例えば，$n = 10$ とすると近似の誤差は小数点 11 桁以下であることが保証される．

上の例題では，$|x| < 0.1$ の範囲で評価したが，もっと広い範囲でも，例えば，$|x| < 20$ とした場合でも，分母の $n!$ の増加の速さをきちんと評価すると，n を十分大きくすると R_{n+1} はきわめて小さくなることを示すことができる．

このような関数では，テーラー展開を n 次で打ち切って剰余項を付け加えるのではなく，無限に展開を続けた公式を考えることができる．この極限の意味は，複素関数論で収束半径として議論することで厳密に扱うことができる．ここでは，$x = 0$ の周りでのよく用いられる展開公式を以下にまとめておく．なお，$x = 0$ の周りでのテーラー展開を**マクローリン展開** (Maclaurin expansion) という．

$$e^x = 1 + \frac{x}{1!} + \frac{x^2}{2!} + \cdots + \frac{x^k}{k!} + \cdots$$

$$\cos x = 1 - \frac{x^2}{2!} + \frac{x^4}{4!} - \frac{x^6}{6!} + \cdots + \frac{x^{4k}}{(4k)!} - \frac{x^{4k+2}}{(4k+2)!} + \cdots$$

$$\sin x = x - \frac{x^3}{3!} + \frac{x^5}{5!} - \frac{x^7}{7!} + \cdots + \frac{x^{4k+1}}{(4k+1)!} - \frac{x^{4k+3}}{(4k+3)!} + \cdots$$

これらの展開は，すべての x に対して収束することが知られている.

次の展開は，$|x| < 1$ に対して収束する.

$$(1+x)^\gamma = 1 + \gamma x + \frac{\gamma(\gamma-1)}{2!}x^2 + \cdots + \frac{\gamma(\gamma-1)\cdots(\gamma-k+1)}{k!}x^k + \cdots$$

$$\log(1+x) = x - \frac{x^3}{3} + \frac{x^5}{5} - \frac{x^7}{7} + \cdots + \frac{x^{4k+1}}{4k+1} - \frac{x^{4k+3}}{4k+3} + \cdots$$

$$\frac{1}{1-x} = 1 + x + x^2 + \cdots + x^k + \cdots$$

$\frac{1}{1-x}$ のテーラー展開は等比級数の和の公式であり，$|x| < 1$ という条件の意味もすぐに読み取れる.

$(1+x)^\gamma$ のテーラー展開において，γ が正の整数 n ならば，右辺の最初の $n+1$ 項より先はすべて零であり，2項展開の公式と一致する．この場合は $|x| < 1$ という条件は不要．しかし，例えば $\gamma = \frac{1}{2}$ の場合では $\sqrt{1+x}$ は $x < -1$ で実数値を取らないことに注意.

$\log(1+x)$ の展開式に $x = 1$ を代入すると，

$$\log 2 = 1 - \frac{1}{3} + \frac{1}{5} - \frac{1}{7} + \cdots$$

という等式が得られる．これは正しい等式ではあるが，右辺の級数は項の順番に依存する，いわゆる「条件収束する級数」であり，慎重に取り扱う必要がある.

オイラーの公式

$e^x, \cos x, \sin x$ はいずれも実数 x に対して定義された関数であり，x が複素数になった場合については定義されていない．しかし，それらの関数のテーラー展開は x の多項式の極限であり，複素数についても考えることができる．そこで e^x のテーラー展開の x に ix を代入して右辺の実数部と虚数部をまとめてみると，等式,

$$e^{ix} = \cos x + i \sin x$$

が得られる．これをオイラーの公式 (Euler's formula) という.

実際，指数関数のマクローリン展開,

$$e^x = 1 + \frac{x}{1!} + \frac{x^2}{2!} + \cdots + \frac{x^k}{k!} + \cdots$$

において，x に ix を代入すると,

$$e^{ix} = 1 + \frac{x}{1!}i - \frac{x^2}{2!} - \frac{x^3}{3!}i + \frac{x^4}{4!} + \frac{x^5}{5!}i - \frac{x^6}{6!} - \frac{x^7}{7!} + \cdots$$

であり,

$$\cos x = 1 - \frac{x^2}{2!} + \frac{x^4}{4!} - \frac{x^6}{6!} + \cdots$$

$$\sin x = \frac{x}{1!} - \frac{x^3}{3!} + \frac{x^5}{5!} - \frac{x^7}{7!} + \cdots$$

と並べて比べてみると，e^{ix} のマクローリン展開の偶数次の項は $\cos x$ の展開と一致し，奇数次の項は $\sin x$ の展開に i をかけたものと一致することがわかる．したがって，オイラーの公式が成り立つ．

三角関数と双曲線関数

オイラーの公式と，この公式の x に $-x$ を代入した等式，

$$e^{-ix} = \cos x - i\sin x$$

とを連立させ，$\cos x$, $\sin x$ を求めると，

$$\cos x = \frac{e^{ix} + e^{-ix}}{2}, \quad \sin x = \frac{e^{ix} - e^{-ix}}{2i}$$

となり，三角関数 (trigonometric function) の，指数関数による表示が得られる．

この等式の類似として，双曲線関数 (hyperbolic function) と呼ばれる関数 $\cosh x$, $\sinh x$ を，

$$\cosh x = \frac{e^x + e^{-x}}{2}, \quad \sinh x = \frac{e^x - e^{-x}}{2}$$

と定義する．

双曲線関数について，等式，

$$(\cosh x)^2 - (\sinh x)^2 = 1$$

が成り立つ．つまり，

$$x = \cosh t, \quad y = \sinh t$$

により xy 平面上の点 (x, y) を定めると，この点は双曲線，

$$x^2 - y^2 = 1$$

上を動く．

双曲線関数の逆関数 $\cosh^{-1} x$, $\sinh^{-1} x$ は，$e^x = X$ とおいて 2 次方程式をたてることにより，

$$\cosh^{-1} x = \log(x + \sqrt{x^2 - 1}), \quad \sinh^{-1} x = \log(x + \sqrt{x^2 + 1})$$

となる（ここで，$\cosh^{-1} x$, $\sinh^{-1} x$ は $\cosh x$, $\sinh x$ の逆関数である）．

また，双曲線関数の微分は，

$$(\cosh x)' = \sinh x, \quad (\sinh x)' = \cosh x$$

1.3 積分

1.3.1 原始関数としての積分

基本的な原始関数

定義 1.3.1 区間 I で定義された関数 $f(x)$ に対し，$F'(x) = f(x)$ を満たす関数 $F(x)$ を $f(x)$ の**原始関数** (primitive function) という．

$F(x)$ が $f(x)$ の原始関数ならば，$F(x) + C$ も原始関数である．

原始関数の公式

$f(x)$	$F(x)$
$x^\gamma \quad (\gamma \neq -1)$	$\frac{x^{\gamma+1}}{\gamma+1}$
x^{-1}	$\log|x|$
e^{ax}	$\frac{e^{ax}}{a}$
a^x	$\frac{a^x}{\log a}$
$\log x$	$x(\log x + 1)$
$\frac{1}{a^2+x^2}$	$\frac{1}{a}\tan^{-1}\frac{x}{a}$
$\frac{1}{\sqrt{a^2-x^2}}$	$\sin^{-1}\frac{x}{a}$
$\frac{1}{\sqrt{x^2-a^2}}$	$\cosh^{-1}\frac{x}{a}$
$\frac{1}{\sqrt{x^2+a^2}}$	$\sinh^{-1}\frac{x}{a}$
$\sqrt{a^2-x^2}$	$\frac{1}{2}\left(x\sqrt{a^2-x^2} + a^2\sin^{-1}\frac{x}{a}\right)$
$\sqrt{x^2-a^2}$	$\frac{1}{2}\left(x\sqrt{x^2-a^2} - a^2\log|x+\sqrt{x^2-a^2}|\right)$
$\sqrt{x^2+a^2}$	$\frac{1}{2}\left(x\sqrt{x^2+a^2} + a^2\log|x+\sqrt{x^2+a^2}|\right)$
$\sin x$	$-\cos x$
$\cos x$	$\sin x$
$\tan x$	$-\log|\cos x|$
$\sin^{-1}\frac{x}{a}$	$x\sin^{-1}\frac{x}{a} + \sqrt{a^2-x^2}$
$\cos^{-1}\frac{x}{a}$	$x\cos^{-1}\frac{x}{a} - \sqrt{a^2-x^2}$
$\tan^{-1}\frac{x}{a}$	$x\tan^{-1}\frac{x}{a} - \frac{a}{2}\log(a^2+x^2)$
$\sinh x$	$\cosh x$
$\cosh x$	$\sinh x$
$\tanh x$	$-\log|\cosh x|$
$\sinh^{-1}\frac{x}{a}$	$x\sinh^{-1}\frac{x}{a} - \sqrt{a^2+x^2}$
$\cosh^{-1}\frac{x}{a}$	$x\cosh^{-1}\frac{x}{a} - \sqrt{x^2-a^2}, \quad a > 0$
$\tanh^{-1}\frac{x}{a}$	$x\tanh^{-1}\frac{x}{a} + \frac{a}{2}\log|a^2-x^2|$

有理関数の原始関数

多項式 $P(x), Q(x)$ の有理式,
$$y = \frac{P(x)}{Q(x)}$$
の形の関数を**有理関数** (rational function) という．有理関数の原始関数は $Q(x)$ が因数分解できる場合には計算して求めることができる．ここで，複素関数を正面から扱うことを避けるために，$Q(x)$ が複素解 $\alpha + \beta i$ を持つときは，その共役 $\alpha - \beta i$ も解になるので，2 つの因数,
$$(x - \alpha - \beta i), \quad (x - \alpha + \beta i)$$
の積,
$$x^2 - 2\alpha x + (\alpha^2 + \beta^2)$$
までしか分解せず，$Q(x)$ を 1 次式と 2 次式の積に分解することにする．

このような分解が存在することは代数学の基本定理により保証されているが，具体的に分解ができることが原始関数の計算をするための条件になる．

例題 1：有理関数,
$$\frac{2x^3 - 9x^2 + 9x + 3}{x^2 - 5x + 6}$$
の原始関数を求めよ．

解 まず，分子を分母で割って商と余りを求めると,
$$2x^3 - 9x^2 + 9x + 3 = (2x + 1)(x^2 - 5x + 6) + 2x - 3$$
であり，分母は，$x^2 - 5x + 6 = (x - 2)(x - 3)$ と因数分解されるので,
$$\frac{2x^3 - 9x^2 + 9x + 3}{x^2 - 5x + 6} = 2x + 1 + \frac{2x - 3}{(x - 2)(x - 3)}$$
と変形できる．次に，等式,
$$\frac{2x - 3}{(x - 2)(x - 3)} = \frac{a}{x - 2} + \frac{b}{x - 3}$$
を満たすように定数 a, b を求めると，$a = -1, b = 3$ となるので,
$$\frac{2x^3 - 9x^2 + 9x + 3}{x^2 - 5x + 6} = 2x + 1 - \frac{1}{x - 2} + \frac{3}{x - 3}$$
であり,
$$\int \frac{2x^3 - 9x^2 + 9x + 3}{x^2 - 5x + 6} dx = \int (2x + 1) dx - \int \frac{1}{x - 2} dx + 3 \int \frac{1}{x - 3} dx$$
$$= x^2 + x - \log|x - 2| + 3 \log|x - 3|$$

上の解での定数 a, b は，右辺を通分してから連立方程式を解いて求めてもよいが，通分してから分子を比較した式,
$$2x - 3 = a(x - 3) + b(x - 2)$$
に $x = 2$ を代入して，$a = -1, x = 3$ を代入して $b = 3$ と求めることもできる．

2：有理関数，
$$\frac{7x^3 - 18x^2 + x + 4}{(x^2 - 5x + 6)(x^2 + 2x + 2)}$$

の原始関数を求めよ．

$$\frac{7x^3 - 18x^2 + x + 4}{(x^2 - 5x + 6)(x^2 + 2x + 2)} = \frac{a}{x-2} + \frac{b}{x-3} + \frac{cx+d}{(x+1)^2+1}$$

となる定数 a, b, c, d を求めると，

$$a = 1, \quad b = 2, \quad c = 4, \quad d = 3$$

であり，また，

$$\frac{4x+3}{(x+1)^2+1} = \frac{4(x+1)}{(x+1)^2+1} - \frac{1}{(x+1)^2+1}$$

なので，

$$\int \frac{7x^3 - 18x^2 + x + 4}{(x^2 - 5x + 6)(x^2 + 2x + 2)} dx$$
$$= \int \frac{1}{x-2} dx + \int \frac{2}{x-3} dx + \int \frac{4(x+1)}{(x+1)^2+1} dx - \int \frac{1}{(x+1)^2+1} dx$$
$$= \log|x-2| + 2\log|x-3| + 2\log\{(x+1)^2+1\} - \tan^{-1}(x+1)$$

分母が重解を持つ場合，例えば，

$$\frac{1}{(x+1)(x+2)^3}$$

のような場合は，

$$\frac{1}{(x+1)(x+2)^3} = \frac{a}{x+1} + \frac{b}{x+2} + \frac{c}{(x+2)^2} + \frac{d}{(x+2)^3}$$

のような形に分解し，また，例えば，

$$\frac{1}{(x+1)(x^2+1)^2}$$

ならば，

$$\frac{a}{x+1} + \frac{bx+c}{x^2+1} + \frac{dx+e}{(x^2+1)^2}$$

の形に分解し，次の問いで得られる $I_n = \int \frac{1}{(x^2+1)^n} dx$ についての漸化式，

$$I_{n+1} = \frac{2n-1}{2n} I_n + \frac{1}{2n} \frac{x}{(x^2+1)^n}$$

を用いれば，原理的には不定積分を計算することができる．

しかし，実際には計算はかなり煩雑であり，Mathematica や Maple といった数式処理ソフトを用いたほうがよい．

3：上の漸化式を証明せよ．

部分積分により，

$$I_n = \int 1 \cdot \frac{1}{(x^2+1)^n} dx$$

$$= x \cdot \frac{1}{(x^2+1)^n} - \int x \cdot (-n) \frac{2x}{(x^2+1)^{n+1}} dx$$

$$= \frac{x}{(x^2+1)^n} + 2n \int \frac{x^2+1-1}{(x^2+1)^{n+1}} dx$$

$$= \frac{x}{(x^2+1)^n} + 2n I_n - 2n I_{n+1}$$

よって，

$$I_{n+1} = \frac{2n-1}{2n} I_n + \frac{1}{2n} \frac{x}{(x^2+1)^n}$$

三角関数から作られた多項式の原始関数

$F(X, Y)$ が文字 X, Y についての有理式であるとき，原始関数，

$$\int F(\cos x, \sin x) dx$$

は，有理式の原始関数を求める計算に帰着される．まず，

$$\tan \frac{x}{2} = t$$

とおくと，

$$\cos x = \frac{1-t^2}{1+t^2}, \quad \sin x = \frac{2t}{1+t^2}$$

となる．これは，単位円の有理式でのパラメータ表示となっており，単位円上の**有理点** (rational point)（座標がともに有理数である点）を求める表示として重要である．この変換で置換積分の計算をすると，

$$\frac{dx}{dt} = \frac{2}{1+t^2}$$

なので，

$$\int F(\cos x, \sin x) dx = \int F\left(\frac{1-t^2}{1+t^2}, \frac{2t}{1+t^2}\right) \frac{2}{1+t^2} dt$$

となり，有理関数の原始関数を求める計算に帰着される．

しかし，この場合も，簡単なケース以外は手計算では難しく，数式処理ソフトを使うほうが現実的である．

初等関数と不定積分

四則演算の記号 $+, -, \cdot, /,$ 指数関数，対数関数，三角関数，逆三角関数の記号，合成関数の記号を用いて書かれた式で定められる関数を**初等関数** (elementary function) という．

簡単な関数の原始関数でも，初等関数とはならないものが多くある．これらの原始関数は，単に計算が難しいために求めることができないのではなく，「そもそも，初等関数という既知の記号で書かれた関数ではない」という意味で，原理的に「計算して求めることができない」ということになる．

例 $\int \frac{1}{\sqrt{1-x^4}} dx, \quad \int e^{x^2} dx, \quad \int \frac{\sin x}{x} dx, \quad \int \frac{\cos x}{x} dx, \quad \int \sin(x^2) dx, \quad \int \cos(x^2) dx$

などは初等関数だけでは表すことが不可能．

1.3.2 定積分

区間 $I = [a,b]$ で定義された負でない値を取る連続関数 $f(x)$ の定積分 $\int_a^b f(x)dx$ は，$y = f(x)$ のグラフと 2 つの直線 $x = a, x = b$，および x 軸で囲まれる図形の面積としての意味を持ち，微分の逆演算である原始関数とは独立した概念であり，アルキメデス以来の長い歴史を持つ．$f(x)$ が連続であるという仮定をせず，より一般の関数を考えても積分（定積分）の概念を定義することができるが，積分 (integral) の定義は大きく分けて，

- 区間 $[a,b]$ を n 等分して定めた総和の極限としての積分（区分求積），および，それを数学的に洗練したリーマン積分 (Riemann integral)
- ルベーク積分 (Lebesgue integral)

がある．前者は，主に連続関数（および，たかだか有限個の不連続点を許容しての連続関数）について定義される．例えば，

$$f(x) = \begin{cases} 0 & (x \text{ が有理数のとき}) \\ 1 & (x \text{ が無理数のとき}) \end{cases}$$

のような，無限個の不連続点を持つ関数に対してはリーマン積分は定義できない．

一方，ルベーク積分は，このような関数も含めて，より広い範囲の関数に対して定義されるが，それは測度論 (measure theory) と呼ばれる，大がかりな道具立てを必要とする．

連続関数の定積分に限定するならば，定積分は原始関数から求めることができる．

微分積分学の基本定理

$F(x)$ を連続関数 $f(x)$ の原始関数の 1 つとするとき，

$$\int_a^b f(x)dx = F(b) - F(a)$$

となる．

ここで，この式の左辺は，区分求積法（連続関数の場合同じことだがリーマン積分）により定義された値と考えている．つまり，右辺により左辺を定義しているのではなく，これは"定理"である．

定積分の公式

原始関数は複雑な式であっても，定積分の両端 a, b が特殊な値であれば，定積分の値が簡単に求められる場合がある．

$$\int_0^1 x^m (1-x)^n dx = \frac{m!n!}{(m+n+1)!}$$

$$\int_0^{\frac{\pi}{2}} \sin^n x \, dx = \int_0^{\frac{\pi}{2}} \cos^n x \, dx = \begin{cases} \frac{(2k-1)(2k-3)\cdots 1}{(2k)(2k-2)\cdots 2} \frac{\pi}{2} & (n = 2k) \\ \frac{(2k)(2k-2)\cdots 2}{(2k+1)(2k-1)\cdots 3} & (n = 2k+1) \end{cases}$$

これらは，いずれも部分積分により漸化式を導くことにより，計算される．

さらに，原始関数は計算できなくても，定積分の両端 a, b が特殊な値であれば，定積分の値が求められることがある．

例えば，
$$\int e^{-x^2} dx$$
は初等関数ではないが，
$$\int_0^\infty e^{-x^2} dx = \lim_{b \to \infty} \int_0^b e^{-x^2} dx = \frac{\pi}{2}$$
となる．これ以外にも，原始関数は計算できないが定積分の両端が特殊な値のときに定積分の値が求められるものとして，
$$\int_0^\infty \frac{\sin x}{x} dx = \frac{\pi}{2}$$
$$\int_0^\infty \frac{\tan x}{x} dx = \frac{\pi}{2}$$
$$\int_0^\infty \frac{\cos x}{x} dx = +\infty$$
$$\int_0^\infty \cos(x^2) dx = \frac{1}{2}\sqrt{\frac{\pi}{2}}$$
$$\int_0^{\pi/2} \log(\sin x) dx = \int_0^{\pi/2} \log(\cos x) dx = -\frac{\pi}{2} \log x$$
などがある．正確には，これは以下で説明する広義積分として定義されることになる．

1.3.3 広義積分

定積分の記号の両端に $\pm\infty$ がある場合や，積分範囲に被積分関数が定義できない点が含まれる場合には，通常の意味での定積分は定義できない．そこで，
$$\int_a^{+\infty} f(x) dx, \quad \int_{-\infty}^b f(x) dx$$
は，
$$\int_a^{+\infty} f(x) dx = \lim_{b \to +\infty} \int_a^b f(x) dx, \quad \int_{-\infty}^b f(x) dx = \lim_{a \to -\infty} \int_a^b f(x) dx$$
として，また，例えば，
$$\int_0^1 \frac{1}{\sqrt{x}} dx$$
は，
$$\int_0^1 \frac{1}{\sqrt{x}} dx = \lim_{\varepsilon \to +0} \int_\varepsilon^1 \frac{1}{\sqrt{x}} dx$$
のように，定義域に含まれない点を避けて定義する．

また，例えば，

1.3 積分

$$\int_{-1}^{+\infty} \frac{1}{x^3} dx$$

は，まず，

$$\int_{-1}^{0} \frac{1}{x^3} dx + \int_{0}^{1} \frac{1}{x^3} dx + \int_{1}^{+\infty} \frac{1}{x^3} dx$$

のように分けておいてから，

$$\lim_{\varepsilon_1 \to +0} \int_{-1}^{-\varepsilon_1} \frac{1}{x^3} dx + \lim_{\varepsilon_2 \to +0} \int_{\varepsilon_2}^{1} \frac{1}{x^3} dx + \lim_{b \to +\infty} \int_{1}^{b} \frac{1}{x^3} dx$$

として定義する．このように，積分区間をうまく広げていったときの定積分の値の極限として定義される "積分" を **広義積分** (improper integral) という．

例 広義積分，

$$\int_{1}^{\infty} \frac{1}{x^3} dx$$

は，

$$\begin{aligned}
\int_{1}^{\infty} \frac{1}{x^3} dx &= \lim_{b \to +\infty} \int_{1}^{b} \frac{1}{x^3} dx \\
&= \lim_{b \to +\infty} \left[-\frac{1}{2x^2} \right]_{1}^{b} = \frac{1}{2}
\end{aligned}$$

となるので収束し，値は $\frac{1}{2}$．

例 広義積分，

$$\int_{-1}^{\infty} \frac{1}{x^3} dx$$

は，

$$\begin{aligned}
\int_{-1}^{\infty} \frac{1}{x^3} dx &= \lim_{\varepsilon_1 \to +0} \int_{-1}^{-\varepsilon_1} \frac{1}{x^3} dx + \lim_{\varepsilon_2 \to +0} \int_{\varepsilon_2}^{1} \frac{1}{x^3} dx + \lim_{b \to +\infty} \int_{1}^{b} \frac{1}{x^3} dx \\
&= \lim_{\varepsilon_1 \to +0} \left[-\frac{1}{2x^2} \right]_{-1}^{-\varepsilon_1} + \lim_{\varepsilon_2 \to +0} \left[-\frac{1}{2x^2} \right]_{\varepsilon_2}^{1} + \lim_{b \to +\infty} \left[-\frac{1}{2x^2} \right]_{1}^{b} \\
&= -\lim_{\varepsilon_1 \to +0} \frac{1}{2\varepsilon_1^2} + \lim_{\varepsilon_2 \to +0} \frac{1}{2\varepsilon_2^2} + \frac{1}{2}
\end{aligned}$$

となるが，最初の 2 つの極限は収束しないので，広義積分は存在しない．

上の例で ε_1 と ε_2 は独立に $+0$ に近づくとして，極限は存在しないとしているのだが，区間 $[-1, 1]$ においてグラフが原点について点対称であることを考慮して，

$$\int_{-1}^{\infty} \frac{1}{x^3} dx = \lim_{\varepsilon \to +0} \left\{ \int_{-1}^{-\varepsilon} \frac{1}{x^3} dx + \int_{\varepsilon}^{1} \frac{1}{x^3} dx \right\} + \lim_{b \to +\infty} \int_{1}^{b} \frac{1}{x^3} dx$$

という定義を採用することもある．この定義では最初の 2 つの項は打ち消しあうので，$\frac{1}{2}$ という値が得られる．これを **コーシーの主値** (Cauchy principal value)，または単に **主値** (principal value) という．コーシーの主値として定積分の値を求めていることを，記号 $P\!\int$ を用いて，例えば，

$$P\!\int_{-1}^{1} \frac{1}{x^3} dx = 0$$

のように表すこともある．

広義積分が収束するかどうかを判定するために，次の定理を用いることが多い．

定理 1.3.1 ある積分範囲において $g(x)$ の広義積分が収束し，かつ，その範囲において $|f(x)| \leq g(x)$ が成り立つならば，同じ範囲で $f(x)$ の広義積分も収束する．

例 広義積分，
$$\int_1^{+\infty} \frac{\cos x}{x^2 + \sin^2 x} dx$$
は，
$$\left| \frac{\cos x}{x^2 + \sin^2 x} \right| \leq \frac{1}{x^2}$$
であり，広義積分 $\int_1^{\infty} \frac{1}{x^2} dx$ は，
$$\int_1^{+\infty} \frac{1}{x^2} dx = \lim_{b \to +\infty} \int_1^b \frac{1}{x^2} dx$$
$$= \lim_{b \to +\infty} \left[-\frac{1}{x} \right]_1^b$$
$$= 1$$
となって収束しているので，$\int_1^{+\infty} \frac{\cos x}{x^2 + \sin^2 x} dx$ も収束する．

$f(x)$ の絶対値 $|f(x)|$ を取る関数の広義積分が収束するとき，上の定理により区間での $f(x)$ の広義積分も収束する．絶対値の広義積分が収束する広義積分を，**絶対積分可能** (absolute integrable) であるという．

例えば，
$$\int_0^{\infty} \sin x^2 dx$$
は絶対積分可能ではないが，広義積分は収束することが知られている．

1.4 多変数関数の微分

1.4.1 2変数関数の偏微分

偏微分・偏導関数

2つの独立変数 x, y に依存する関数，
$$z = f(x, y)$$
は，y を定数 y_0 に固定すると x を独立変数とする通常の1変数関数になり，また，x を定数 x_0 に固定すると y を独立変数とする通常の1変数関数となる．

$z = f(x, y)$ の定義域に属するすべての (x_0, y_0) において，これら2つの1変数関数が連続関数であるとき，2変数関数 $z = f(x, y)$ は連続関数であるという．

また，y を y_0 で固定した関数が $x = x_0$ で微分可能なとき，$z = f(x, y)$ は (x_0, y_0) で x について**偏微分可能** (partially differentiable) であるといい，この微分係数を，
$$\frac{\partial z}{\partial x}(x_0, y_0), \quad \frac{\partial f}{\partial x}(x_0, y_0), \quad f_x(x_0, y_0)$$

などの記号で表す．同様に，x を x_0 で固定した関数が $y = y_0$ で微分可能なとき，$z = f(x, y)$ は (x_0, y_0) で y について偏微分可能であるといい，この微分係数を，

$$\frac{\partial z}{\partial y}(x_0, y_0), \quad \frac{\partial f}{\partial y}(x_0, y_0), \quad f_y(x_0, y_0)$$

などの記号で表し，**偏導関数** (partial derivative) と呼ぶ．$z = f(x, y)$ が，その定義域に属するすべての (x_0, y_0) で偏微分可能であるとき，$\frac{\partial z}{\partial x}(x_0, y_0)$ などの偏微分は (x_0, y_0) を独立変数とする 2 変数関数となるので，それらの連続性や偏微分可能性，偏微分，偏導関数などについて考えることができる．

$z = f(x, y)$ が x と y の両方で偏微分可能であり，2 つの偏導関数 $\frac{\partial z}{\partial x}(x, y)$, $\frac{\partial z}{\partial y}(x, y)$ が両方とも連続関数であるとき，$z = f(x, y)$ は C^1**-級関数** (function of class C^1) であるという．

高階偏微分

$\frac{\partial z}{\partial x}(x, y)$ が x について偏微分可能なとき，この関数の x についての偏導関数を，

$$\frac{\partial^2 z}{\partial x^2}$$

などの記号で表し，y について偏微分可能なとき，その y についての偏導関数を

$$\frac{\partial^2 z}{\partial y \partial x}$$

などの記号で表す．同様に，$\frac{\partial z}{\partial y}(x, y)$ の偏導関数，

$$\frac{\partial^2 z}{\partial x \partial y}, \quad \frac{\partial^2 z}{\partial y^2}$$

について考えることもできる．これら 4 つの偏導関数を $z = f(x, y)$ の 2 階偏導関数という．

これら 4 つの 2 階偏導関数が連続関数となるとき，$z = f(x, y)$ は C^2**-級**であるという．

$z = f(x, y)$ が C^2-級関数であるとき，4 つの 2 階偏導関数のそれぞれについて，x または y についての偏微分可能性を考えることができ，例えば $\frac{\partial z^2}{\partial x \partial y}$ が y について偏微分可能であれば，その偏導関数を，

$$\frac{\partial^3 z}{\partial y \partial x \partial y}$$

で表す．これらの 8 つの偏微分がすべて可能であり，それら 8 つの 3 階偏導関数がすべて連続であるとき，$z = f(x, y)$ は C^3**-級**であるという．

同様に，さらに高階の偏微分も考えることができ，2^r 個のすべての偏導関数が存在して連続であるとき，$z = f(x, y)$ は C^r**-級関数**であるという．

すべての，$r = 1, 2, 3, \ldots$ について C^r-級であるとき，C^∞**-級**であるという．

偏微分の順序交換可能性

例 $z = \sin(x^2 + 5y)$ とすると，

$$\frac{\partial z}{\partial x} = 2x\cos(x^2+5y), \quad \frac{\partial z}{\partial y} = 5\cos(x^2+5y)$$

となる．これらの x についての偏微分は，
$$\frac{\partial^2 z}{\partial x^2} = 2\cos(x^2+5y) - 4x^2\sin(x^2+5y), \quad \frac{\partial^2 z}{\partial x \partial y} = -10x\sin(x^2+5y)$$
であり，y についての偏微分は，
$$\frac{\partial^2 z}{\partial y \partial x} = -10x\sin(x^2+5y), \quad \frac{\partial^2 z}{\partial y^2} = -25\sin(x^2+5y)$$
となる．

この例では，x で偏微分してから y で偏微分しても，y で偏微分してから x で偏微分しても，結果は一致している．また，この例で，さらに高階の偏微分を計算してみると，やはり，偏微分をする順番には依存せずに同じ結果が得られる．この「偏微分をする順序に依存しない」という交換可能性は，常に成り立つわけではないが，次の定理は多くの関数について交換可能性が成り立つことを保証している．

定理 1.4.1 $\bigl[$ $z = f(x,y)$ が C^r-級関数ならば，r 階までの偏微分は，偏微分を行う順序に依存せずに定まる．

$\frac{\partial^2 z}{\partial x^2}, \frac{\partial^2 z}{\partial x \partial y}, \frac{\partial^2 z}{\partial y \partial x}, \frac{\partial^2 z}{\partial y^2}$ を $f_{xx}, f_{xy}, f_{yx}, f_{yy}$ と書くこともあるが，f_{xy} が $\frac{\partial^2 z}{\partial x \partial y}$ なのか $\frac{\partial^2 z}{\partial y \partial x}$ なのかは，テキストによっては明示されていないことがある．

1.4.2 全微分

2変数関数 $z = f(x,y)$ は，次の条件を満たすとき，(x_0, y_0) において**全微分可能** (totally differentiable) であるという．

条件：独立変数 (x,y) を (x_0, y_0) から $(x_0+\xi, y_0+\eta)$ へ，(ξ, η) だけわずかに変化させたときの従属変数 z の変化 $f(x_0+\xi, y_0+\eta) - f(x_0, y_0)$ が，(ξ, η) の線形関数 $a\xi + b\eta$ により近似される．

このとき，線形関数 $a\xi + b\eta$ を**全微分** (total differential) という．ここで，"近似される" ということは，"近似の誤差"，
$$|f(x_0+\xi, y_0+\eta) - f(x_0, y_0) - \{a\xi + b\eta\}|$$
が変化の大きさ $\sqrt{\xi^2 + \eta^2}$ より高位の無限小であること，つまり，$h = \sqrt{\xi^2 + \eta^2}$ とおいて，
$$\lim_{h \to 0} \frac{f(x_0+\xi, y_0+\eta) - f(x_0, y_0) - a\xi - b\eta}{h} = 0$$
であること，として定義される．

$z = f(x,y)$ が全微分可能であれば，特に $\eta = 0$ とおくことにより，線形関数 $a\xi + b\eta$ の係数 a は，
$$a = \frac{\partial z}{\partial x}(x_0, y_0)$$
を満たすことがわかり，また，$\xi = 0$ とおくことにより，

$$b = \frac{\partial z}{\partial y}(x_0, y_0)$$

であることがわかる．

ただし，$z = f(x, y)$ が x, y について偏微分可能であっても，全微分可能でないこともある．しかし，偏微分可能であるだけでなく C^1-級であれば，全微分可能である．

定理 1.4.2 $\Big[\ z = f(x, y)$ が C^1-級関数ならば，全微分可能である．

1.4.3 合成関数の微分

2 変数関数 $z = f(x, y)$ の独立変数 x, y が t の関数として $x = \phi(t)$, $y = \psi(t)$ の形で依存しているとき，z を独立変数 t の関数とみなすことができる．この微分について以下の定理が成り立つ．

定理 1.4.3 $\Big[\ z = f(x, y)$ が C^1-級で，$x = \phi(t)$, $y = \psi(t)$ は微分可能であるとする．このとき，$z = f(\phi(t), \psi(t))$ は微分可能であり，次式が成り立つ．
$$\frac{dz}{dt} = \frac{\partial z}{\partial x}\frac{dx}{dt} + \frac{\partial z}{\partial y}\frac{dy}{dt}$$

例 $z = x^3 y^7$, $x = e^{t^2}$, $y = \sin t$ とする．このとき，
$$\begin{aligned}
\frac{dz}{dt} &= \frac{\partial z}{\partial x}\frac{dx}{dt} + \frac{\partial z}{\partial y}\frac{dy}{dt} \\
&= 3x^2 y^7 \cdot 2t e^{t^2} + 7 x^3 y^6 \cos t \\
&= 3\left(e^{t^2}\right)^2 \cdot (\sin t)^7 \cdot 2t e^{t^2} + 7\left(e^{t^2}\right)^3 (\sin t)^6 \cos t \\
&= 6t e^{3t^2} \sin^7 t + 7 e^{3t^2} \sin^6 t \cos t
\end{aligned}$$

注 最初に z を t の式で表しておいてから微分しても同じ結果が得られ，上の例では，このほうが簡単である．

また，x, y が 2 つの変数 u, v に，
$$x = \phi(u, v)$$
$$y = \psi(u, v)$$
の形で依存しているときは，合成関数 $z = f(\phi(u, v), \psi(u, v))$ の偏微分は，
$$\frac{\partial z}{\partial u} = \frac{\partial z}{\partial x}\frac{\partial x}{\partial u} + \frac{\partial z}{\partial y}\frac{\partial y}{\partial u}$$
$$\frac{\partial z}{\partial v} = \frac{\partial z}{\partial x}\frac{\partial x}{\partial v} + \frac{\partial z}{\partial y}\frac{\partial y}{\partial v}$$
となる．

方向微分・グラディエント・等高線

ベクトル $\boldsymbol{v} = (v_1, v_2)$ を用いて $x = a + v_1 t, y = b + v_2 t$ と定めたときの $t = 0$ での微分係数,

$$\frac{dz}{dt}(0) = \frac{\partial z}{\partial x}(a,b) \cdot v_1 + \frac{\partial z}{\partial y}(a,b) \cdot v_2$$

を $z = f(x,y)$ の (a,b) における $\boldsymbol{v}$ 方向の方向微分 (direction difference) という.

$$\mathbf{grad} f(a,b) = \left(\frac{\partial z}{\partial x}(a,b), \frac{\partial z}{\partial y}(a,b) \right)$$

と定め f の (a,b) におけるグラディエント (gradient) あるいは, 傾き, 勾配などと呼ぶ. 各点 (a,b) にその点を始点とするベクトル $\mathbf{grad} f(a,b)$ を対応させたものをグラディエントベクトル場 (gradient vector field) といい $\mathbf{grad} f$ で表す.

f の (a,b) における $\boldsymbol{v}$ 方向の方向微分は, $\mathbf{grad} f(a,b)$ と $\boldsymbol{v}$ の内積になる.

実数 c に対して, 集合,

$$\{(x,y) \in \mathbb{R}^2 \mid f(x,y) = c\}$$

を f の高さ c の等高線 (contour line) という.

$\mathbf{grad} f(a,b) \neq 0$ ならば, 高さ $f(a,b)$ の等高線は点 (a,b) の近くで曲線になり, $\mathbf{grad} f(a,b)$ はこの曲線に直交する.

n 変数関数の偏微分

n 個の独立変数 $x_1, x_2, \ldots, x_n$ に依存する関数 $y = f(x_1, \ldots, x_n)$ についても, 2 変数の場合と同様の議論をすることができる.

x_i 以外の残りの $n-1$ 個の変数を固定して x_i で微分することを, x_i による偏微分といい,

$$\frac{\partial y}{\partial x_i}$$

で表す.

偏導関数をさらに偏微分することにより, 高階の偏微分を定義する.

r 回偏微分することができ, n^r 個の r 階偏導関数がすべて連続関数であるとき, C^r-級関数であるといい, 何回でも偏微分できる関数を C^∞-級関数という.

C^r-級関数の r 階までの偏導関数は, 偏微分をする順序に依存せずに決まる.

$(a_1, \ldots, a_n)$ の近くでの f の値の変化 $f(a_1 + h_1, \ldots, a_n + h_n) - f(a_1, \ldots, a_n)$ を近似する線形関数 $\alpha_1 h_1 + \cdots + \alpha_n h_n$ が存在するとき, つまり, $h = \sqrt{h_1^2 + \cdots + h_n^2}$ とおいて,

$$\lim_{h \to 0} \frac{|f(a_1 + h_1, \ldots, a_n + h_n) - f(a_1, \ldots, a_n) - (\alpha_1 h_1 + \cdots + \alpha_n h_n)|}{h} = 0$$

を満たすとき, f は $(a_1, \ldots, a_n)$ で全微分可能であるという. このとき, 線形関数の係数 α_i は $\alpha_i = \frac{\partial y}{\partial x_i}(a_1, \ldots, a_n)$ として求められる. C^1-級関数は全微分可能である.

C^1-級関数 $y = f(x_1, \ldots, x_n)$ の独立変数 $x_1, \ldots, x_n$ が, それぞれ t の微分可能な関数ならば,

$$\frac{dy}{dt} = \sum_{j=1}^{n} \frac{\partial y}{\partial x_j} \cdot \frac{dx_j}{dt}$$

となる．また，それぞれが m 個の変数 $u_1, \ldots, u_m$ の微分可能な関数ならば，

$$\frac{\partial y}{\partial u_i} = \sum_{j=1}^{n} \frac{\partial y}{\partial x_j} \cdot \frac{\partial x_j}{\partial u_i} \quad (i = 1, 2, \ldots, m)$$

となる．

n 次元ベクトル $\boldsymbol{v} = (v_1, \ldots, v_n)$ を用いて $x_j = a_j + v_j t \ (j = 1, \ldots, n)$ と定めたときの合成関数 $y = f(a_1 + h_1, \ldots, a_n + h_n)$ の微分 $\frac{dy}{dt}$ を f の $(a_1, \ldots, a_n)$ における $\boldsymbol{v}$ 方向の方向微分という．

$$\mathbf{grad} f = \left(\frac{\partial y}{\partial x_1}, \ldots, \frac{\partial y}{\partial x_n} \right)$$

として定めたベクトル場を f のグラディエントベクトル場という．

$n = 3$ のとき，$f(x_1, x_2, x_3)$ が一定の値を取る (x_1, x_2, x_3) の集合は，普通，曲面となるので，これを等高面 (contour surface) という．

一般の n についても用語を流用して等高面という言い方をする．

1.4.4 多変数関数のテーラー展開

2 変数関数のテーラー展開

2 変数関数 $z = f(x_1, x_2)$ の $(x_1, x_2) = (a_1, a_2)$ におけるテーラー展開は，

$$\begin{aligned}
f(a_1 + h_1, a_2 + h_2) &= f(a_1, a_2) + c_1 h_1 + c_2 h_2 \\
&\quad + c_{11} h_1^2 + c_{12} h_1 h_2 + c_{21} h_2 h_1 + c_{22} h_2^2 \\
&\quad + \sum_{i,j,k=1}^{2} c_{ijk} h_i h_j h_k \\
&\quad + \sum_{i,j,k,l=1}^{2} c_{ijkl} h_i h_j h_k h_l \\
&\quad + \cdots
\end{aligned}$$

の形を取る．ここで，1 次の係数 c_1, c_2 と 2 次の係数 $c_{11}, c_{12}, c_{21}, c_{22}$ は，

$$c_1 = \frac{\partial z}{\partial x_1}(a_1, a_2), \quad c_2 = \frac{\partial z}{\partial x_2}(a_1, a_2)$$

$$c_{11} = \frac{\partial^2 z}{\partial x_1^2}(a_1, a_2), \quad c_{12} = \frac{\partial^2 z}{\partial x_1 \partial x_2}(a_1, a_2)$$

$$c_{21} = \frac{\partial^2 z}{\partial x_2 \partial x_1}(a_1, a_2), \quad c_{22} = \frac{\partial^2 z}{\partial x_2^2}(a_1, a_2)$$

として定められ，高次の項の係数も以下，

$$c_{ijk} = \frac{\partial^3 z}{\partial x_i \partial x_j \partial x_k}, \quad c_{ijkl} = \frac{\partial^4 z}{\partial x_i \partial x_j \partial x_k \partial x_l}, \ldots$$

として，それぞれの次数の高階偏微分係数により定められる．

ただし，1 変数関数のテーラー展開と異なり，次数の高い項は飛躍的に多くの項を含むことになるので煩雑であり，2 次までの展開がよく用いられる．

この場合，ヘッセ行列 (Hessian matrix) と呼ばれる 2 次正方行列 H を，

$$H = \begin{pmatrix} \frac{\partial^2 z}{\partial x_1^2}(a_1, a_2) & \frac{\partial^2 z}{\partial x_1 \partial x_2}(a_1, a_2) \\ \frac{\partial^2 z}{\partial x_2 \partial x_1}(a_1, a_2) & \frac{\partial^2 z}{\partial x_2^2}(a_1, a_2) \end{pmatrix}$$

と定めると，テーラー展開は，

$$f(a_1 + h_1, a_2 + h_2) = f(a_1, a_2) + \frac{\partial z}{\partial x_1}(a_1, a_2)h_1 + \frac{\partial z}{\partial x_2}(a_1, a_2)h_2$$
$$+ (h_1, h_2) H \begin{pmatrix} h_1 \\ h_2 \end{pmatrix} + (\text{高次の項})$$

という形で表される．

n 変数関数のテーラー展開

n 変数関数 $y = f(x_1, \ldots, x_n)$ の $(a_1, \ldots, a_n)$ におけるテーラー展開は，

$$f(a_1 + h_1, \ldots, a_n + h_n) = f(a_1, \ldots, a_n) + \sum_{j=1}^{n} \frac{\partial y}{\partial x_j}(a_1, \ldots, a_n) \cdot h_j$$
$$+ \sum_{j_1, j_2 = 1}^{n} \frac{\partial^2 y}{\partial x_{j_1} \partial x_{j_2}}(a_1, \ldots, a_n) \cdot h_{j_1} h_{j_2}$$
$$+ (\text{高次の項})$$

の形を取る．

$\frac{\partial^2 y}{\partial x_i \partial x_j}$ を (i, j) 成分とする n 次正方行列をヘッセ行列 (Hessian matrix) という．

1.4.5 n 変数関数の臨界点

臨界点

C^1-級関数 $y = f(x_1, \ldots, x_n)$ の n 個の偏微分，

$$\frac{\partial y}{\partial x_j} \quad (j = 1, 2, \ldots, n)$$

がすべて 0 になる点 $(a_1, \ldots, a_n)$，つまり，

$$\mathbf{grad} f(a_1, \ldots, a_n) = (0, \ldots, 0)$$

となる点を f の**臨界点** (critical point) という．さらに，f が C^2-級であり，臨界点 $(a_1, \ldots, a_n)$ におけるヘッセ行列 $H = \left[\frac{\partial^2 y}{\partial x_i \partial x_j}(a_1, \ldots, a_n)\right]$ が正則であるとき，臨界点 $(a_1, \ldots, a_n)$ は**非退化臨界点** (non degenerate critical point) であるという．このとき，f は C^2-級なのでヘッセ行列 H は対称行列であり，固有値は必ず実数になる．また，非退化なので固有値は零ではない（また，$\det H$ も零でない）．

2 変数関数の非退化臨界点の分類

2 変数関数の非退化臨界点 (a,b) において $f(x,y)$ が極大値を取るか，極小値を取るか，極大でも極小でもないか，の判定は，テーラー展開を 2 次で打ち切った 2 次形式，

$$(h_1, h_2) H \begin{pmatrix} h_1 \\ h_2 \end{pmatrix}$$

が原点 $(h_1, h_2) = (0,0)$ で極大値を取るか，極小値を取るか，極大でも極小でもないかの判定に一致する．

そこで，固有値の正負の組合せから，

(1) ともに正の固有値：2 次形式は原点で最小値を取る
(2) 固有値の 1 つは正で，もう 1 つは負：原点では極値を取らない
(3) ともに負の固有値：2 次形式は原点で最大値を取る

と分類され，また，2 変数関数の場合は，より具体的に，ヘッセ行列の行列式，

$$\det H = \frac{\partial^2 z}{\partial x^2} \frac{\partial^2 z}{\partial y^2} - \frac{\partial^2 z}{\partial x \partial y} \frac{\partial^2 z}{\partial y \partial x}$$

の値の符号により，

(1) $\det H > 0$ のとき極値を取る．このとき，$\frac{\partial^2 z}{\partial x^2}$ と $\frac{\partial^2 z}{\partial y^2}$ の符号は一致し，
   (a) $\frac{\partial^2 z}{\partial x^2} < 0$ のとき極大
   (b) $\frac{\partial^2 z}{\partial x^2} > 0$ のとき極小
(2) $\det H < 0$ のとき極値を取らない．このタイプの臨界点を**サドル点** (saddle point) あるいは**鞍点**という．

と分類される．

極大は山の頂上，極小は盆地の底，サドルは鞍部，コルなどと呼ばれる地点に相当し，極大や極小では等高線は 1 点であり，サドルでは，2 つの等高線が交差する．

なお，退化臨界点の分類はテーラー展開の高次の項が絡むことになり，$n=2$ の場合であっても極めて難しい．

n 変数関数の場合

一般に n 変数の関数でも，非退化臨界点のタイプは 2 次形式，

$$(h_1, \ldots, h_n) H \begin{pmatrix} h_1 \\ \vdots \\ h_n \end{pmatrix}$$

における原点のタイプで決まり，原点が 2 次形式の最小点ならば極小，最大ならば極大となる．しかし，それ以外のサドルのタイプは，正の固有値がいくつあるかにより，さらに細かく分かれる．

1.4.6 陰関数定理

2 変数関数の陰関数定理

2 変数関数 $z = f(x,y)$ の値を c と固定してしまうと，x と y はもはや独立に動かすことはできず，そのうちの 1 つ，例えば y は，x に依存して決まることになる．この

ように，$f(x,y) = c$ という条件により "implicit" に決まる関数関係を陰関数 (implicit function) という．次の定理は陰関数の存在を保証する．

定理 1.4.4 (**2 変数関数の陰関数定理**)
$z = f(x,y)$ は C^1-級で，$f(a,b) = c$ を満たすとする．このとき，
$$\frac{\partial z}{\partial y}(a,b) \neq 0$$
であるならば，y は局所的に x の陰関数となる．つまり，正の数 d と区間 $(a-d, a+d)$ で定義された C^1-級関数 $y = \phi(x)$ で，
$$f(x, \phi(x)) = c, \qquad \phi(a) = b$$
を満たすものが存在する．

また，陰関数 $\phi(x)$ が存在するとき，合成関数の微分の公式から，その微分はまた，
$$\phi'(x) = -\frac{\frac{\partial z}{\partial x}}{\frac{\partial z}{\partial y}}$$
を満たすことがわかる．

n 変数関数の陰関数定理

n 個の独立変数を持つ k 個の n 変数関数，
$$f_j(x_1, \ldots, x_n) \quad (j = 1, 2, \ldots, k)$$
が与えられたとき，その値を，
$$f_j(x_1, \ldots, x_n) = c_j \quad (j = 1, 2, \ldots, k)$$
と固定すると，n 個の独立変数は k 個の方程式により束縛されることになるので，そのうちの $n-k$ 個のみが自由に動かすことができると予想される．

定理 1.4.5 (**陰関数定理**)
n 個の独立変数 $x_1, \ldots, x_{n-k}, y_1, \ldots, y_k$ を持つ k 個の C^1-級関数，
$$z_i = f_i(x_1, \ldots, x_{n-k}, y_1, \ldots, y_k) \quad (i = 1, 2, \ldots, k)$$
が条件，
- $f_i(a_1, \ldots, a_{n-k}, b_1, \ldots, b_k) = 0 \quad (i = 1, 2, \ldots, k)$
- (i,j) 成分を $\frac{\partial z_i}{\partial y_j}$ とする k 次正方行列は正則

を満たすとき，正の数 d_l $(l = 1, \ldots, n-k)$ と，領域，
$$a_l - d_l < x_l < a_l + d_l \quad (l = 1, \ldots, n-k)$$
で定義された k 個の C^1-級関数 $\phi_j(x_1, \cdots, x_{n-k})$ $(j = 1, \ldots, k)$ が存在して，
$$f_i(x_1, \ldots, x_{n-k}, \phi_1(x_1, \ldots, x_{n-k}), \ldots, \phi_k(x_1, \ldots, x_{n-k})) = 0 \quad (i = 1, \ldots, k)$$
$$\phi_j(a_1, \ldots, a_{n-k}) = b_j \quad (j = 1, \ldots, k)$$
を満たす．

1.4.7 条件付き極値問題

n 個の変数 x_i $(i=1,\ldots,n)$ が k 個の条件,

$$g_j(x_1,\ldots,x_n) = 0 \quad (j=1,\ldots,k)$$

を満たしながら動くとき，関数 $f(x_1,\ldots,x_n)$ の極値を求める問題を，**条件付き極値問題** (conditional extremum problem) という．条件付き極値問題の解の候補は，$x_1,\ldots,x_n$ の他に，さらに k 個の未知数 $\lambda_1,\ldots,\lambda_k$ を導入して，$n+k$ 個の未知数を持つ $n+k$ 個の連立方程式，

$$g_j = 0 \quad (j=1,\ldots,k)$$
$$\frac{\partial f}{\partial x_i} = \lambda_1 \frac{\partial g_1}{\partial x_i} + \cdots + \lambda_k \frac{\partial g_k}{\partial x_i} \quad (i=1,\ldots,n)$$

を解くことにより求められる．このような未知定数 $\lambda_1,\ldots,\lambda_k$ を用いる条件付き極値問題へのアプローチを**ラグランジュ未定乗数法** (Lagrange's method of indeterminate coefficients) という．

しかし，これは通常の極値問題で臨界点を求める段階に相当するステップであり，実際に極値かどうかを決定するためには，個々の問題で個別の工夫が必要となる．

1.5 多変数関数の重積分

1.5.1 2変数関数の重積分

xy 平面上の領域 D で定義された関数 $f(x,y)$ を点 (x,y) における，ある "質量" の密度と考えたときの，領域 D 全体での "質量" の合計を，

$$\iint_D f(x,y)dxdy$$

で表し，$f(x,y)$ の領域 D での**重積分** (multiple integral) という．正確な定義は，1変数関数の定積分と同じく，リーマン積分による方法，または，より一般的にルベーグ測度を用いる方法により与えられる．$f(x,y)$ が連続関数である場合は，1変数の定積分の場合と同様，原始関数を計算する方法で求めることができる．ただし，2変数関数の重積分では，不定積分を2回計算する**累次積分** (iterated integral) を行う必要がある．

定理 1.5.1 領域 D が直線 $x=a, x=b$ と曲線 $y=\phi(x), y=\psi(x)$ で囲まれる領域として与えられている場合，つまり，

$$D: a \leq x \leq b, \quad \phi(x) \leq y \leq \phi(y)$$

である場合,

$$\iint_D f(x,y)dxdy = \int_a^b \left\{ \int_{\phi(x)}^{\psi(x)} f(x,y)dy \right\} dx$$

となる．ただし，$f(x,y), \phi(x)$ は連続な関数とする．

第 1 章 微分積分

重積分の変数変換

領域 D における重積分,
$$\iint_D f(x,y)dxdy$$
を計算する際に,領域 D や関数 $f(x,y)$ がなるべく簡単な形になるように変数変換をしておくとよい.

x, y が,それぞれ 2 つの変数 u, v の関数として与えられているとき,行列,
$$J = \begin{pmatrix} \frac{\partial x}{\partial u} & \frac{\partial x}{\partial v} \\ \frac{\partial y}{\partial u} & \frac{\partial y}{\partial v} \end{pmatrix}$$
をヤコビ行列 (Jacobi matrix) といい,その行列式,
$$\frac{\partial x}{\partial u}\frac{\partial y}{\partial v} - \frac{\partial x}{\partial v}\frac{\partial y}{\partial u}$$
を $\det J$ で表し,ヤコビアン (Jacobian) という.

> **注** テキストによっては,$\det J$ を J で表している.この場合,$|J|$ は J の行列式ではなく絶対値であることに注意が必要.

重積分の変数変換の公式は次の定理により与えられる.

定理 1.5.2 x, y が,それぞれ 2 つの変数 u, v の関数として $x = x(u,v), y = y(u,v)$ と表されているとする.領域 D を変数 u, v で表した uv 平面上の領域を $\hat{D}$ とするとき,
$$\iint_D f(x,y)dxdy = \iint_{\hat{D}} f(x(u,v),y(u,v))|\det J|dudv$$

$f(x,y) = \sqrt{9x^2+16y^2}$ の領域 $D: 9x^2+16y^2 \leq 25$ における重積分,
$$\iint_D (9x^2+16y^2)dxdy$$
を求めるために,$x = \frac{1}{3}r\cos\theta, y = \frac{1}{4}r\sin\theta$ とおくと,
$$9x^2+16y^2 = 9 \cdot \left(\frac{1}{3}r\cos\theta\right)^2 + 16 \cdot \left(\frac{1}{4}r\sin\theta\right)^2 = r^2$$
となるので,領域 D に対応する $r\theta$ 平面上の領域は,
$$\hat{D}: 0 \leq r \leq 5, \quad 0 \leq \theta \leq 2\pi$$
ヤコビアン $\det J$ は,
$$\det\begin{pmatrix} \frac{\partial x}{\partial r} & \frac{\partial x}{\partial \theta} \\ \frac{\partial y}{\partial r} & \frac{\partial y}{\partial \theta} \end{pmatrix} = \begin{vmatrix} \frac{1}{3}\cos\theta & -\frac{1}{3}r\sin\theta \\ \frac{1}{4}\sin\theta & \frac{1}{4}r\cos\theta \end{vmatrix} = \frac{1}{12}r$$
となるので,
$$\iint_D f(x,y)dxdy = \iint_{\hat{D}} r^2 |\det J|drd\theta$$
$$= \int_0^5 \left\{\int_0^{2\pi} \frac{1}{12}r^3 d\theta\right\} dr$$
$$= \int_0^5 \frac{\pi}{6}r^3 dr$$

$$= \frac{5^4}{24}\pi$$

> 上の例でヤコビ行列の列ベクトルは，r での偏微分，θ の偏微分の順に並べているが，必然性はなく，θ の偏微分，r での偏微分の順に並べてもよい．また，行ベクトルの順番を変えてもよい．この場合，ヤコビアン $\det J$ の符号が逆転する可能性があるが，変数変換の公式では絶対値 $|\det J|$ のみが使われるので，これらの並べ方の順番は結果に影響しない．

上の例のように，変数変換をうまくとることにより，領域と関数の両方を同時に簡単にすることができればよいが，例えば，領域 $D: x^2 + y^2 = 1$ での重積分

$$\iint_D (x^2 + 4y^2) dx dy$$

では，領域を簡単にする変数変換 $x = r\cos\theta, y = r\sin\theta$ と，関数 f を簡単にする変数変換 $x = r\cos\theta, y = \frac{r}{2}\sin\theta$ のどちらをとるか迷うことになる．

広義積分としての重積分

2 変数関数についても，領域 D が無限に広がっていたり，被積分関数が定義できない点を含む場合に極限の形で広義積分を定義することができるが，1 変数の場合と違って，領域を拡大してゆくやり方は無数にあるので，慎重な吟味が必要になる．

ここでは，いくつかの計算例を挙げるにとどめる．

$D = \mathbb{R}^2$ での広義積分，

$$\iint_D e^{-x^2-y^2} dx dy$$

の値を求める．

$D_R : x^2 + y^2 \leqq R^2$ として領域 D に近づけてゆくと，**極座標** (polar coordinates) へ変数変換することにより，

$$\begin{aligned}\iint_D e^{-x^2-y^2} dx dy &= \lim_{R\to+\infty} \iint_{D_R} e^{-x^2-y^2} dx dy \\ &= \lim_{R\to+\infty} \int_0^R \left\{\int_0^{2\pi} e^{-r^2} \cdot r d\theta\right\} dr \\ &= 2\pi \lim_{R\to+\infty} \left[-\frac{1}{2}e^{-r^2}\right]_0^R = \pi\end{aligned}$$

上の例で，$D_R : -R \leqq x \leqq R, -R \leqq y \leqq R$ として領域 D に近づけてゆくと，

$$\begin{aligned}\iint_D e^{-x^2-y^2} dx dy &= \lim_{R\to+\infty} \iint_{D_R} e^{-x^2-y^2} dx dy \\ &= \lim_{R\to+\infty} \int_{-R}^R \left(\int_{-R}^R e^{-x^2} e^{-y^2} dx\right) dy \\ &= \lim_{R\to+\infty} \int_{-R}^R e^{-x^2} dx \cdot \lim_{R\to+\infty} \int_{-R}^R e^{-y^2} dy\end{aligned}$$

$$= 4\left(\lim_{R\to+\infty}\int_0^R e^{-x^2}dx\right)^2$$

となる．このことと，上の例の結果と合わせて，広義積分 $\int_0^\infty e^{-x^2}dx$ の値が，

$$\int_0^\infty e^{-x^2}dx = \frac{\sqrt{\pi}}{2}$$

であることがわかる．

1.5.2 3重積分

2変数関数の重積分と同様に，3変数連続関数の重積分についても，不定積分の計算を3回行う累次積分で計算することができる．$\mathbb{R}^3$ の領域 D での3変数関数 $f(x,y,z)$ の重積分，

$$\iiint_D f(x,y,z)dxdydz$$

の置換積分についても，変数変換，

$$x = x(u,v,w)$$
$$y = y(u,v,w)$$
$$z = z(u,v,w)$$

のヤコビアンを，

$$\det J = \det\begin{pmatrix} \frac{\partial x}{\partial u} & \frac{\partial x}{\partial v} & \frac{\partial x}{\partial w} \\ \frac{\partial y}{\partial u} & \frac{\partial y}{\partial v} & \frac{\partial y}{\partial w} \\ \frac{\partial z}{\partial u} & \frac{\partial z}{\partial v} & \frac{\partial z}{\partial w} \end{pmatrix}$$

と定め，領域 D を (u,v,w) 座標で表した領域を $\hat{D}$ とすると，置換積分の公式は，

$$\iiint_D f(x,y,z)dxdydz = \iiint_{\hat{D}} f(x(u,v,w),y(u,v,w),z(u,v,w))|\det J|dudvdw$$

となる．

球面座標 (spherical coordinates) (r,ϕ,θ)，

$$x = r\cos\phi\sin\theta$$
$$y = r\sin\phi\sin\theta$$
$$z = r\cos\theta$$

は，特に点対称性のある設定で便利であり，よく用いられる．この座標変換のヤコビアンは，

$$\det J = r^2\sin\theta$$

となる．ここで，r は原点からの距離であり ϕ は経度に相当するが，緯度に相当する θ は通常用いられる緯度と異なり，"北極点"を $0°$，"赤道"を $90°$ として測っていることに注意．

また，**円柱座標** (cylindrical coordinates) (r,ϕ,z)，

$$x = r\cos\phi$$
$$y = r\sin\phi$$
$$z = z$$

のヤコビアンは，平面での極座標変換と同じで

$$\det J = r$$

となる．

第2章
ベクトル・行列・線形空間

この章では，ユークリッド空間 (Euclidean space) $\mathbb{R}^n$ におけるベクトル (vector)，ベクトルを別のベクトルに変換する役割を持つ行列 (matrix) について述べる．さらに $\mathbb{R}^n$ より一般的な**線形空間** (linear space, vector space)（ベクトル空間ともいう）とその空間上の線形写像について説明する．

2.1 ユークリッド空間

この節では，n 次元（実）ユークリッド空間 $\mathbb{R}^n$ について説明する．n 次元ユークリッド空間の元 $\boldsymbol{x}$ はベクトル (vector) といい，n 個の実数を $x_1, \ldots, x_n$ を用いて，

$$\boldsymbol{x} = \begin{pmatrix} x_1 \\ \vdots \\ x_n \end{pmatrix} \quad \text{または} \quad (x_1, \ldots, x_n)$$

と表される．このとき，上から i 番目（左から i 番目）の成分を第 i 成分または第 i 座標と呼ぶ．つまり，

$$\mathbb{R}^n = \left\{ \boldsymbol{x} = \begin{pmatrix} x_1 \\ \vdots \\ x_n \end{pmatrix} ; x_i \in \mathbb{R}, i = 1, \ldots, n \right\}$$

なお，$x_1, \ldots, x_n$ が複素数のとき，n 次元ユークリッド空間を n 次元複素ユークリッド空間といい，$\mathbb{C}^n$ で表す．

$\boldsymbol{x}$ を縦ベクトル $\begin{pmatrix} x_1 \\ \vdots \\ x_n \end{pmatrix}$ と表した場合は $(x_1, \ldots, x_n) = \boldsymbol{x}^t$ と表す．この t は転置 (transpose) を意味する．

2.1.1 ベクトルの加法，減法およびスカラー倍

以下では，$\boldsymbol{x}, \boldsymbol{y} \in \mathbb{R}^n$ とする．$\mathbb{C}^n$ でも同様．

加法　$\boldsymbol{x} + \boldsymbol{y} = \begin{pmatrix} x_1 \\ \vdots \\ x_n \end{pmatrix} + \begin{pmatrix} y_1 \\ \vdots \\ y_n \end{pmatrix} = \begin{pmatrix} x_1 + y_1 \\ \vdots \\ x_n + y_n \end{pmatrix}$

減法　$x - y = \begin{pmatrix} x_1 \\ \vdots \\ x_n \end{pmatrix} - \begin{pmatrix} y_1 \\ \vdots \\ y_n \end{pmatrix} = \begin{pmatrix} x_1 - y_1 \\ \vdots \\ x_n - y_n \end{pmatrix}$

スカラー倍　$kx = k\begin{pmatrix} x_1 \\ \vdots \\ x_n \end{pmatrix} = \begin{pmatrix} kx_1 \\ \vdots \\ kx_n \end{pmatrix}$　（ただし，k は実数）

また，$x = y$ とは，
$$x_i = y_i \quad (i = 1, \cdots, n)$$

この演算に関して以下の性質が成り立つ：
任意の $x, y, z \in \mathbb{R}^n, h, k \in \mathbb{R}$ に対して，
(1)　$x + y = y + x$
(2)　$(x + y) + z = x + (y + z)$
(3)　$0 + x = x$ となる元 $0 \in \mathbb{R}^n$ が存在する（0 を加法に関する零元 (zero element) という）
(4)　$x + a = a + x = 0$ となる元 $a \in \mathbb{R}^n$ が存在する（a を加法に関する逆元 (inverse element) といい，$-x$ で表す）
(5)　$k(x + y) = kx + ky$
(6)　$(h + k)x = hx + kx$
(7)　$(hk)x = h(kx)$
(8)　$1x = x$（スカラー 1 は実数 1 のこと）

2.1.2 内積

$x, y \in \mathbb{R}^n$ に対して，
$$x \cdot y = x_1 y_1 + x_2 y_2 + \cdots + x_n y_n$$
を x と y の（標準）内積 ((standard) inner product) という．これは，$\langle x, y \rangle$ で表すこともある．

なお，$x, y \in \mathbb{C}^n$ に対しては，x_i の複素共役を $\bar{x}_i$ で表すと，
$$x \cdot y = \bar{x}_1 y_1 + \bar{x}_2 y_2 + \cdots + \bar{x}_n y_n$$
このとき，
$$\|x\| = \sqrt{\langle x, x \rangle} = \sqrt{|x_1|^2 + \cdots + |x_n|^2}$$
を x のノルム (norm) といい，ベクトルの大きさを表す．

特に，$x \in \mathbb{R}^3$ と $y \in \mathbb{R}^3$ のなす角を θ とすると，内積は，
$$\langle x, y \rangle = \|x\| \|y\| \cos \theta$$
と表すこともできる．

$\mathbb{R}^n$ 上の内積は以下の性質を持つ．

(1) $x \cdot x \geq 0, \quad x \cdot x = 0 \iff x = 0$
(2) $x \cdot y = y \cdot x$
(3) $(x+y) \cdot z = x \cdot z + y \cdot z, \quad x \cdot (y+z) = x \cdot y + x \cdot z$
(4) $(kx) \cdot (hy) = (kh) x \cdot y$

注 $\mathbb{C}$ の内積では，(2), (4) は，
(2)′ $x \cdot y = \overline{y \cdot x}$
(4)′ $(kx) \cdot (hy) = (\bar{k}h) x \cdot y$
となる．

2.1.3 ベクトルの独立性と従属性

定義 2.1.1 $x_1, x_2, \ldots, x_n$ が線形独立 (linearly independent) であるとは，
$$a_1 x_1 + a_2 x_2 + \cdots + a_n x_n = 0$$
のとき，常に，$a_1 = \cdots = a_n = 0$ である場合をいう．
$x_1, x_2, \ldots, x_n$ が線形従属 (linearly dependent) であるとは，
$$a_1 x_1 + a_2 x_2 + \cdots + a_n x_n = 0$$
において，この等式を満たす $a_1 = \cdots = a_n = 0$ 以外の解（a_k）が存在する場合をいう．

例題 1: $x = \begin{pmatrix} 1 \\ -1 \\ 4 \end{pmatrix}, y = \begin{pmatrix} 2 \\ 3 \\ -1 \end{pmatrix}, z = \begin{pmatrix} 0 \\ -5 \\ 9 \end{pmatrix}$ のとき，独立性を調べよ．

解 $a_1 x + a_2 y + a_3 z = 0$ とおく．このとき，
$$\begin{cases} a_1 + 2a_2 = 0 \\ -a_1 + 3a_2 - 5a_3 = 0 \\ 4a_1 - a_2 + 9a_3 = 0 \end{cases}$$
$a_1 = 2, a_2 = -1, a_3 = -1$ とすれば上の連立方程式が成立するので，x, y, z は線形従属である．

2.2 行列とその応用

この節では，ベクトルをベクトルに写像する変換である行列 (matrix) とその性質，および行列の演算を用いた連立一次方程式の解法について説明する．

2.2.1 行列の演算と行列の性質

mn 個の実数 $(a_{ij} : i = 1, \ldots, m; j = 1, \ldots, n)$ または複素数を用いて定義される，

$$A = \begin{pmatrix} a_{11} & a_{12} & \cdots & a_{1n} \\ a_{21} & a_{22} & \cdots & a_{2n} \\ \vdots & \vdots & \ddots & \vdots \\ a_{m1} & a_{m2} & \cdots & a_{mn} \end{pmatrix}$$

を **$m \times n$ 行列** ($m \times n$ matrix) という．このとき，$(a_{i1}, a_{i2}, \ldots, a_{in})$ などの横の並びを**行** (row) と呼び，

$$\begin{pmatrix} a_{1j} \\ \vdots \\ a_{mj} \end{pmatrix}$$

などの縦の並びを**列** (column) という．a_{ij} を A の i 行 $,j$ 列**成分** (element) （もしくは単に (i,j) 成分）という．このとき，行列 A は，

$$A = (a_{ij})$$

と表されることもある．行列 $A = (a_{ij})$ と $B = (b_{ij})$ に対して，

$$a_{ij} = b_{ij} \quad (i = 1, \ldots, m;\ j = 1, \ldots, n)$$

であるとき，行列 A と B は等しいという．

> **注** $n \times n$ 行列を n 次**正方行列**という．

2.2.2 行列の加法，減法，スカラー倍と行列の積

行列の加法　$A + B = (a_{ij} + b_{ij})$
行列の減法　$A - B = (a_{ij} - b_{ij})$
行列のスカラー倍　$\lambda A = (\lambda a_{ij}) \quad (\lambda \in \mathbb{C})$
で定められる．

行列の積　A を $m \times n$ 行列，B を $n' \times l$ 行列とすると，積 AB は $n = n'$ のときのみ定義できてその積の (i, j) 成分は，

$$AB = \left(\sum_{k=1}^{n} a_{ik} b_{kj} \right)$$

となる．それゆえ，一般に，$AB \neq BA$ となる．つまり，行列は積に関して交換関係が成立しない．$C = AB$ とすれば，

$$(c_{ij}) = \begin{pmatrix} a_{11} & \cdots & a_{1j} & \cdots & a_{1n} \\ & \cdots & & \cdots & \\ \underline{a_{i1}} & \cdots & \underline{a_{ij}} & \cdots & \underline{a_{in}} \\ & \cdots & & \cdots & \\ a_{m1} & \cdots & a_{mj} & \cdots & a_{mn} \end{pmatrix} \begin{pmatrix} b_{11} & \cdots & \underline{b_{1j}} & \cdots & b_{1l} \\ & \cdots & & \cdots & \\ b_{i1} & \cdots & \underline{b_{ij}} & \cdots & b_{il} \\ & \cdots & & \cdots & \\ b_{n1} & \cdots & \underline{b_{nj}} & \cdots & b_{nl} \end{pmatrix}$$

$$= (a_{i1} b_{1j} + \cdots + a_{in} b_{nj})$$

である．すなわち，(i,j) 成分 c_{ij} は下線の部分の要素を順に掛け合わせ，それらを加えたものである．$m \times n$ 行列と $n \times l$ 行列の積は $m \times l$ 行列となる．

行列には，演算が定義されている場合には次のような演算に関する規則がある：
(1) $(A+B)+C = A+(B+C)$
(2) $A+B = B+A$
(3) $(AB)C = A(BC)$
(4) $A(B+C) = AB+AC$, $\quad (A+B)C = AC+BC$
(5) $A+O = O+A = A$ （O を零行列 (zero matrix) という）
(6) 任意の n 次正方行列 A に対して $AE = EA = A$ を満たす行列 E が存在する．この行列 E を単位行列 (unit matrix) と呼び $E = (\delta_{ij})$ で表される．

(6) の δ_{ij} は次のように定義される．
$$\delta_{ij} = \begin{cases} 1 \ (i=j) \\ 0 \ (i \neq j) \end{cases}$$
つまり，
$$E = \begin{pmatrix} 1 & 0 & \cdots & 0 \\ 0 & 1 & \cdots & 0 \\ \vdots & \vdots & \ddots & \vdots \\ 0 & 0 & \cdots & 1 \end{pmatrix}$$

2.2.3 n 次正方行列とその性質

(1) n 次正方行列 A に対して $AX = XA = E$ を満たす行列 X が存在するならば，この X を A の逆行列 (inverse matrix) といい，$X = A^{-1}$ で表す．このとき，A は正則である (regular) という．
(2) $m \times n$ 行列 $A = (a_{ij})$ の行と列を入れ換えてできる $n \times m$ 行列 (a_{ji}) を A の転置行列 (transposed matrix) といい，A^t で表す．
(3) 複素行列 $A = (a_{ij})$ の各成分 a_{ij} に対して，a_{ij} の複素共役を取った $\overline{a}_{ij}$ を成分に持つ行列 $(\overline{a}_{ij})$ を A の共役行列 (conjugate matrix) と呼び，$\overline{A}$ で記す．ここで，$x = a+ib \ (a,b \in \mathbb{R})$ ならば $\overline{x} = a-ib$ である．
(4) また，$A^* \equiv \left(\overline{A}\right)^t \left(= \overline{(A^t)} = (\overline{a}_{ji})\right)$ で定義される行列を A の随伴行列 (adjoint matrix) という．

このとき，以下の性質が成り立つ：
(1) $(A^t)^t = A$, $\quad (A+B)^t = A^t + B^t$, $\quad (\lambda A)^t = \lambda A^t$, $\quad (AB)^t = B^t A^t$
(2) $\overline{(\overline{A})} = A$, $\quad \overline{A+B} = \overline{A} + \overline{B}$, $\quad \overline{(\lambda A)} = \overline{\lambda}\,\overline{A}$, $\quad \overline{(AB)} = \overline{A}\,\overline{B}$
(3) $(A^*)^* = A$, $\quad (A+B)^* = A^* + B^*$, $\quad (\lambda A)^* = \overline{\lambda} A^*$, $\quad (AB)^* = B^* A^*$

2.2.4　2次正方行列

ここで，2次正方行列 $A = \begin{pmatrix} a & b \\ c & d \end{pmatrix}$ に関する重要な性質を列挙する．

(1)　行列式

上の行列 A に対して，$ad - bc$ を A の行列式 (determinant) といい，$\det A$ または $|A|$ で表す．

(2)　逆行列 A^{-1}

$$A^{-1} = \frac{1}{ad-bc} \begin{pmatrix} d & -b \\ -c & a \end{pmatrix}$$

ただし，この逆行列 (inverse matrix) は行列式 $\det A = ad - bc$ が 0 でないときのみ存在する．

(3)　ケイリー–ハミルトンの定理

$$A^2 - (a+d)A + (ad-bc)E = O$$

ただし，逆は成り立たない．すなわち，上記の式が成り立つからといって $A = \begin{pmatrix} a & b \\ c & d \end{pmatrix}$ とはならないことに注意する必要がある．

例題 1：$A = \begin{pmatrix} 1 & 2 \\ 1 & 0 \end{pmatrix}$ に対して以下に答えよ．

(1)　A^{-1} を求めよ．
(2)　A^4 をケイリー–ハミルトンの定理を用いて求めよ．

解

(1)　公式に代入し，
$$A^{-1} = -\frac{1}{2} \begin{pmatrix} 0 & -2 \\ -1 & 1 \end{pmatrix}$$

(2)　$a + d = 1, ad - bc = -2$ より，

$$A^2 - A - 2E = O$$

移行すると，

$$A^2 = A + 2E$$

よって，

$$\begin{aligned}
A^4 &= (A^2)^2 \\
&= (A + 2E)^2 \\
&= A^2 + 4A + 4E \\
&= 5A + 6E \\
&= \begin{pmatrix} 11 & 10 \\ 5 & 6 \end{pmatrix}
\end{aligned}$$

2：2 次正方行列 $A = \begin{pmatrix} a & b \\ c & d \end{pmatrix}$ に関して，$A^2 - 3A + 2E = O$ のとき，$a+d$ と $ad - bc$ の値を求めよ．

ケイリー–ハミルトンの定理より $A^2 - (a+d)A + (ad-bc)E = O$ である．これと，$A^2 - 3A + 2E = O$ を連立させ，A^2 の項を消去すると，
$$(a+d-3)A = (ad-bc-2)E$$
となる．

$a + d = 3$ のときは，$ad - bc = 2$．

$a + d \neq 3$ のときは，
$$A = \frac{ad-bc-2}{a+d-3}E = kE$$
これを条件式 $A^2 - 3A + 2E = O$ に代入すると，$k^2 - 3k + 2 = 0$ となる．これを解くと $k = 1, 2$．したがって
$$A = \begin{pmatrix} 1 & 0 \\ 0 & 1 \end{pmatrix}, \begin{pmatrix} 2 & 0 \\ 0 & 2 \end{pmatrix}$$
ゆえに，$a+d = 2, ad-bc = 1$ と $a+d = 4, ad-bc = 4$ の 2 つも解である．よって，解は $(a+d, ad-bc) = (3,2), (2,1), (4,4)$ の 3 つである．

注 上のようにケイリー–ハミルトンの定理を使うときは注意が必要である．

2.2.5 様々な行列

(1) 正規行列 (normal matrix)： $AA^* = A^*A$

例 $A = \begin{pmatrix} 2 & 3 \\ -3 & 2 \end{pmatrix}$

(2) ユニタリー行列 (unitary matrix)： $AA^* = A^*A = E$（A の成分がすべて実数のときは $AA^t = A^tA = E$ となり，直交行列 (orthogonal matrix) という）

例 $A = \begin{pmatrix} \cos\theta & -\sin\theta \\ \sin\theta & \cos\theta \end{pmatrix}$

この行列は，原点を中心に反時計回りに角 θ だけ回転する変換である．

(3) 自己共役行列 (self-adjoint matrix)（またはエルミート行列 (Hermitian matrix)）： $A^* = A$（成分がすべて実数のときは対称行列 (symmetric matrix) $A^t = A$ という）

例 $A = \begin{pmatrix} 0 & i \\ -i & 0 \end{pmatrix}$

任意の行列 A に対して，$A + A^*$ は常に自己共役になる．

(4) 反エルミート行列 (anti-Hermitian matrix)： $A^* = -A$（成分がすべて実数のときは交代行列 (alternate matrix) $A^t = -A$ という）

例
$$A = \begin{pmatrix} 0 & -1 \\ 1 & 0 \end{pmatrix}$$

(5) 零因子 (zero divisor)： $A \neq O, B \neq O$ であっても $AB = O$ となることがある．このとき，A は B の左零因子であるという．また，$BA = O$ ならば，A は B の右零因子であるという．$AB = BA = O$ のとき，A, B を零因子という．この場合，A も B も逆行列は持たない．$AB = 0$ が成り立つとき，どちらか 1 つが逆行列を持てばもう一方は零行列 O である．

例
$A = \begin{pmatrix} 0 & 0 \\ 0 & 1 \end{pmatrix}, B = \begin{pmatrix} 0 & 1 \\ 0 & 0 \end{pmatrix}$ のとき，$AB = O$ なので A は B の左零因子である．しかし，このとき $BA \neq O$ である．

例
$A = \begin{pmatrix} 0 & 2 \\ 0 & 0 \end{pmatrix}, B = \begin{pmatrix} 0 & 1 \\ 0 & 0 \end{pmatrix}$ のとき，$AB = BA = O$ で，A, B は零因子である．

例題 1： $A = \begin{pmatrix} 1+i & 2 \\ 3 & 4-i \end{pmatrix}, B = \begin{pmatrix} 1 & 0 & -1 & 3 \\ 0 & 1 & 2 & -4 \end{pmatrix}$ に対して，以下に答えよ．
(1) AB を求めよ．
(2) $\overline{A}, A^t, A^*$ を求めよ．
(3) A が自己共役行列かどうかを調べよ．

解

(1) $AB = \begin{pmatrix} 1+i & 2 \\ 3 & 4-i \end{pmatrix} \begin{pmatrix} 1 & 0 & -1 & 3 \\ 0 & 1 & 2 & -4 \end{pmatrix}$

$= \begin{pmatrix} 1+i & 2 & -(1+i)+4 & 3(1+i)-8 \\ 3 & 4-i & -3+2(4-i) & 9-4(4-i) \end{pmatrix}$

$= \begin{pmatrix} 1+i & 2 & 3-i & -5+3i \\ 3 & 4-i & 5-2i & -7+4i \end{pmatrix}$

(2) $\overline{A} = \begin{pmatrix} 1-i & 2 \\ 3 & 4+i \end{pmatrix}, A^t = \begin{pmatrix} 1+i & 3 \\ 2 & 4-i \end{pmatrix}, A^* = \begin{pmatrix} 1-i & 3 \\ 2 & 4+i \end{pmatrix}$

(3) $A \neq A^*$ より自己共役行列でない．

2.2.6 行列の基本変形と逆行列

行列の基本変形を用いると，逆行列や連立一次方程式の解を求めるのが容易になる．行列の基本変形のうち行の**基本変形** (elementary transformation of row) は，
(1) ある行を $k(\neq 0)$（定数）倍する．
(2) ある行を他の行に加える．
(3) ある行を $k(\neq 0)$（定数）倍して他の行に加える（**(1)** と **(2)** の合わせたもの）．

(4) 2つの行を入れ替える.

といった操作のことである. また, 列に関するこれらの操作を列の**基本変形** (elementary transformation of column) と呼ぶ.

任意の n 次正方行列 A は（行と列の）基本変形を繰り返すことによって,

$$\begin{pmatrix} E_r & O \\ O & O \end{pmatrix}$$

のように変形される. ただし, E_r は r 次の単位行列とする. この形を行列 A の**標準形** (canonical form), r を行列 A の**階数** (rank) といい, 行列の階数を $\mathrm{rank}\, A$ と表す. この階数は行列の基本変形の仕方に依存しない行列 A 固有の整数であり, $\mathrm{rank}\, A \leqq n$ である.

例
$$\begin{pmatrix} 1 & 2 & 3 \\ 2 & 4 & 3 \\ -1 & -2 & 0 \end{pmatrix} \to \begin{pmatrix} 1 & 2 & 3 \\ 0 & 0 & -3 \\ -1 & -2 & 0 \end{pmatrix} \to \begin{pmatrix} 1 & 2 & 3 \\ 0 & 0 & -3 \\ 0 & 0 & 3 \end{pmatrix} \to \begin{pmatrix} 1 & 2 & 3 \\ 0 & 0 & -3 \\ 0 & 0 & 0 \end{pmatrix}$$

$$\to \begin{pmatrix} 1 & 2 & 3 \\ 0 & 0 & 1 \\ 0 & 0 & 0 \end{pmatrix} \to \begin{pmatrix} 1 & 2 & 0 \\ 0 & 0 & 1 \\ 0 & 0 & 0 \end{pmatrix} \to \begin{pmatrix} 1 & 0 & 2 \\ 0 & 1 & 0 \\ 0 & 0 & 0 \end{pmatrix} \to \begin{pmatrix} 1 & 0 & 0 \\ 0 & 1 & 0 \\ 0 & 0 & 0 \end{pmatrix}$$

2.2.7 逆行列の計算と連立一次方程式の解法

以下では, 行列の基本変形を用いた逆行列の計算と連立一次方程式 (simultaneous linear equations) の解法について説明する.

(1) 行列の逆行列の計算:
(i) n 次正方行列 A に対して, $n \times 2n$ 行列 $((A \mid E_n)$ と書く) を考える. ただし, E_n は n 次単位行列.
(ii) $(A|E_n)$ に行の基本変形を行い, $(A \mid E_n) \to (E_n \mid X)$ と変形する. このとき, $X = A^{-1}$ である.
(2) 連立一次方程式の解法: 連立一次方程式は,

$$\begin{cases} a_{11}x_1 & +a_{12}x_2 & \cdots & +a_{1n}x_n & = & b_1 \\ a_{21}x_1 & +a_{22}x_2 & \cdots & +a_{2n}x_n & = & b_2 \\ \vdots & \vdots & \ddots & \vdots & & \vdots \\ a_{n1}x_1 & +a_{n2}x_2 & \cdots & +a_{nn}x_n & = & b_n \end{cases}$$

で表される. したがって,

(i) $A = \begin{pmatrix} a_{11} & a_{12} & \cdots & a_{1n} \\ a_{21} & a_{22} & \cdots & a_{2n} \\ \vdots & \vdots & \ddots & \vdots \\ a_{n1} & a_{n2} & \cdots & a_{nn} \end{pmatrix}$, $\boldsymbol{b} = \begin{pmatrix} b_1 \\ b_2 \\ \vdots \\ b_n \end{pmatrix}$ とおき, 連立方程式を,

$A\boldsymbol{x} = \boldsymbol{b}$ という行列表現にする.
(ii) $\hat{A} = (A \mid \boldsymbol{b})$ とおき, $\hat{A}$ に関する行の基本変形と A に関する列の交換を行って,

$$\hat{A} \to \begin{pmatrix} E_r & C & \bigg| & \boldsymbol{b}'_1 \\ O & O & \bigg| & \boldsymbol{b}'_2 \end{pmatrix}$$

と変形する．このとき，

(i) $\boldsymbol{b}'_2 \neq 0 \Rightarrow A\boldsymbol{x} = \boldsymbol{b}$ は解 $\boldsymbol{x}$ を持たない．

(ii) $\boldsymbol{b}'_2 = 0 \Rightarrow A\boldsymbol{x} = \boldsymbol{b}$ は解 $\boldsymbol{x}$ を持つ．$\boldsymbol{x} = (x_1, x_2, \ldots, x_n)^t$ とおき，rank $\hat{A}$ = rank $A = r$ であるから，$\boldsymbol{x}$ を $\boldsymbol{x}_r = (x_1, x_2, \ldots, x_r)^t$，$\boldsymbol{x}_{n-r} = (x_{r+1}, x_{r+2}, \ldots, x_n)^t$ と 2 つに分けると，

$$\boldsymbol{x}_r + C\boldsymbol{x}_{n-r} = \boldsymbol{b}'_1$$

となるので，$\boldsymbol{x}_{n-r}$ を任意に取って，

$$\boldsymbol{x}_r = \boldsymbol{b}'_1 - C\boldsymbol{x}_{n-r}$$

とすればよい．

注 列の交換を行ってしまうと，$\boldsymbol{x}_r, \boldsymbol{x}_{n-r}$ の成分が変更されるので注意．

例題 1：$A = \begin{pmatrix} 1 & 2 & 3 \\ 2 & 2 & 0 \\ 3 & 0 & 3 \end{pmatrix}$ の逆行列 A^{-1} を求めよ．

解
$$(A|E_3) = \begin{pmatrix} 1 & 2 & 3 & \bigg| & 1 & 0 & 0 \\ 2 & 2 & 0 & \bigg| & 0 & 1 & 0 \\ 3 & 0 & 3 & \bigg| & 0 & 0 & 1 \end{pmatrix}$$

2 行目 + 1 行目 × (−2)
3 行目 + 1 行目 × (−3)
$\to \begin{pmatrix} \underline{1} & 2 & 3 & \bigg| & 1 & 0 & 0 \\ \underline{0} & -2 & -6 & \bigg| & -2 & 1 & 0 \\ \underline{0} & -6 & -6 & \bigg| & -3 & 0 & 1 \end{pmatrix}$

2 行目 × (−1/2)
$\to \begin{pmatrix} 1 & 2 & 3 & \bigg| & 1 & 0 & 0 \\ 0 & \underline{1} & 3 & \bigg| & 1 & -1/2 & 0 \\ 0 & -6 & -6 & \bigg| & -3 & 0 & 1 \end{pmatrix}$

1 行目 + 2 行目 × (−2)
3 行目 + 2 行目 × 6
$\to \begin{pmatrix} 1 & \underline{0} & -3 & \bigg| & -1 & 1 & 0 \\ 0 & \underline{1} & 3 & \bigg| & 1 & -1/2 & 0 \\ 0 & \underline{0} & 12 & \bigg| & 3 & -3 & 1 \end{pmatrix}$

3 行目 × 1/12
$\to \begin{pmatrix} 1 & 0 & -3 & \bigg| & -1 & 1 & 0 \\ 0 & 1 & 3 & \bigg| & 1 & -1/2 & 0 \\ 0 & 0 & \underline{1} & \bigg| & 1/4 & -1/4 & 1/12 \end{pmatrix}$

1 行目 + 3 行目 × 3
2 行目 + 3 行目 × (−3)
$\to \begin{pmatrix} 1 & 0 & \underline{0} & \bigg| & -1/4 & 1/4 & 1/4 \\ 0 & 1 & \underline{0} & \bigg| & 1/4 & 1/4 & -1/4 \\ 0 & 0 & \underline{1} & \bigg| & 1/4 & -1/4 & 1/12 \end{pmatrix}$

$= (E_3|A^{-1})$

$$\therefore A^{-1} = \begin{pmatrix} -\dfrac{1}{4} & \dfrac{1}{4} & \dfrac{1}{4} \\ \dfrac{1}{4} & \dfrac{1}{4} & -\dfrac{1}{4} \\ \dfrac{1}{4} & -\dfrac{1}{4} & \dfrac{1}{12} \end{pmatrix}$$

2：次の連立一次方程式の解を求めよ．

$$\begin{cases} 4x - 13y - 13z = -55 \\ 3x - 8y - 8z = -36 \\ x - 2y - 2z = -10 \end{cases}$$

$$A = \begin{pmatrix} 4 & -13 & -13 \\ 3 & -8 & -8 \\ 1 & -2 & -2 \end{pmatrix}, \quad \boldsymbol{x} = \begin{pmatrix} x \\ y \\ z \end{pmatrix}, \quad \boldsymbol{b} = \begin{pmatrix} -55 \\ -36 \\ -10 \end{pmatrix}$$

とおくと，この連立一次方程式は $A\boldsymbol{x} = \boldsymbol{b}$ とおける．

$$(A|\boldsymbol{b}) = \begin{pmatrix} 4 & -13 & -13 & \bigg| & -55 \\ 3 & -8 & -8 & \bigg| & -36 \\ 1 & -2 & -2 & \bigg| & -10 \end{pmatrix}$$

1 行目と 3 行目を交換 $\quad\to\quad \begin{pmatrix} \underline{1} & -2 & -2 & \bigg| & -10 \\ 3 & -8 & -8 & \bigg| & -36 \\ \underline{4} & -13 & -13 & \bigg| & -55 \end{pmatrix}$

2 行目 + 1 行目 × (−3)
3 行目 + 1 行目 × (−4) $\quad\to\quad \begin{pmatrix} \underline{1} & -2 & -2 & \bigg| & -10 \\ \underline{0} & -2 & -2 & \bigg| & -6 \\ \underline{0} & -5 & -5 & \bigg| & -15 \end{pmatrix}$

2 行目 × (−1/2) $\quad\to\quad \begin{pmatrix} 1 & -2 & -2 & \bigg| & -10 \\ 0 & \underline{1} & 1 & \bigg| & 3 \\ 0 & -5 & -5 & \bigg| & -15 \end{pmatrix}$

1 行目 + 2 行目 × 2
3 行目 + 2 行目 × 5 $\quad\to\quad \begin{pmatrix} 1 & \underline{0} & 0 & \bigg| & -4 \\ 0 & \underline{1} & 1 & \bigg| & 3 \\ 0 & \underline{0} & 0 & \bigg| & 0 \end{pmatrix}$

したがって，

$$\begin{cases} x = -4 \\ y + z = 3 \end{cases}$$

$y = t$ とおくと，

$$\begin{pmatrix} x \\ y \\ z \end{pmatrix} = \begin{pmatrix} -4 \\ t \\ 3-t \end{pmatrix}$$

3：次の連立一次方程式が解を持つための条件とそのときの解を求めよ．

$$\begin{cases} x + 4y + 5z = a + 4d \\ 3x + 10y + 13z = 3a + 10d \\ 2x - y + z = -a - 3b - d \\ x - 2y - z = a + 3c + d \end{cases}$$

$$A = \begin{pmatrix} 1 & 4 & 5 \\ 3 & 10 & 13 \\ 2 & -1 & 1 \\ 1 & -2 & -1 \end{pmatrix}, \quad \boldsymbol{x} = \begin{pmatrix} x \\ y \\ z \end{pmatrix}, \quad \boldsymbol{b} = \begin{pmatrix} a + 4d \\ 3a + 10d \\ -a - 3b - d \\ a + 3c + d \end{pmatrix}$$

とおくと，この連立一次方程式は $A\boldsymbol{x} = \boldsymbol{b}$ とおける．

$$(A|\boldsymbol{b}) = \begin{pmatrix} 1 & 4 & 5 & | & a + 4d \\ 3 & 10 & 13 & | & 3a + 10d \\ 2 & -1 & 1 & | & -a - 3b - d \\ 1 & -2 & -1 & | & a + 3c + d \end{pmatrix}$$

2行目 + 1行目 × (-3)
3行目 + 1行目 × (-2)   →
4行目 + 1行目 × (-1)

$$\begin{pmatrix} \underline{1} & 4 & 5 & | & a + 4d \\ \underline{0} & -2 & -2 & | & -2d \\ \underline{0} & -9 & -9 & | & -3a - 3b - 9d \\ \underline{0} & -6 & -6 & | & 3c - 3d \end{pmatrix}$$

2行目 × (-1/2)   →

$$\begin{pmatrix} 1 & 4 & 5 & | & a + 4d \\ 0 & \underline{1} & 1 & | & d \\ 0 & -9 & -9 & | & -3a - 3b - 9d \\ 0 & -6 & -6 & | & 3c - 3d \end{pmatrix}$$

1行目 + 2行目 × (-4)
3行目 + 2行目 × 9   →
4行目 + 2行目 × 6

$$\begin{pmatrix} 1 & \underline{0} & 1 & | & a \\ 0 & \underline{1} & 1 & | & d \\ 0 & \underline{0} & 0 & | & -3a - 3b \\ 0 & \underline{0} & 0 & | & 3c + 3d \end{pmatrix}$$

したがって，解を持つための条件は，

$$\begin{cases} -3a - 3b = 0 \\ 3c + 3d = 0 \end{cases} \iff \begin{cases} a + b = 0 \\ c + d = 0 \end{cases}$$

そのときの解は，

$$\begin{cases} x + z = a \\ y + z = d \end{cases}$$

$z = t$ とおくと，

$$\begin{pmatrix} x \\ y \\ z \end{pmatrix} = \begin{pmatrix} a - t \\ d - t \\ t \end{pmatrix}$$

2.3 線形空間と線形写像

この節では，n次元ユークリッド空間$\mathbb{R}^n$を一般化した**線形空間** (linear space, vector space) と，線形空間の元を他の線形空間の元に変換する**線形写像** (linear mapping) について説明する．

2.3.1 線形空間

$V(\neq \emptyset)$をある集合とする．いま，集合V上に和$\boldsymbol{x}+\boldsymbol{y}$ ($\boldsymbol{x},\boldsymbol{y}\in V$) とスカラー倍$k\boldsymbol{x}$ ($\boldsymbol{x}\in V, k\in\mathbb{C}$) が定義されていて，$\boldsymbol{x},\boldsymbol{y},\boldsymbol{z}\in V; h,k\in\mathbb{C}$に対して，次の(1)〜(8)の条件を満たすとき，$V$を**複素線形空間** (complex linear space) という．($k\in\mathbb{R}$であれば，Vを**実線形空間** (real linear space) という)

(1) $\boldsymbol{x}+\boldsymbol{y}=\boldsymbol{y}+\boldsymbol{x}$
(2) $(\boldsymbol{x}+\boldsymbol{y})+\boldsymbol{z}=\boldsymbol{x}+(\boldsymbol{y}+\boldsymbol{z})$
(3) $\boldsymbol{0}+\boldsymbol{x}=\boldsymbol{x}$となる元$\boldsymbol{0}\in V$が存在する（$\boldsymbol{0}$を加法に関する**零元**という）
(4) $\boldsymbol{x}+\boldsymbol{a}=\boldsymbol{a}+\boldsymbol{x}=\boldsymbol{0}$となる元$\boldsymbol{a}\in V$が存在し，この$\boldsymbol{a}$を$-\boldsymbol{x}$と表し加法に関する**逆元**という
(5) $k(\boldsymbol{x}+\boldsymbol{y})=k\boldsymbol{x}+k\boldsymbol{y}$
(6) $(h+k)\boldsymbol{x}=h\boldsymbol{x}+k\boldsymbol{x}$
(7) $(hk)\boldsymbol{x}=h(k\boldsymbol{x})$
(8) $1\boldsymbol{x}=\boldsymbol{x}$

Sをある線形空間Vの部分集合とするとき，Sが必ずしも線形空間の構造を持っているとは限らないので，線形空間の構造を持つかどうかを区別する必要がある．

いま，Sを複素線形空間Vの部分集合とする．このとき，

(1) $\forall \boldsymbol{x},\boldsymbol{y}\in S;\ \boldsymbol{x}+\boldsymbol{y}\in S$
(2) $\forall \boldsymbol{x}\in S;\ \forall k\in\mathbb{C};\ k\boldsymbol{x}\in S$

の条件を満たすSを複素線形空間Vの**部分空間** (subspace) という．Vが実線形空間であれば(2)の条件において，$\forall k\in\mathbb{R}$である．

 記号$\forall \boldsymbol{x}\in S$は，"$S$の任意の元$\boldsymbol{x}$"を意味する．よく使う記号なので覚えておいてほしい．詳しくは集合と論理の章を参照のこと．

部分集合Sを含む最小の部分空間のことをSによって**生成された部分空間** (generated subspace) と呼ぶ．また，線形空間Vの部分空間S_i ($i\in I\subset\mathbb{N}$) に対して，$\cap_{i\in I}S_i$を**積空間**という．積空間はVの部分空間となる．一方，和集合$\cup_{i\in I}S_i$は部分空間とはならないので，$S_1+S_2+\cdots+S_n=\{\boldsymbol{x}_1+\boldsymbol{x}_2+\cdots+\boldsymbol{x}_n\mid \boldsymbol{x}_i\in S_i\ (i=1,\ldots,n)\}$と定め，**和空間**という．和空間$S_1+S_2+\cdots+S_n$の任意の元$\boldsymbol{x}$が常に一意に$\boldsymbol{x}=\boldsymbol{x}_1+\boldsymbol{x}_2+\cdots+\boldsymbol{x}_n$と表されれば，その和空間は**直和** (direct sum) であるといい，直和空間は$S_1\oplus S_2\oplus\cdots\oplus S_n$で表される．このとき，$i\neq j$に対して$S_i\cap S_j=\{\boldsymbol{0}\}$である．

複素ベクトル空間Vにおいて，$\boldsymbol{x}_1,\boldsymbol{x}_2,\ldots,\boldsymbol{x}_n\in V$に対して，

$$k_1\boldsymbol{x}_1 + k_2\boldsymbol{x}_2 + \cdots + k_n\boldsymbol{x}_n = 0$$

のとき，常に，$k_1 = k_2 = \cdots = k_n = 0$ ならば，$\boldsymbol{x}_1, \boldsymbol{x}_2, \ldots, \boldsymbol{x}_n$ は線形独立であるといい，$k_1 = k_2 = \cdots = k_n = 0$ でない k_i が 1 つでも存在するとき $\boldsymbol{x}_1, \boldsymbol{x}_2, \ldots, \boldsymbol{x}_n$ は線形従属であるという．

線形空間 V （または，部分空間 S）の元 $\boldsymbol{e}_1, \boldsymbol{e}_2, \ldots, \boldsymbol{e}_n$ が次の (1),(2) の条件を満たすとき，$\{\boldsymbol{e}_1, \boldsymbol{e}_2, \ldots, \boldsymbol{e}_n\}$ を V （または S）の基底 (basis)，基底を構成するベクトルの個数を V （または S）の次元 (dimension) といい，V （または S）の次元を $\dim V$ （または $\dim S$）で表す．

(1) $\boldsymbol{e}_1, \boldsymbol{e}_2, \cdots, \boldsymbol{e}_n$ は線形独立．
(2) V の任意の元 $\boldsymbol{x}$ は $\boldsymbol{e}_1, \boldsymbol{e}_2, \ldots, \boldsymbol{e}_n$ の線形結合，

$$\boldsymbol{x} = c_1\boldsymbol{e}_1 + c_2\boldsymbol{e}_2 + \cdots + c_n\boldsymbol{e}_n \quad (c_i \in \mathbb{C} \text{ または } \mathbb{R})$$

で表せる．

基底とは，線形空間 V やその部分空間 S を生成する元のことである．

例題 1：3 次実正方行列の全体 $M_3(\mathbb{R})$ は，線形空間であることを示せ．

$A, B \in M_3(\mathbb{R})$ に対して，

$$\text{和}: A + B = (a_{ij}) + (b_{ij}), \quad \text{スカラー倍}: kA = (ka_{ij}) \quad (k \in \mathbb{R})$$

である．このとき，$A, B, C \in M_3(\mathbb{R}); h, k \in \mathbb{R}$ に対して，

(1) $A + B = B + A$
(2) $(A + B) + C = A + (B + C)$
(3) $O + A = A$
(4) $A + (-A) = O$
(5) $k(A + B) = kA + kB$
(6) $(h + k)A = hA + kA$
(7) $(hk)A = h(kA)$

を示せばよい．一般に，$m \times n$ 複素行列の全体 $M_{m,n}(\mathbb{C})$ は線形空間である．

2：4 次元実ユークリッド空間 $\mathbb{R}^4$ は線形空間である．このとき，次の集合 $S \subset \mathbb{R}^4$ が $\mathbb{R}^4$ の部分空間であるかどうかを調べよ．

(1) $S = \left\{(x_1, x_2, x_3, x_4)^t \in \mathbb{R}^4; x_1 + x_3 = 1, x_2 + x_4 = 0\right\}$
(2) $S = \left\{(x_1, x_2, x_3, x_4)^t \in \mathbb{R}^4; x_1 + 2x_2 + 3x_3 + 4x_4 = 0\right\}$

解 まず，$\boldsymbol{x}, \boldsymbol{y} \in \mathbb{R}^4; k \in \mathbb{R}$ に対して，

$$\boldsymbol{x} + \boldsymbol{y} = \begin{pmatrix} x_1 + y_1 \\ x_2 + y_2 \\ x_3 + y_3 \\ x_4 + y_4 \end{pmatrix}, \quad k\boldsymbol{x} = \begin{pmatrix} kx_1 \\ kx_2 \\ kx_3 \\ kx_4 \end{pmatrix}$$

である．

(1) $\boldsymbol{x}, \boldsymbol{y} \in S$ に対して,
$$(x_1 + y_1) + (x_3 + y_3) = (x_1 + x_3) + (y_1 + y_3) = 2 \neq 1$$
$\boldsymbol{x}, \boldsymbol{y} \notin S$ より S は $\mathbb{R}^4$ の部分空間でない.

(2) $\boldsymbol{x}, \boldsymbol{y} \in S$ に対して,
$$(x_1 + y_1) + 2(x_2 + y_2) + 3(x_3 + y_3) + 4(x_4 + y_4)$$
$$= (x_1 + 2x_2 + 3x_3 + 4x_4) + (y_1 + 2y_2 + 3y_3 + 4y_4) = 0$$
より $\boldsymbol{x} + \boldsymbol{y} \in S$.

$\boldsymbol{x} \in S; k \in \mathbb{R}$ に対して
$$(kx_1) + 2(kx_2) + 3(kx_3) + 4(kx_4) = k(x_1 + 2x_2 + 3x_3 + 4x_4) = 0$$
より, $k\boldsymbol{x} \in S$. したがって, S は $\mathbb{R}^4$ の部分空間である.

$3:\left\{\begin{pmatrix}-1\\2\\1\\3\end{pmatrix}, \begin{pmatrix}-1\\1\\2\\5\end{pmatrix}, \begin{pmatrix}-1\\7\\1\\5\end{pmatrix}, \begin{pmatrix}2\\-12\\1\\-2\end{pmatrix}\right\}$ が生成する $\mathbb{R}^4$ の部分空間 S の基底と次元を求めよ.

解 $\boldsymbol{a}_1 = \begin{pmatrix}-1\\2\\1\\3\end{pmatrix}, \boldsymbol{a}_2 = \begin{pmatrix}-1\\1\\2\\5\end{pmatrix}, \boldsymbol{a}_3 = \begin{pmatrix}-1\\7\\1\\5\end{pmatrix}, \boldsymbol{a}_4 = \begin{pmatrix}2\\-12\\1\\-2\end{pmatrix},$

$$A = (\boldsymbol{a}_1, \boldsymbol{a}_2, \boldsymbol{a}_3, \boldsymbol{a}_4) = \begin{pmatrix} -1 & -1 & -1 & 2 \\ 2 & 1 & 7 & -12 \\ 1 & 2 & 1 & 1 \\ 3 & 5 & 5 & -2 \end{pmatrix}$$

とおくと, $\dim S = \operatorname{rank} A$ である.

$\begin{array}{l} 1\text{ 行目} \times (-1) \end{array} \quad \rightarrow \quad \begin{pmatrix} \underline{1} & 1 & 1 & -2 \\ 2 & 1 & 7 & -12 \\ 1 & 2 & 1 & 1 \\ 3 & 5 & 5 & -2 \end{pmatrix}$

$\begin{array}{l} 2\text{ 行目} + 1\text{ 行目} \times (-2) \\ 3\text{ 行目} + 1\text{ 行目} \times (-1) \\ 4\text{ 行目} + 1\text{ 行目} \times (-3) \end{array} \quad \rightarrow \quad \begin{pmatrix} \underline{1} & 1 & 1 & -2 \\ \underline{0} & -1 & 5 & -8 \\ \underline{0} & 1 & 0 & 3 \\ \underline{0} & 2 & 2 & 4 \end{pmatrix}$

$\begin{array}{l} 2\text{ 行目} \times (-1) \end{array} \quad \rightarrow \quad \begin{pmatrix} 1 & 1 & 1 & -2 \\ 0 & \underline{1} & -5 & 8 \\ 0 & 1 & 0 & 3 \\ 0 & 2 & 2 & 4 \end{pmatrix}$

2.3 線形空間と線形写像

$$
\begin{array}{l}
1\,\text{行目} + 2\,\text{行目} \times (-1) \\
3\,\text{行目} + 2\,\text{行目} \times (-1) \\
4\,\text{行目} + 2\,\text{行目} \times (-2)
\end{array}
\quad \rightarrow \quad
\begin{pmatrix}
1 & \underline{0} & 6 & -10 \\
0 & \underline{1} & -5 & 8 \\
0 & \underline{0} & 5 & -5 \\
0 & \underline{0} & 12 & -12
\end{pmatrix}
$$

$$
3\,\text{行目} \times (1/5) \quad \rightarrow \quad
\begin{pmatrix}
1 & 0 & 6 & -10 \\
0 & 1 & -5 & 8 \\
0 & 0 & \underline{1} & -1 \\
0 & 0 & 12 & -12
\end{pmatrix}
$$

$$
\begin{array}{l}
1\,\text{行目} + 3\,\text{行目} \times (-6) \\
2\,\text{行目} + 3\,\text{行目} \times 5 \\
4\,\text{行目} + 3\,\text{行目} \times (-12)
\end{array}
\quad \rightarrow \quad
\begin{pmatrix}
1 & 0 & \underline{0} & -4 \\
0 & 1 & \underline{0} & 3 \\
0 & 0 & \underline{1} & -1 \\
0 & 0 & \underline{0} & 0
\end{pmatrix}
$$

したがって，rank$A = 3$．ゆえに，$\dim S = 3$．

求める部分空間 S の基底の一組は $\left\{ \begin{pmatrix} -1 \\ 2 \\ 1 \\ 3 \end{pmatrix}, \begin{pmatrix} -1 \\ 1 \\ 2 \\ 5 \end{pmatrix}, \begin{pmatrix} -1 \\ 7 \\ 1 \\ 5 \end{pmatrix} \right\}$ である．

4：次の連立一次方程式の解の作る線形空間（解空間）の次元と基底を求めよ．

$$
\begin{cases}
x - y - 2w & = 0 \\
y + 3z + w & = 0 \\
-2x - y - 7z + 3w & = 0 \\
y + 9z + 7w & = 0
\end{cases}
$$

$$
A = \begin{pmatrix} 1 & -1 & 0 & -2 \\ 0 & 1 & 3 & 1 \\ -2 & -1 & -7 & 3 \\ 0 & 1 & 9 & 7 \end{pmatrix}, \quad \boldsymbol{x} = \begin{pmatrix} x \\ y \\ z \\ w \end{pmatrix}
$$

とおくと，この連立一次方程式は $A\boldsymbol{x} = 0$ とおける．

$$
3\,\text{行目} + 1\,\text{行目} \times 2 \quad \rightarrow \quad
\begin{pmatrix}
\underline{1} & -1 & 0 & -2 \\
0 & 1 & 3 & 1 \\
\underline{0} & -3 & -7 & -1 \\
0 & 1 & 9 & 7
\end{pmatrix}
$$

$$
\begin{array}{l}
1\,\text{行目} + 2\,\text{行目} \\
3\,\text{行目} + 2\,\text{行目} \times 3 \\
4\,\text{行目} + 2\,\text{行目} \times (-1)
\end{array}
\quad \rightarrow \quad
\begin{pmatrix}
1 & \underline{0} & 3 & -1 \\
0 & \underline{1} & 3 & 1 \\
0 & \underline{0} & 2 & 2 \\
0 & \underline{0} & 6 & 6
\end{pmatrix}
$$

3 行目 × (1/2) $\rightarrow \begin{pmatrix} 1 & 0 & 3 & -1 \\ 0 & 1 & 3 & 1 \\ 0 & 0 & \underline{1} & 1 \\ 0 & 0 & 6 & 6 \end{pmatrix}$

1 行目 + 3 行目 × (−3)
2 行目 + 3 行目 × (−3) $\rightarrow \begin{pmatrix} 1 & 0 & \underline{0} & -4 \\ 0 & 1 & \underline{0} & -2 \\ 0 & 0 & \underline{1} & 1 \\ 0 & 0 & \underline{0} & 0 \end{pmatrix}$
4 行目 + 3 行目 × (−6)

$$\begin{cases} x - 4w = 0 \\ y - 2w = 0 \\ z + w = 0 \end{cases}, \quad \begin{pmatrix} x \\ y \\ z \\ w \end{pmatrix} = \begin{pmatrix} 4t \\ 2t \\ -t \\ t \end{pmatrix} = t \begin{pmatrix} 4 \\ 2 \\ -1 \\ 1 \end{pmatrix}$$

したがって，解空間の次元は 1，基底の一組は $\left\{ \begin{pmatrix} 4 \\ 2 \\ -1 \\ 1 \end{pmatrix} \right\}$ である．

2.3.2 線形写像

V, V' を複素線形空間とする．写像 $f : V \to V'$ が，

(1) $\forall \boldsymbol{x}, \boldsymbol{y} \in V; f(\boldsymbol{x} + \boldsymbol{y}) = f(\boldsymbol{x}) + f(\boldsymbol{y})$

(2) $\forall \boldsymbol{x} \in V; \forall k \in \mathbb{C}; f(k\boldsymbol{x}) = kf(\boldsymbol{x})$

を満たすとき，写像 f を V から V' への **線形写像** (linear mapping) という．ただし，V, V' が実線形空間であれば，$k \in \mathbb{R}$ である．もし，$V' = V$ であれば写像 f を V 上の **線形変換** (linear transformaion) と呼ぶ．

このとき，上の線形写像 $f : V \to V'$ に対して，基底を適当に決めると，

$$\boldsymbol{y} = f(\boldsymbol{x}) \iff ある行列 A が存在して \boldsymbol{y} = A\boldsymbol{x} \quad (\boldsymbol{x} \in V, \boldsymbol{y} \in V')$$

となる．すなわち，線形空間 V の元 $\boldsymbol{x}$ は行列 A によって線形空間 V' の元 $\boldsymbol{y}$ に写される．特に，線形写像 f に対して，

$$\mathrm{Im}\, f \equiv \{f(\boldsymbol{x}); \boldsymbol{x} \in V\}, \quad \mathrm{Ker}\, f \equiv \{\boldsymbol{x} \in V; f(\boldsymbol{x}) = \boldsymbol{0}\}$$

をそれぞれ線形写像 f の **像** (image) と **核** (kernel) という．すなわち，$\mathrm{Im}\, f$ は線形空間 V の元が写される V' の部分集合であり，$\mathrm{Ker}\, f$ は V' の零元に写される V の部分集合であることがわかる．

$\mathcal{A} = \{\boldsymbol{x}_1, \boldsymbol{x}_2, \cdots, \boldsymbol{x}_n\}, \mathcal{B} = \{\boldsymbol{y}_1, \boldsymbol{y}_2, \cdots, \boldsymbol{y}_n\}$ をそれぞれ線形空間 V, V' の基底とするとき，

$$(f(\boldsymbol{x}_1), f(\boldsymbol{x}_2), \ldots, f(\boldsymbol{x}_n)) = (\boldsymbol{y}_1, \boldsymbol{y}_2, \ldots, \boldsymbol{y}_n) P$$

となる P を基底 $\mathcal{A}, \mathcal{B}$ の **表現行列** (representation matrix) という．また，$\mathcal{A}' = \left\{ \boldsymbol{x}'_1, \boldsymbol{x}'_2, \ldots, \boldsymbol{x}'_n \right\}$ を線形空間 V の $\mathcal{A}$ とは異なる基底とするとき，

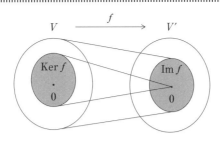

$$\left(\boldsymbol{x}'_1, \boldsymbol{x}'_2, \ldots, \boldsymbol{x}'_n\right) = (\boldsymbol{x}_1, \boldsymbol{x}_2, \ldots, \boldsymbol{x}_n) T$$

なる T を基底 $\mathcal{A}$ から $\mathcal{A}'$ への基底変換行列 (basis transformation matrix) という.

例題 1：次の写像 f が線形写像であるか調べ，線形写像の場合はそれを与える行列を求めよ．

(1) $f : \begin{pmatrix} x_1 \\ x_2 \\ x_3 \end{pmatrix} \to \begin{pmatrix} x_1 + 2x_2 \\ x_2 + 2x_3 \\ x_3 + 2x_1 \end{pmatrix}$

(2) $f : \begin{pmatrix} x_1 \\ x_2 \\ x_3 \end{pmatrix} \to \begin{pmatrix} x_1 - x_2 \\ x_2/x_3 \end{pmatrix}$

解
(1) $\boldsymbol{x} = (x_1, x_2, x_3)^t, \boldsymbol{y} = (y_1, y_2, y_3)^t$ に対して，

$$f(\boldsymbol{x} + \boldsymbol{y}) = \begin{pmatrix} x_1 + y_1 + 2(x_2 + y_2) \\ x_2 + y_2 + 2(x_3 + y_3) \\ x_3 + y_3 + 2(x_1 + y_1) \end{pmatrix}$$

$$= \begin{pmatrix} x_1 + 2x_2 \\ x_2 + 2x_3 \\ x_3 + 2x_1 \end{pmatrix} + \begin{pmatrix} y_1 + 2y_2 \\ y_2 + 2y_3 \\ y_3 + 2y_1 \end{pmatrix}$$

$$= f(\boldsymbol{x}) + f(\boldsymbol{y})$$

$$f(k\boldsymbol{x}) = \begin{pmatrix} kx_1 + 2(kx_2) \\ kx_2 + 2(kx_3) \\ kx_3 + 2(kx_1) \end{pmatrix} = k \begin{pmatrix} x_1 + 2x_2 \\ x_2 + 2x_3 \\ x_3 + 2x_1 \end{pmatrix} = kf(\boldsymbol{x})$$

よって，f は線形写像．このとき f の表現行列 A は，

$$A = \begin{pmatrix} 1 & 2 & 0 \\ 0 & 1 & 2 \\ 2 & 0 & 1 \end{pmatrix}$$

である．
(2) $\boldsymbol{x} = (1, -1, 1)^t, \boldsymbol{y} = (2, 3, 4)^t$ とおくと，$\boldsymbol{x} + \boldsymbol{y} = (3, 2, 5)^t$.

$$f(\boldsymbol{x}+\boldsymbol{y})=\begin{pmatrix}1\\2/5\end{pmatrix}, f(\boldsymbol{x})+f(\boldsymbol{y})=\begin{pmatrix}2\\-1\end{pmatrix}+\begin{pmatrix}-1\\3/4\end{pmatrix}=\begin{pmatrix}1\\-1/4\end{pmatrix}$$

$f(\boldsymbol{x}+\boldsymbol{y})\neq f(\boldsymbol{x})+f(\boldsymbol{y})$ より，f は線形写像でない．

2：$f:\mathbb{R}^2\to\mathbb{R}^3$ が $x=(x_1,x_2)^t\in\mathbb{R}^2$ に対して，

$$f\left(\begin{pmatrix}x_1\\x_2\end{pmatrix}\right)=\begin{pmatrix}x_1\\2x_1+3x_2\\2x_1-3x_2\end{pmatrix}$$

で定義されているとする．このとき，

$\mathbb{R}^2$ の基底 $\left\{\begin{pmatrix}1\\1\end{pmatrix},\begin{pmatrix}2\\-1\end{pmatrix}\right\}$, $\mathbb{R}^3$ の基底 $\left\{\begin{pmatrix}1\\1\\-1\end{pmatrix},\begin{pmatrix}1\\0\\1\end{pmatrix},\begin{pmatrix}1\\-2\\4\end{pmatrix}\right\}$

である．これらの基底に関する f の表現行列 P を求めよ．

解 $\boldsymbol{x}_1=\begin{pmatrix}1\\1\end{pmatrix},\boldsymbol{x}_2=\begin{pmatrix}2\\-1\end{pmatrix},\boldsymbol{y}_1=\begin{pmatrix}1\\1\\-1\end{pmatrix},\boldsymbol{y}_2=\begin{pmatrix}1\\0\\1\end{pmatrix},\boldsymbol{y}_3=\begin{pmatrix}1\\-2\\4\end{pmatrix}$ とおくと，
表現行列 P は，

$$(f(\boldsymbol{x}_1),f(\boldsymbol{x}_2))=(\boldsymbol{y}_1,\boldsymbol{y}_2,\boldsymbol{y}_3)P$$

を満たす．$f(\boldsymbol{x}_1)=(1,5,-1)^t, f(\boldsymbol{x}_2)=(2,1,7)^t$ であり，

$$f(\boldsymbol{x}_1)=-11\boldsymbol{y}_1+20\boldsymbol{y}_2-8\boldsymbol{y}_3,\quad f(\boldsymbol{x}_2)=-13\boldsymbol{y}_1+22\boldsymbol{y}_2-7\boldsymbol{y}_3$$

であるので，

$$P=\begin{pmatrix}-11 & -13\\20 & 22\\-8 & -7\end{pmatrix}$$

3：$\mathbb{R}^2$ の基底 $\left\{\begin{pmatrix}-1\\2\end{pmatrix},\begin{pmatrix}1\\0\end{pmatrix}\right\}$ を別の $\mathbb{R}^2$ の基底 $\left\{\begin{pmatrix}1\\1\end{pmatrix},\begin{pmatrix}2\\-1\end{pmatrix}\right\}$ に変換する基底変換行列 T を求めよ．

解 $\boldsymbol{x}_1=\begin{pmatrix}-1\\2\end{pmatrix},\boldsymbol{x}_2=\begin{pmatrix}1\\0\end{pmatrix},\boldsymbol{y}_1=\begin{pmatrix}1\\1\end{pmatrix},\boldsymbol{y}_2=\begin{pmatrix}2\\-1\end{pmatrix}$ とすると，基底変換行列 T は，

$$(\boldsymbol{y}_1,\boldsymbol{y}_2)=(\boldsymbol{x}_1,\boldsymbol{x}_2)T \iff \begin{pmatrix}1 & 2\\1 & -1\end{pmatrix}=\begin{pmatrix}-1 & 1\\2 & 0\end{pmatrix}T$$

したがって，

$$T=\begin{pmatrix}-1 & 1\\2 & 0\end{pmatrix}^{-1}\begin{pmatrix}1 & 2\\1 & -1\end{pmatrix}=\begin{pmatrix}0 & 1/2\\1 & 1/2\end{pmatrix}\begin{pmatrix}1 & 2\\1 & -1\end{pmatrix}=\begin{pmatrix}1/2 & -1/2\\3/2 & 3/2\end{pmatrix}$$

4 : $f : \mathbb{R}^3 \to \mathbb{R}^2$ が $x = (x_1, x_2, x_3)^t \in \mathbb{R}^3$ に対して,

$$f\left(\begin{pmatrix} x_1 \\ x_2 \\ x_3 \end{pmatrix}\right) = \begin{pmatrix} x_1 + 2x_2 + 3x_3 \\ 3x_1 + 2x_2 + x_3 \end{pmatrix}$$

で定義されている写像 f に対して,$\mathrm{Im}\, f$ と $\ker f$ の次元と基底を求めよ.

$A = \begin{pmatrix} 1 & 2 & 3 \\ 3 & 2 & 1 \end{pmatrix}$ とおくと $f(x) = Ax$. $A = \begin{pmatrix} 1 & 2 & 3 \\ 3 & 2 & 1 \end{pmatrix} \to \begin{pmatrix} 1 & 0 & -1 \\ 0 & 1 & 2 \end{pmatrix}$ より

$\dim(\mathrm{Im}\, f) = 2$. 基底の一組は,$\left\{ \begin{pmatrix} 1 \\ 3 \end{pmatrix}, \begin{pmatrix} 1 \\ 1 \end{pmatrix} \right\}$. また,

$$Ax = 0 \iff \begin{cases} x_1 - x_3 = 0 \\ x_2 + 2x_3 = 0 \end{cases} \iff (x_1, x_2, x_3,)^t = c(1, -2, 1)^t \quad (c \in \mathbb{R})$$

より $\dim(\ker f) = 1$,基底の一組は $\left\{ \begin{pmatrix} 1 \\ -2 \\ 1 \end{pmatrix} \right\}$ である.

2.4 内積空間

この節では,線形空間の特殊な場合である内積空間を取り上げ,線形空間の元の大きさを表すノルムや線形空間の元の直交性について説明する.

V を複素線形空間,x, y を V の任意の2元とする.このとき,以下の (1)〜(4) の条件を満たす $\langle x, y \rangle$ を x と y の**内積** (inner product) といい,内積の定義された線形空間を**内積空間** (inner product space) という.ただし $x, y, z \in V; k \in \mathbb{C}$ とする.

(1) $\langle x, x \rangle \geq 0 \quad \langle x, x \rangle = 0$ となるのは $x = 0$ のみ
(2) $\langle x, y \rangle = \overline{\langle y, x \rangle}$
(3) $\langle kx, y \rangle = \overline{k} \langle x, y \rangle, \quad \langle x, ky \rangle = k \langle x, y \rangle$
(4) $\langle x, y + z \rangle = \langle x, y \rangle + \langle x, z \rangle, \quad \langle x + y, z \rangle = \langle x, z \rangle + \langle y, z \rangle$

$x, y \in V$ に対して $\langle x, y \rangle = 0$ となるとき,x と y は**直交している** (orthogonal) という.また,

$$\|x\| = \sqrt{\langle x, x \rangle}$$

を x の**ノルム** (norm) といい,以下の条件を満たす.

(1) $\|x\| \geq 0, \|x\| = 0 \iff x = 0$
(2) $\|kx\| = |k| \|x\|$
(3) $\|x + y\| \leq \|x\| + \|y\|$ (この不等式を**三角不等式** (triagle inequality) と呼ぶ)

上の (1)〜(3) の条件を満たすノルム $\|\bullet\|$ の定義されている線形空間を**ノルム空間** (normed space) という.内積空間はノルム空間となるが,ノルムは内積を用いなくても定義できるので,ノルム空間が内積空間になるとは限らない.

また，$e_1,\ldots,e_n$ が互いに直交し，かつ $\|e_i\|=1\,(i=1,\ldots,n)$，であるとき $\{e_1,\ldots,e_n\}$ を正規直交系 (orthonormal system) という．特に，$\{e_1,\ldots,e_n\}$ が線形空間 V の基底であるとき $\{e_1,\ldots,e_n\}$ を正規直交基底 (orthonormal basis) と呼ぶ．

2.4.1 グラム–シュミットの直交化法

線形空間 V の線形独立なベクトル $x_1,\ldots,x_n$ から正規直交系 $\{e_1,\ldots,e_n\}$ を作るには，

(ステップ1) $y_1 = x_1,\quad e_1 = \dfrac{y_1}{\|y_1\|}$

(ステップ2) $y_2 = x_2 - \langle x_2,e_1\rangle e_1,\quad e_2 = \dfrac{y_2}{\|y_2\|}$

(ステップ3) $y_3 = x_3 - \langle x_3,e_1\rangle e_1 - \langle x_3,e_2\rangle e_2,\quad e_3 = \dfrac{y_3}{\|y_3\|}$

$\vdots$

(ステップn) $y_n = x_n - \displaystyle\sum_{k=1}^{n-1}\langle x_n,e_k\rangle e_k,\ e_n = \dfrac{y_n}{\|y_n\|}$

とすればよい．線形独立なベクトル $x_1,\ldots,x_n$ からこのようにして正規直交系 $\{e_1,\ldots,e_n\}$ を作る方法をグラム–シュミットの直交化法 (Gram–Schmidt orthogonalization) という．

2.4.2 直交補空間

内積空間 V の部分空間を S に対して，S のすべての元と直交する $x \in V$ の全体を S の直交補空間 (orthogonal complement space) といい，$S^\perp$ で表す．S と $S^\perp$ に関して次のことが成り立つ：

(1) $V = S \oplus S^\perp$
(2) $x \in V$ は $x_1 \in S; x_2 \in S^\perp$ を用いて一意に $x = x_1 + x_2$ と表される ((1)の別表現)．
(3) $(S^\perp)^\perp = S$

特に，(2) において x を x_1 に変換することを V から S へ射影する (project) といい，変換 $P : Px = x_1$ を V から S への射影演算子 (projection) という．

2.4.3 随伴行列

内積空間 V 上の線形変換 f に対して，

$$\langle f(x), y\rangle = \langle x, f^*(y)\rangle \quad (x, y \in V)$$

となる f^* を f の随伴変換 (adjoint transformation) という．f は線形空間 f 上の線形変換であるから，$f(x) = Ax$ とおけるので，$f^*(y) = A^*y$ として，上式に代入すると，

$$\langle Ax, y\rangle = \langle x, A^*y\rangle$$

となる．この A^* を A の随伴行列 (adjoint matrix) という．

2.4 内積空間

例題 1：$\mathbb{R}^3$ 上の任意のベクトル $x = (x_1, x_2, x_3)^t, y = (y_1, y_2, y_3)^t$ に対して，
$$\langle x, y \rangle = 3x_1y_1 + 2x_2y_2 + x_3y_3$$
と定義するとき，$\langle \bullet, \bullet \rangle$ は $\mathbb{R}^3$ 上の内積であることを示せ．

解 $x, y, z \in \mathbb{R}^3; k \in \mathbb{R}$ とする．

(1) $\langle \boldsymbol{x}, \boldsymbol{x} \rangle = 3x_1^2 + 2x_2^2 + x_3^2 \geq 0, \quad \langle \boldsymbol{x}, \boldsymbol{x} \rangle = 0 \iff x_1 = x_2 = x_3 = 0 \iff \boldsymbol{x} = \boldsymbol{0}$

(2) $\langle \boldsymbol{x}, \boldsymbol{y} \rangle = 3x_1y_1 + 2x_2y_2 + x_3y_3 = 3y_1x_1 + 2y_2x_2 + y_3x_3 = \langle \boldsymbol{y}, \boldsymbol{x} \rangle$

(3) $\langle k\boldsymbol{x}, \boldsymbol{y} \rangle = 3(kx_1)y_1 + 2(kx_2)y_2 + (kx_3)y_3 = k(3x_1y_1 + 2x_2y_2 + x_3y_3) = k\langle \boldsymbol{x}, \boldsymbol{y} \rangle$

$\langle \boldsymbol{x}, k\boldsymbol{y} \rangle = 3x_1(ky_1) + 2x_2(ky_2) + x_3(ky_3) = k(3x_1y_1 + 2x_2y_2 + x_3y_3) = k\langle \boldsymbol{x}, \boldsymbol{y} \rangle$

(4) $\langle \boldsymbol{x}, \boldsymbol{y} + \boldsymbol{z} \rangle = 3x_1(y_1 + z_1) + 2x_2(y_2 + z_2) + x_3(y_3 + z_3)$
$\qquad = (3x_1y_1 + 2x_2y_2 + x_3y_3) + (3x_1z_1 + 2x_2z_2 + x_3z_3) = \langle \boldsymbol{x}, \boldsymbol{y} \rangle + \langle \boldsymbol{x}, \boldsymbol{z} \rangle$

$\langle \boldsymbol{x} + \boldsymbol{y}, \boldsymbol{z} \rangle = 3(x_1 + y_1)z_1 + 2(x_2 + y_2)z_2 + (x_3 + y_3)z_3$
$\qquad = (3x_1z_1 + 2x_2z_2 + x_3z_3) + (3y_1z_1 + 2y_2z_2 + y_3z_3) = \langle \boldsymbol{x}, \boldsymbol{z} \rangle + \langle \boldsymbol{y}, \boldsymbol{z} \rangle$

したがって，$\langle \bullet, \bullet \rangle$ は $\mathbb{R}^3$ 上の内積である．

例題 2：$\mathbb{R}^3$ の基底 $\left\{ \begin{pmatrix} 0 \\ -1 \\ -1 \end{pmatrix}, \begin{pmatrix} 1 \\ 1 \\ 0 \end{pmatrix}, \begin{pmatrix} 3 \\ 2 \\ 1 \end{pmatrix} \right\}$ から正規直交基底を作れ．

解 $\boldsymbol{x}_1 = \begin{pmatrix} 0 \\ -1 \\ -1 \end{pmatrix}, \boldsymbol{x}_2 = \begin{pmatrix} 1 \\ 1 \\ 0 \end{pmatrix}, \boldsymbol{x}_3 = \begin{pmatrix} 3 \\ 2 \\ 1 \end{pmatrix}$ とおく．グラム–シュミットの直交化法：

(ステップ 1) $\boldsymbol{y}_1 = \boldsymbol{x}_1, \quad \boldsymbol{e}_1 = \dfrac{\boldsymbol{y}_1}{\|\boldsymbol{y}_1\|}$

(ステップ 2) $\boldsymbol{y}_2 = \boldsymbol{x}_2 - \langle \boldsymbol{x}_2, \boldsymbol{e}_1 \rangle \boldsymbol{e}_1, \quad \boldsymbol{e}_2 = \dfrac{\boldsymbol{y}_2}{\|\boldsymbol{y}_2\|}$

(ステップ 3) $\boldsymbol{y}_3 = \boldsymbol{x}_3 - \langle \boldsymbol{x}_3, \boldsymbol{e}_1 \rangle \boldsymbol{e}_1 - \langle \boldsymbol{x}_3, \boldsymbol{e}_2 \rangle \boldsymbol{e}_2, \quad \boldsymbol{e}_3 = \dfrac{\boldsymbol{y}_3}{\|\boldsymbol{y}_3\|}$

により正規直交基底 $\{\boldsymbol{e}_1, \boldsymbol{e}_2, \boldsymbol{e}_3\}$ を作る．

(ステップ 1)
$$\boldsymbol{y}_1 = \boldsymbol{x}_1, \quad \|\boldsymbol{y}_1\| = \sqrt{2}, \quad \boldsymbol{e}_1 = \dfrac{\boldsymbol{y}_1}{\|\boldsymbol{y}_1\|} = \dfrac{1}{\sqrt{2}} \begin{pmatrix} 0 \\ -1 \\ -1 \end{pmatrix}$$

(ステップ 2)
$$\langle \boldsymbol{x}_2, \boldsymbol{e}_1 \rangle = -\dfrac{1}{\sqrt{2}}, \langle \boldsymbol{x}_2, \boldsymbol{e}_1 \rangle \boldsymbol{e}_1, = -\dfrac{1}{\sqrt{2}} \cdot \dfrac{1}{\sqrt{2}} \begin{pmatrix} 0 \\ -1 \\ -1 \end{pmatrix} = \dfrac{1}{2} \begin{pmatrix} 0 \\ 1 \\ 1 \end{pmatrix}$$

$$\boldsymbol{y}_2 = \boldsymbol{x}_2 - \langle \boldsymbol{x}_2, \boldsymbol{e}_1 \rangle \boldsymbol{e}_1 = \begin{pmatrix} 1 \\ 1 \\ 0 \end{pmatrix} - \dfrac{1}{2} \begin{pmatrix} 0 \\ 1 \\ 1 \end{pmatrix} = \dfrac{1}{2} \begin{pmatrix} 2 \\ 1 \\ -1 \end{pmatrix}, \quad \|\boldsymbol{y}_2\| = \dfrac{\sqrt{6}}{2}$$

$$e_2 = \frac{\boldsymbol{y}_2}{\|\boldsymbol{y}_2\|} = \frac{1}{\sqrt{6}} \begin{pmatrix} 2 \\ 1 \\ -1 \end{pmatrix}$$

(ステップ3)

$$\langle \boldsymbol{x}_3, \boldsymbol{e}_1 \rangle = -\frac{3}{\sqrt{2}}, \quad \langle \boldsymbol{x}_3, \boldsymbol{e}_1 \rangle \boldsymbol{e}_1 = \frac{3}{2} \begin{pmatrix} 0 \\ 1 \\ 1 \end{pmatrix},$$

$$\langle \boldsymbol{x}_3, \boldsymbol{e}_2 \rangle = \frac{7}{\sqrt{6}}, \quad \langle \boldsymbol{x}_3, \boldsymbol{e}_2 \rangle \boldsymbol{e}_2 = \frac{7}{6} \begin{pmatrix} 2 \\ 1 \\ -1 \end{pmatrix}.$$

$$\boldsymbol{y}_3 = \boldsymbol{x}_3, -\langle \boldsymbol{x}_3, \boldsymbol{e}_1 \rangle \boldsymbol{e}_1 - \langle \boldsymbol{x}_3, \boldsymbol{e}_2 \rangle \boldsymbol{e}_2 = \begin{pmatrix} 3 \\ 2 \\ 1 \end{pmatrix} - \frac{3}{2} \begin{pmatrix} 0 \\ 1 \\ 1 \end{pmatrix} - \frac{7}{6} \begin{pmatrix} 2 \\ 1 \\ -1 \end{pmatrix} = \frac{2}{3} \begin{pmatrix} 1 \\ -1 \\ 1 \end{pmatrix},$$

$$\|\boldsymbol{y}_3\| = \frac{2\sqrt{3}}{3}$$

$$\boldsymbol{e}_3 = \frac{\boldsymbol{y}_3}{\|\boldsymbol{y}_3\|} = \frac{1}{\sqrt{3}} \begin{pmatrix} 1 \\ -1 \\ 1 \end{pmatrix}$$

$$\{\boldsymbol{e}_1, \boldsymbol{e}_2, \boldsymbol{e}_3\} = \left\{ \frac{1}{\sqrt{2}} \begin{pmatrix} 0 \\ -1 \\ -1 \end{pmatrix}, \frac{1}{\sqrt{6}} \begin{pmatrix} 2 \\ 1 \\ -1 \end{pmatrix}, \frac{1}{\sqrt{3}} \begin{pmatrix} 1 \\ -1 \\ 1 \end{pmatrix} \right\}$$

2.5 行列式

この節では，行列式について説明する．集合 $S = \{1, 2, \ldots, n\}$ に対して，S の元である $1, 2, \ldots, n$ を入れ換えることを**置換** (permutation) という．置換は置換する前の成分を上の行，置換をした後の成分を下の行に書いた $2 \times n$ 行列で表される．例えば，$S = \{1, 2, 3, 4\}$ のとき，

$1 \to 4, \quad 4 \to 1$ という置換： $\begin{pmatrix} 1 & 2 & 3 & 4 \\ 4 & 2 & 3 & 1 \end{pmatrix}$

$1 \to 2, \quad 2 \to 3, \quad 3 \to 1,$ という置換： $\begin{pmatrix} 1 & 2 & 3 & 4 \\ 2 & 3 & 1 & 4 \end{pmatrix}$

である．特に，2つの文字のみを入れ替える置換のことを**互換** (transposition) といい，偶数回の互換によって表される置換を**偶置換** (even permutation)，奇数回の互換によって表される置換を**奇置換** (odd permutation) という．奇数回の互換で表される置換は，偶数回の互換によって表せないことが証明できる．$\mathrm{sgn}(\sigma)$ は置換 σ が偶置換のときは 1，置換 σ が奇置換のときは -1 を取るものであり，置換 σ の**符号** (signature) と呼ばれている．以下では，S_n を n 文字から成る集合 S の置換全体，$\sigma(i)\,(i = 1, \cdots, n)$ を

i という文字が置換された後の文字とする．

n 次の正方行列 $A = (a_{ij})$ に対して，
$$\sum_{\sigma \in S_n} \text{sgn}(\sigma) \cdot a_{1\sigma(1)} a_{2\sigma(2)} \cdots a_{n\sigma(n)}$$
を A の行列式 (determinant) といい，$|A|$ または $\det A$ で表される．

2×2 正方行列 $A = \begin{pmatrix} a & b \\ c & d \end{pmatrix}$ においては，前述したように $\det A = ad - bc$ である．

すなわち，行列式とは，下図のように行列 A の要素を同じ列から選ばないようにして各行から1つずつ合計 n 個抜き取り（下線箇所を抜き取る），全体の符号を掛け合わせ，すべての組合せに対して和を取ったものである．

$$\begin{pmatrix} a_{11} & \underline{a_{12}} & a_{13} & a_{14} & a_{15} \\ a_{21} & a_{22} & a_{23} & \underline{a_{24}} & a_{25} \\ a_{31} & a_{32} & \underline{a_{33}} & a_{34} & a_{35} \\ a_{41} & a_{42} & a_{43} & a_{44} & \underline{a_{45}} \\ \underline{a_{51}} & a_{52} & a_{53} & a_{54} & a_{55} \end{pmatrix}$$

しかし，3次以上の行列式の計算では，できるだけ行列の次数を減らしてから計算したほうが計算しやすい．いま，n 次正方行列 A の i 行と j 列を除いてできた行列の行列式を Δ_{ij} とすると A の行列式は，
$$|A| = \sum_{i=1}^{n} (-1)^{i+j} a_{ij} \Delta_{ij} = \sum_{j=1}^{n} (-1)^{i+j} a_{ij} \Delta_{ij}$$
となる．このとき，$(-1)^{i+j} a_{ij} \Delta_{ij}$ を A の (i,j) 余因子 (cofactor) と呼び，1番目の等式および2番目の等式に変形することを，それぞれ j 列および i 行に関して余因子展開するという．Δ_{ij} は $(n-1)$ 次の行列式であるから，この余因子展開を用いれば，計算すべき行列式の行列の次数を1つずつ下げていくことができる．実際の行列式の計算では，行列式の性質：

(1) ある行（列）を $k(\neq 0)$ 倍する $\Rightarrow$ 行列式も $k(\neq 0)$ 倍される
(2) ある行（列）に他の行の定数倍を足し引きする $\Rightarrow$ 行列式の値は変わらない
(3) 隣り合う行（列）を入れ替える $\Rightarrow$ 行列式の符号のみが変わる

を利用して次の手順で計算するとよい．

2.5.1　3×3 行列と 4×4 行列の行列式の計算例

(i) 行列式を行列式の性質を利用して次のように変形する：

$$\begin{vmatrix} a_{11} & a_{12} & a_{13} \\ a_{21} & a_{22} & a_{23} \\ a_{31} & a_{32} & a_{33} \end{vmatrix} \rightarrow \begin{vmatrix} a'_{11} & a'_{12} & a'_{13} \\ 0 & a'_{22} & a'_{23} \\ 0 & a'_{32} & a'_{33} \end{vmatrix},$$

$$\begin{vmatrix} a_{11} & a_{12} & a_{13} & a_{14} \\ a_{21} & a_{22} & a_{23} & a_{24} \\ a_{31} & a_{32} & a_{33} & a_{34} \\ a_{41} & a_{42} & a_{43} & a_{44} \end{vmatrix} \rightarrow \begin{vmatrix} a'_{11} & a'_{12} & a'_{13} & a'_{14} \\ 0 & a'_{22} & a'_{23} & a'_{24} \\ 0 & 0 & a'_{33} & a'_{34} \\ 0 & 0 & a'_{43} & a'_{44} \end{vmatrix}$$

(ii) 余因子展開する．すると，次のようになる：

$$\begin{vmatrix} a'_{11} & a'_{12} & a'_{13} \\ 0 & a'_{22} & a'_{23} \\ 0 & a'_{32} & a'_{33} \end{vmatrix} \to a'_{11} \begin{vmatrix} a'_{22} & a'_{23} \\ a'_{32} & a'_{33} \end{vmatrix},$$

$$\begin{vmatrix} a'_{11} & a'_{12} & a'_{13} & a'_{14} \\ 0 & a'_{22} & a'_{23} & a'_{24} \\ 0 & 0 & a'_{33} & a'_{34} \\ 0 & 0 & a'_{43} & a'_{44} \end{vmatrix} \to a'_{11} a'_{22} \begin{vmatrix} a'_{33} & a'_{34} \\ a'_{43} & a'_{44} \end{vmatrix}$$

例題 1：次の行列式を計算せよ．

(1) $\begin{vmatrix} 2 & 2 & 4 \\ 4 & 9 & 11 \\ 3 & 7 & 7 \end{vmatrix}$

(2) $\begin{vmatrix} -1 & 4 & -2 & 3 \\ -2 & 0 & -2 & 3 \\ 3 & 16 & 4 & 7 \\ 1 & 8 & 1 & 5 \end{vmatrix}$

解

(1) $\begin{vmatrix} 2 & 2 & 4 \\ 4 & 9 & 11 \\ 3 & 7 & 7 \end{vmatrix} = 2 \begin{vmatrix} \underline{1} & 1 & 2 \\ 4 & 9 & 11 \\ 3 & 7 & 7 \end{vmatrix}$ 　$\boxed{\begin{array}{l}\text{2 行目}+\text{1 行目}\times(-4) \\ \text{3 行目}+\text{1 行目}\times(-3)\end{array}}$

$= 2 \begin{vmatrix} \underline{1} & 1 & 2 \\ \underline{0} & 5 & 3 \\ \underline{0} & 4 & 1 \end{vmatrix} = 2 \cdot 1 \cdot \begin{vmatrix} 5 & 3 \\ 4 & 1 \end{vmatrix} = 2(5-12) = -14$

(2) $\begin{vmatrix} -1 & 4 & -2 & 3 \\ -2 & 0 & -2 & 3 \\ 3 & 16 & 4 & 7 \\ 1 & 8 & 1 & 5 \end{vmatrix} = - \begin{vmatrix} \underline{1} & -4 & 2 & -3 \\ -2 & 0 & -2 & 3 \\ 3 & 16 & 4 & 7 \\ 1 & 8 & 1 & 5 \end{vmatrix}$ 　$\boxed{\begin{array}{l}\text{2 行目}+\text{1 行目}\times 2 \\ \text{3 行目}+\text{1 行目}\times(-3) \\ \text{4 行目}+\text{1 行目}\times(-1)\end{array}}$

$= - \begin{vmatrix} \underline{1} & -4 & 2 & -3 \\ \underline{0} & -8 & 2 & -3 \\ \underline{0} & 28 & -2 & 16 \\ \underline{0} & 12 & -1 & 8 \end{vmatrix}$ 　$\boxed{\text{2 列目と 3 列目を交換}}$

$= \begin{vmatrix} 1 & 2 & -4 & -3 \\ 0 & 2 & -8 & -3 \\ 0 & -2 & 28 & 16 \\ 0 & -1 & 12 & 8 \end{vmatrix}$ 　$\boxed{\begin{array}{l}\text{3 行目と 4 行目を交換} \\ \text{3 行目と 2 行目を交換}\end{array}}$

$$
= \begin{vmatrix} 1 & 2 & -4 & -3 \\ 0 & -1 & 12 & 8 \\ 0 & 2 & -8 & -3 \\ 0 & -2 & 28 & 16 \end{vmatrix} \quad \boxed{2\text{行目}\times(-1)}
$$

$$
= - \begin{vmatrix} 1 & 2 & -4 & -3 \\ 0 & \underline{1} & -12 & -8 \\ 0 & 2 & -8 & -3 \\ 0 & -2 & 28 & 16 \end{vmatrix} \quad \boxed{\begin{array}{l} 3\text{行目}+2\text{行目}\times(-2) \\ 4\text{行目}+2\text{行目}\times 2 \end{array}}
$$

$$
= - \begin{vmatrix} 1 & \underline{2} & -4 & -3 \\ 0 & \underline{1} & -12 & -8 \\ 0 & \underline{0} & 16 & 13 \\ 0 & \underline{0} & 4 & 0 \end{vmatrix} = - \begin{vmatrix} 16 & 13 \\ 4 & 0 \end{vmatrix} = 52
$$

2：次の行列式を計算せよ．

(1) $\begin{vmatrix} a & ab & a \\ ab & a & ac \\ a & ac & a \end{vmatrix}$

(2) $\begin{vmatrix} a & ab & b & ab \\ ab & a & ab & b \\ b & ab & a & ab \\ ab & b & ab & a \end{vmatrix}$

解

(1) $\begin{vmatrix} a & ab & a \\ ab & a & ac \\ a & ac & a \end{vmatrix} \boxed{\begin{array}{l} 2\text{行目}+1\text{行目}\times(-b) \\ 3\text{行目}+1\text{行目}\times(-1) \end{array}} = \begin{vmatrix} \underline{a} & ab & a \\ \underline{0} & a(1-b^2) & a(c-b) \\ \underline{0} & a(c-b) & 0 \end{vmatrix}$

$$
= a \begin{vmatrix} a(1-b^2) & a(c-b) \\ a(c-b) & 0 \end{vmatrix} = -a^3(b-c)^2
$$

(2) $\begin{vmatrix} a & ab & b & ab \\ ab & a & ab & b \\ b & ab & a & ab \\ ab & b & ab & a \end{vmatrix} \quad \boxed{\text{各列の和を 1 列目へ}}$

$$
= \begin{vmatrix} a+b+2ab & ab & b & ab \\ a+b+2ab & a & ab & b \\ a+b+2ab & ab & a & ab \\ a+b+2ab & b & ab & a \end{vmatrix}
$$

$$= (a+b+2ab) \begin{vmatrix} 1 & ab & b & ab \\ 1 & a & ab & b \\ 1 & ab & a & ab \\ 1 & b & ab & a \end{vmatrix} \quad \boxed{\begin{array}{l} 2\,\text{行目}+1\,\text{行目}\times(-1) \\ 3\,\text{行目}+1\,\text{行目}\times(-1) \\ 4\,\text{行目}+1\,\text{行目}\times(-1) \end{array}}$$

$$= (a+b+2ab) \begin{vmatrix} 1 & ab & b & ab \\ 0 & a(1-b) & b(a-1) & b(1-a) \\ 0 & 0 & a-b & 0 \\ 0 & b(1-a) & b(a-1) & a(1-b) \end{vmatrix}$$

$$= (a+b+2ab) \begin{vmatrix} a(1-b) & b(a-1) & b(1-a) \\ 0 & a-b & 0 \\ b(1-a) & b(a-1) & a(1-b) \end{vmatrix}$$

$$= (a+b+2ab) \left\{ a(1-b) \begin{vmatrix} a-b & 0 \\ b(a-1) & a(1-b) \end{vmatrix} + b(1-a) \begin{vmatrix} b(a-1) & b(1-a) \\ a-b & 0 \end{vmatrix} \right\}$$

$$= (a+b+2ab)(a+b-2ab)(a-b)^2$$

行列式の性質

(1) $\det(AB) = \det A \det B$
(2) $\det A \neq 0$ のとき，A^{-1} が存在し，$\det(A^{-1}) = (\det A)^{-1}$
(3) $\det(A^t) = \det(A)$
(4) A がユニタリー行列ならば，$\det A = 1$

2.5.2 行列のトレース

$n \times n$ 正方行列 $A = (a_{ij})$ に対して，$\sum_{i=1}^{n} a_{ii}$ を A のトレース (trace) と呼び，$\text{tr}A$ で表す．重要な性質として，

$$\text{tr}(\lambda A + \mu B) = \lambda \text{tr} A + \mu \text{tr} B \quad (\lambda, \mu \in \mathbb{C})$$
$$\text{tr}(AB) = \text{tr}(BA)$$

がある．これより，

$$\text{tr}(ABC) = \text{tr}(BCA) = \text{tr}(CAB)$$

であるが，通常 $\text{tr}(ABC) = \text{tr}(BAC)$ ではない．

ここで，量子論の基本である非交換関係 $AB - BA = \lambda E_n$ （$\lambda \neq 0$, E_n は n 次単位行列）が有限の n では成立しないことが，上のトレースを使えばわかる．

2.6 固有値とスペクトル分解

この節では，行列の固有値とスペクトル分解について説明する．複素線形空間 $\mathbb{C}^n$ に対して，A を $\mathbb{C}^n$ 上の線形変換を表す行列であるとする．$A\boldsymbol{x} = \lambda \boldsymbol{x}$ なる複素数 λ

と $x(\neq 0) \in V$ が存在するとき，λ を A の**固有値** (eigenvalue)，x を固有値 λ に対する**固有ベクトル** (eigenvector) といい，固有値 λ に対する固有ベクトルの集合を固有値 λ に対する**固有空間** (eigenspace) と呼ぶ．いま，行列 B が正則行列 P を用いて $B = P^{-1}AP$ と表されるとき，A と B は**相似** (similar) であるといい，この変換を A の**相似変換** (similarity transformation) という．特に，
  (1) 固有値が重解を持たない
  (2) 固有値が m 重解を持っても固有空間の次元が m
であるとき，線形独立な固有ベクトル $p_1, p_2, \ldots, p_n$ が存在して，
$$P = (p_1, p_2, \ldots, p_n)$$
とおけば，$P^{-1}AP$ は固有値を成分とする対角行列となる．

このことが可能な行列 A を**対角化可能**である (diagonalizable) という．

n 次正方行列 A に対して，実際に固有値を求めるには，
$$Ax = \lambda x \iff (A - \lambda E_n)x = 0$$
であり，$x \neq 0$ より，
$$|A - \lambda E_n| = 0 \quad \cdots \quad (*)$$
を解けばよい．$(*)$ 式を A の**固有方程式** (characteristic equation) （または，特性方程式）という．なお，逆行列が存在する行列 Q に対して，$|A - \lambda E_n| = |Q(A - \lambda E_n)Q^{-1}| = |QAQ^{-1} - \lambda E_n|$ であることが行列式の性質からわかる．よって，A と QAQ^{-1} は同じ固有値を持つ．

いくつかの重要な行列と固有値の関係は以下のとおりである：
(1) 正規行列　$AA^* = A^*A \Rightarrow$ いつでも対角化可能
(2) ユニタリー行列　$AA^* = A^*A = E \Rightarrow \lambda = \exp(it)\,(t \in \mathbb{R})$
(3) 自己共役行列　$A^* = A \Rightarrow \lambda \in \mathbb{R}$
(4) 正定値行列　内積空間 V の任意の元 x に対して，
$$\langle x, Ax \rangle > 0 \Rightarrow \lambda > 0$$

A を線形空間 V 上の正規変換を表す行列であるとする．このとき，A の互いに異なる固有値を $\lambda_1, \lambda_2, \ldots, \lambda_m$ とすると，
$$A = \lambda_1 P_1 + \lambda_2 P_2 + \cdots + \lambda_m P_m$$
と表すことができる．この分解を A の**スペクトル分解** (spectral resolution) と呼ぶ．ただし，P_i は $P_1 + \cdots + P_m = I$，$P_i P_j = 0\,(i \neq j)$，$P_i^2 = P_i\,(= P_i^*)$ を満たす行列であり，P_i は固有値 λ_i の固有空間 W_i への**射影演算子**である．このとき，$V = W_1 + \cdots + W_m$ となる．ところで，射影子 P_i の固有ベクトルを x_i とおくと，$P_i x_i = \lambda_i x_i$．$P_i = P_i^2$ より，$P_i x_i = P_i^2 x_i = P(\lambda_i x_i) = (\lambda_i)^2 x_i$．したがって，$\lambda_i x_i = (\lambda_i)^2 x_i$．$x_i \neq 0$ より，$\lambda_i = (\lambda_i)^2$ となり，$\lambda_i = 0$ または 1 である．

第2章 ベクトル・行列・線形空間

例題 1: $A = \begin{pmatrix} 6 & 2 \\ 2 & 9 \end{pmatrix}$ の固有値と固有ベクトルを求めよ．

解
$$|A - \lambda E_2| = \begin{vmatrix} 6-\lambda & 2 \\ 2 & 9-\lambda \end{vmatrix} = (6-\lambda)(9-\lambda) - 4 = \lambda^2 - 15\lambda + 50$$

したがって，
$$|A - \lambda E_2| = 0 \iff \lambda = 5, 10.$$

(i) $\lambda = 5$ のとき，
$$A - 5E_2 = \begin{pmatrix} 1 & 2 \\ 2 & 4 \end{pmatrix} \to \begin{pmatrix} 1 & 2 \\ 0 & 0 \end{pmatrix}$$

したがって，
$$x_1 + 2x_2 = 0$$
$$\begin{pmatrix} x_1 \\ x_2 \end{pmatrix} = t \begin{pmatrix} 2 \\ -1 \end{pmatrix}, \text{固有ベクトルは} \begin{pmatrix} 2 \\ -1 \end{pmatrix}$$

(ii) $\lambda = 10$ のとき，
$$A - 10E_2 = \begin{pmatrix} -4 & 2 \\ 2 & -1 \end{pmatrix} \to \begin{pmatrix} 2 & -1 \\ 0 & 0 \end{pmatrix}$$

したがって，
$$2x_1 - x_2 = 0$$
$$\begin{pmatrix} x_1 \\ x_2 \end{pmatrix} = t \begin{pmatrix} 1 \\ 2 \end{pmatrix}, \text{固有ベクトルは} \begin{pmatrix} 1 \\ 2 \end{pmatrix}$$

2: $A = \begin{pmatrix} 3 & 1 & 2 \\ 1 & 3 & 1 \\ 2 & 1 & 3 \end{pmatrix}$ の固有値と固有ベクトルを求めよ．

解
$$|A - \lambda E_3| = \begin{vmatrix} 3-\lambda & 1 & 2 \\ 1 & 3-\lambda & 1 \\ 2 & 1 & 3-\lambda \end{vmatrix} = -\begin{vmatrix} 1 & 3-\lambda & 1 \\ 3-\lambda & 1 & 2 \\ 2 & 1 & 3-\lambda \end{vmatrix}$$
$$= -\begin{vmatrix} 1 & 3-\lambda & 1 \\ 0 & 1-(3-\lambda)^2 & \lambda-1 \\ 0 & 2\lambda-5 & 1-\lambda \end{vmatrix} = -\begin{vmatrix} 1-(3-\lambda)^2 & \lambda-1 \\ 2\lambda-5 & 1-\lambda \end{vmatrix}$$
$$= -\left[\{1-(3-\lambda)^2\}(1-\lambda) - (\lambda-1)(2\lambda-5)\right]$$
$$= -(\lambda-1)(\lambda^2 - 8\lambda + 13)$$
$$= -(\lambda-1)\left\{\lambda - \left(4+\sqrt{3}\right)\right\}\left\{\lambda - \left(4-\sqrt{3}\right)\right\}$$

したがって，
$$|A - \lambda E_3| = 0 \iff \lambda = 1, 4 \pm \sqrt{3}.$$

(i) $\lambda = 1$ のとき,
$$A - \lambda E_3 = \begin{pmatrix} 2 & 1 & 2 \\ 1 & 2 & 1 \\ 2 & 1 & 2 \end{pmatrix} \to \begin{pmatrix} 1 & 0 & 1 \\ 0 & 1 & 0 \\ 0 & 0 & 0 \end{pmatrix}$$

したがって,
$$\begin{cases} x_1 + x_3 = 0 \\ x_2 = 0 \end{cases}$$
$$\begin{pmatrix} x_1 \\ x_2 \\ x_3 \end{pmatrix} = t \begin{pmatrix} 1 \\ 0 \\ -1 \end{pmatrix}, \text{固有ベクトルは} \begin{pmatrix} 1 \\ 0 \\ -1 \end{pmatrix}$$

(ii) $\lambda = 4 + \sqrt{3}$ のとき,
$$A - \lambda E_3 = \begin{pmatrix} -1-\sqrt{3} & 1 & 2 \\ 1 & -1-\sqrt{3} & 1 \\ 2 & 1 & -1-\sqrt{3} \end{pmatrix} \to \begin{pmatrix} 1 & 0 & -1 \\ 0 & 1 & 1-\sqrt{3} \\ 0 & 0 & 0 \end{pmatrix}$$

したがって,
$$\begin{cases} x_1 - x_3 = 0 \\ x_2 + (1-\sqrt{3})x_3 = 0 \end{cases}$$
$$\begin{pmatrix} x_1 \\ x_2 \\ x_3 \end{pmatrix} = t \begin{pmatrix} 1 \\ \sqrt{3}-1 \\ 1 \end{pmatrix}, \text{固有ベクトルは} \begin{pmatrix} 1 \\ \sqrt{3}-1 \\ 1 \end{pmatrix}$$

(iii) $\lambda = 4 - \sqrt{3}$ のとき,
$$A - \lambda E_3 = \begin{pmatrix} -1+\sqrt{3} & 1 & 2 \\ 1 & -1+\sqrt{3} & 1 \\ 2 & 1 & -1+\sqrt{3} \end{pmatrix} \to \begin{pmatrix} 1 & 0 & -1 \\ 0 & 1 & 1+\sqrt{3} \\ 0 & 0 & 0 \end{pmatrix}$$

したがって,
$$\begin{cases} x_1 - x_3 = 0 \\ x_2 + (1+\sqrt{3})x_3 = 0 \end{cases}$$
$$\begin{pmatrix} x_1 \\ x_2 \\ x_3 \end{pmatrix} = t \begin{pmatrix} 1 \\ -\sqrt{3}-1 \\ 1 \end{pmatrix}, \text{固有ベクトルは} \begin{pmatrix} 1 \\ -\sqrt{3}-1 \\ 1 \end{pmatrix}$$

3: $A = \begin{pmatrix} 3 & -1 & 0 \\ -1 & 3 & 0 \\ 0 & 0 & 3 \end{pmatrix}$ のスペクトル分解を求めよ.

A の固有値は 2,3,4 である.それぞれの固有空間の正規直交基底は,
$$\left\{\frac{1}{\sqrt{2}}(1,1,0)^t\right\}, \quad \left\{(0,0,1)^t\right\}, \quad \left\{\frac{1}{\sqrt{2}}(-1,1,0)^t\right\}$$
であるので,
$$\boldsymbol{x}_1 = \frac{1}{\sqrt{2}}(1,1,0)^t, \quad \boldsymbol{x}_2 = (0,0,1)^t, \quad \boldsymbol{x}_3 = \frac{1}{\sqrt{2}}(-1,1,0)^t,$$

$$U = (\boldsymbol{x}_1, \boldsymbol{x}_2, \boldsymbol{x}_3)$$

とする．求めるスペクトル分解を $A = 2P_1 + 3P_2 + 4P_3$ とおくと，

$$P_1 U = P_1 (\boldsymbol{x}_1, \boldsymbol{x}_2, \boldsymbol{x}_3) = (P_1\boldsymbol{x}_1, P_1\boldsymbol{x}_2, P_1\boldsymbol{x}_3) = (\boldsymbol{x}_1, 0, 0)$$
$$P_2 U = P_2 (\boldsymbol{x}_1, \boldsymbol{x}_2, \boldsymbol{x}_3) = (P_2\boldsymbol{x}_1, P_2\boldsymbol{x}_2, P_2\boldsymbol{x}_3) = (0, \boldsymbol{x}_2, 0)$$
$$P_3 U = P_3 (\boldsymbol{x}_1, \boldsymbol{x}_2, \boldsymbol{x}_3) = (P_3\boldsymbol{x}_1, P_3\boldsymbol{x}_2, P_3\boldsymbol{x}_3) = (0, 0, \boldsymbol{x}_3)$$

より，

$$P_1 = (\boldsymbol{x}_1, 0, 0) U^{-1}, \quad P_2 = (0, \boldsymbol{x}_2, 0) U^{-1}, \quad P_3 = (0, 0, \boldsymbol{x}_3) U^{-1}$$

$$U^{-1} = U^* = \begin{pmatrix} 1/\sqrt{2} & 1/\sqrt{2} & 0 \\ 0 & 0 & 1 \\ -1/\sqrt{2} & 1/\sqrt{2} & 0 \end{pmatrix}$$

なので，

$$P_1 = (\boldsymbol{x}_1, 0, 0) U^{-1} = \begin{pmatrix} 1/\sqrt{2} & 0 & 0 \\ 1/\sqrt{2} & 0 & 0 \\ 0 & 0 & 0 \end{pmatrix} \begin{pmatrix} 1/\sqrt{2} & 1/\sqrt{2} & 0 \\ 0 & 0 & 1 \\ -1/\sqrt{2} & 1/\sqrt{2} & 0 \end{pmatrix} = \begin{pmatrix} 1/2 & 1/2 & 0 \\ 1/2 & 1/2 & 0 \\ 0 & 0 & 0 \end{pmatrix}$$

$$P_2 = (0, \boldsymbol{x}_2, 0) U^{-1} = \begin{pmatrix} 0 & 0 & 0 \\ 0 & 0 & 0 \\ 0 & 1 & 0 \end{pmatrix} \begin{pmatrix} 1/\sqrt{2} & 1/\sqrt{2} & 0 \\ 0 & 0 & 1 \\ -1/\sqrt{2} & 1/\sqrt{2} & 0 \end{pmatrix} = \begin{pmatrix} 0 & 0 & 0 \\ 0 & 0 & 0 \\ 0 & 0 & 1 \end{pmatrix}$$

$$P_3 = (0, 0, \boldsymbol{x}_3) U^{-1} = \begin{pmatrix} 0 & 0 & -1/\sqrt{2} \\ 0 & 0 & 1/\sqrt{2} \\ 0 & 1 & 0 \end{pmatrix} \begin{pmatrix} 1/\sqrt{2} & 1/\sqrt{2} & 0 \\ 0 & 0 & 1 \\ -1/\sqrt{2} & 1/\sqrt{2} & 0 \end{pmatrix} = \begin{pmatrix} 1/2 & -1/2 & 0 \\ -1/2 & 1/2 & 0 \\ 0 & 0 & 0 \end{pmatrix}$$

n 次正方行列 A の固有方程式が m 重解を持つ場合でも以下に示す例のように A が対角化可能であれば，A のスペクトル分解は一意に存在する．このとき，線形空間 V から重複度が m の固有値 λ_i の固有空間 W_i への射影子を P_i とおけば $\dim P_i = 0$ であり，$A = \sum_i \lambda_i P_i$ と一意にスペクトル分解できる．なお，P_i を，

$$P_i = \sum_{k=1}^{m} E_k \quad \left(E_k E_j = 0 \, (k \neq j), (E_k)^2 = E_k = (E_k)^*, \dim E_k = 1 \right)$$

と 1 次元射影子 $E_k \, (k = 1, \ldots, m)$ を使って分解することができるが，分解 $\{E_k\}$ の選び方は固有空間 W_i の基底の取り方に依存するので，この分解は一意ではない．

例題 1：$A = \begin{pmatrix} 4 & -1 & 1 \\ -1 & 4 & -1 \\ 1 & -1 & 4 \end{pmatrix}$ のスペクトル分解を求めよ．

解 A の固有値は 3 と 6 であり，3 は重解である．固有値 3 に対する固有空間の正規直交基底は $\left\{ \frac{1}{\sqrt{2}} (0, 1, 1)^t, \frac{1}{\sqrt{6}} (2, 1, -1)^t \right\}$，固有値 6 に対する固有空間の正規直交基底は $\left\{ \frac{1}{\sqrt{3}} (1, -1, 1)^t \right\}$，である．このとき，

$$\boldsymbol{x}_1 = \frac{1}{\sqrt{2}}(0,1,1)^t, \quad \boldsymbol{x}_2 = \frac{1}{\sqrt{6}}(2,1,-1)^t, \quad \boldsymbol{x}_3 = \frac{1}{\sqrt{3}}(1,-1,1)^t,$$

$$U = (\boldsymbol{x}_1, \boldsymbol{x}_2, \boldsymbol{x}_3)$$

とおく．このとき，A のスペクトル分解を $A = 3P_1 + 6P_2$ とおくと，

$$P_1 U = (P_1 \boldsymbol{x}_1, P_1 \boldsymbol{x}_2, P_1 \boldsymbol{x}_3) = (\boldsymbol{x}_1, \boldsymbol{x}_2, 0)$$

$$P_2 U = (P_2 \boldsymbol{x}_1, P_2 \boldsymbol{x}_2, P_2 \boldsymbol{x}_3) = (0, 0, \boldsymbol{x}_3)$$

より，

$$P_1 = (\boldsymbol{x}_1, \boldsymbol{x}_2, 0) U^{-1}, \quad P_2 = (0, 0, \boldsymbol{x}_3) U^{-1}$$

$$U^{-1} = U^* = \begin{pmatrix} 0 & 1/\sqrt{2} & 1/\sqrt{2} \\ 2/\sqrt{6} & 1/\sqrt{6} & -1/\sqrt{6} \\ 1/\sqrt{3} & -1/\sqrt{3} & 1/\sqrt{3} \end{pmatrix}$$

なので，

$$P_1 = (\boldsymbol{x}_1, \boldsymbol{x}_2, 0) U^*$$
$$= \begin{pmatrix} 0 & 2/\sqrt{6} & 0 \\ 1/\sqrt{2} & 1/\sqrt{6} & 0 \\ 1/\sqrt{2} & -1/\sqrt{6} & 0 \end{pmatrix} \begin{pmatrix} 0 & 1/\sqrt{2} & 1/\sqrt{2} \\ 2/\sqrt{6} & 1/\sqrt{6} & -1/\sqrt{6} \\ 1/\sqrt{3} & -1/\sqrt{3} & 1/\sqrt{3} \end{pmatrix}$$
$$= \begin{pmatrix} 2/3 & 1/3 & -1/3 \\ 1/3 & 2/3 & 1/3 \\ -1/3 & 1/3 & 2/3 \end{pmatrix}$$

$$P_2 = (0, 0, \boldsymbol{x}_3) U^*$$
$$= \begin{pmatrix} 0 & 0 & 1/\sqrt{3} \\ 0 & 0 & -1/\sqrt{3} \\ 0 & 0 & 1/\sqrt{3} \end{pmatrix} \begin{pmatrix} 0 & 1/\sqrt{2} & 1/\sqrt{2} \\ 2/\sqrt{6} & 1/\sqrt{6} & -1/\sqrt{6} \\ 1/\sqrt{3} & -1/\sqrt{3} & 1/\sqrt{3} \end{pmatrix}$$
$$= \begin{pmatrix} 1/3 & -1/3 & 1/3 \\ -1/3 & 1/3 & -1/3 \\ 1/3 & -1/3 & 1/3 \end{pmatrix}$$

この節の最後に，n 次正方行列 A が対角化できない場合について説明する．節の最初に述べたように，行列 A の固有方程式が m 重解 λ を持つ場合，対角化可能であるための必要十分条件は，固有値 λ の固有空間の次元が m であることである．したがって，重複度が m である固有値 λ の固有空間の次元が m 以下の場合は，P は独立な固有ベクトルから作ることができないため，対角化しようと相似変換しても，

第 2 章 ベクトル・行列・線形空間

$$e_m(\lambda) = \begin{pmatrix} \lambda & 1 & & & \\ & \lambda & 1 & & \\ & & \lambda & \ddots & \\ & & & \ddots & 1 \\ & & & & \lambda \end{pmatrix}$$

という m 次の小行列を含む以下のような行列に変換される：

$$J = \begin{pmatrix} \lambda_1 & & & & & \\ & \ddots & & & O & \\ & & \lambda_l & & & \\ & & & e_{m_1}(\lambda_{l+1}) & & \\ & O & & & \ddots & \\ & & & & & e_{m_s}(\lambda_{l+s}) \end{pmatrix} = P^{-1}AP$$

ここで, $l+s < n$, m_i は固有値 λ_{l+i} の重複度である．このとき, $e_m(\lambda)$ をジョルダン細胞 (Jordan block) またはジョルダン区画, J をジョルダン標準形 (Jordan canonical form) という．

例題 1：$A = \begin{pmatrix} 1 & -2 & 1 \\ 0 & -1 & 0 \\ -1 & -2 & 3 \end{pmatrix}$ のジョルダン標準形 J と $J = P^{-1}AP$ となる変換行列 P の 1 つを求めよ．

解 A の固有値は 2（重解）と -1．固有値 2 に対する固有空間の基底は $\{(1,0,1)^t\}$，固有値 -1 に対する固有空間の基底は $\{(2,3,2)^t\}$ である．したがって，(固有値 2 の固有空間の次元) < (固有値 2 の重複度) となり，A は対角化できず，相似変換 $P^{-1}AP$ によって，

$$J = \begin{pmatrix} 2 & 1 & 0 \\ 0 & 2 & 0 \\ 0 & 0 & -1 \end{pmatrix} \text{または} \begin{pmatrix} -1 & 0 & 0 \\ 0 & 2 & 1 \\ 0 & 0 & 2 \end{pmatrix}$$

のジョルダン標準形を得る．

いま, $J = \begin{pmatrix} 2 & 1 & 0 \\ 0 & 2 & 0 \\ 0 & 0 & -1 \end{pmatrix}$ のときの $J = P^{-1}AP$ を満たす変換行列 P を求める．

$P = (\boldsymbol{x}_1, \boldsymbol{x}_2, \boldsymbol{x}_3)$ とおくと，

$$AP = (A\boldsymbol{x}_1, A\boldsymbol{x}_2, A\boldsymbol{x}_3),$$

$$PJ = (\boldsymbol{x}_1, \boldsymbol{x}_2, \boldsymbol{x}_3) \begin{pmatrix} 2 & 1 & 0 \\ 0 & 2 & 0 \\ 0 & 0 & -1 \end{pmatrix} = (2\boldsymbol{x}_1, \boldsymbol{x}_1 + 2\boldsymbol{x}_2, -\boldsymbol{x}_3)$$

であるから，

$$\begin{cases} A\boldsymbol{x}_1 = 2\boldsymbol{x}_1 \\ A\boldsymbol{x}_2 = \boldsymbol{x}_1 + 2\boldsymbol{x}_2 \\ A\boldsymbol{x}_3 = -\boldsymbol{x}_3 \end{cases} \iff \begin{cases} (A - 2E)\boldsymbol{x}_1 = 0 \\ (A - 2E)\boldsymbol{x}_2 = \boldsymbol{x}_1 \\ (A + E)\boldsymbol{x}_3 = 0 \end{cases}$$

したがって，$\boldsymbol{x}_1 = (1,0,1)^t, \boldsymbol{x}_3 = (2,3,2)^t$ となる．また，$(A-2E)\boldsymbol{x}_2 = \boldsymbol{x}_1$ を解くと，$\boldsymbol{x}_2 = (s-1,0,s)^t \, (s \in \mathbb{R})$ となるので，例えば，$s=1$ とおくと $\boldsymbol{x}_2 = (0,0,1)^t$ である．このとき，変換行列 P の 1 つは，

$$P = (\boldsymbol{x}_1, \boldsymbol{x}_2, \boldsymbol{x}_3) = \begin{pmatrix} 1 & 0 & 2 \\ 0 & 0 & 3 \\ 1 & 1 & 2 \end{pmatrix}$$

と求まる．

第3章
論理・集合・写像

3.1 論理
3.1.1 命題と条件

命題 (proposition) とは，真 (true) か偽 (falsity) かが確定している文のことである．
$$2+3=5, \quad 2+3=6$$
は，それぞれ，真な命題，偽な命題である．一方，$a+2=5$ は a の値が決まらない限り真偽を判断することができず，命題ではない．

しかし，これは，「a の値が与えられると真偽が定まり命題になる」という特徴を持った文である．このような文を，a についての条件 (condition) という．例えば，

- $0<c<5$ は c についての条件
- $0<c<d$ は c と d についての条件

となる．

数を文字で表したのと同様に，命題や条件も文字で表すことができる．

条件については，「・・・についての」ということを明示したい場合には，

- 条件 $a+2=5$ は $P(a)$
- 条件 $0<c<5$ は $Q(c)$
- 条件 $0<c<d$ は $R(c,d)$

といった表し方をすることができる．

"かつ" "または" "〜ではない" "ならば"

"かつ (and)" "または (or)" "〜ではない (not $\cdots$)" を使って命題から新しい命題を作ることができる．それらを記号 "$\vee$" "$\wedge$" "$\neg$" を用いて，

- 「P または Q」を　$P \vee Q$
- 「P かつ Q」を　$P \wedge Q$
- 「P でない」を　$\neg P$

と表す．

P, Q を2つの命題とするとき，

$P \vee Q$	命題 P と命題 Q いずれか一方でも真であれば真である命題
$P \wedge Q$	命題 P と命題 Q がともに真のとき真で，いずれか一方でも偽であれば偽である命題
$\neg P$	命題 P が真のときは偽，偽のときは真となる命題

となる．

以上の操作は命題に対して説明したものだが，条件についても同様に定める．

真偽表

命題には真偽が定まり，命題 P, Q の真偽に応じて命題 $P \vee Q$ の真偽が定まる．ここで，例えば真を 1 で，偽を 0 で表すと，命題 P, Q と $P \vee Q$ の真偽の関連を次のような表で表すことができる．このような表を**真偽表** (truth table) という．

$P \vee Q$ の真偽表：

P	Q	$P \vee Q$
1	1	1
1	0	1
0	1	1
0	0	0

同様に，$P \wedge Q$ と $\neg P$ の真偽表は，

P	Q	$P \wedge Q$
1	1	1
1	0	0
0	1	0
0	0	0

P	$\neg P$
1	0
0	1

となる．

$P \rightarrow Q$

「P ならば Q」を記号「$P \rightarrow Q$」と表すことにして，

> 命題「$P \rightarrow Q$」は，命題 P が真で命題 Q が偽のときは偽で，それ以外のケースではすべて真となる命題

と定める．ここで，P を命題「$P \rightarrow Q$」の前提，Q を命題「$P \rightarrow Q$」の結論という．$P \rightarrow Q$ の真偽表は次のようになる．

P	Q	$P \rightarrow Q$
1	1	1
1	0	0
0	1	1
0	0	1

この定義によると，

$$2+3=4 \rightarrow 3\times 4 = 120 \text{ は真な命題}$$

となり，日常の"ならば"の意味から違和感を覚えるので，$\rightarrow$ は上の真偽表で定義される記号と考えたほうがよい．

3.1.2 論理式の計算

$((\neg P) \wedge (\neg Q))$ の真偽表と $\neg(P \vee Q)$ の真偽表を書いてみると，両者は完全に一致していることがわかる．このように真偽表が同じになるとき，同値 (equivalent) であるといい，

$$((\neg P) \wedge (\neg Q)) \iff \neg(P \vee Q)$$

のように，記号 "$\iff$" を用いて表す．

3.1.3 恒真式（トートロジー）

例えば $\neg P \vee P$ は，P が真であっても，また偽であっても，常に真である．また，$(P \wedge Q) \rightarrow P$ は，P, Q の真偽にかかわらず，常に真になる．つまり，真偽表を書くと真 "1" しか現れない．このように，その真偽表が真のみをとる論理式を恒真式，もしくは，トートロジー (tautology)，という．

[例] 次の式は，いずれも恒真式である：$\neg P \vee P, P \rightarrow P, (P \wedge Q) \rightarrow P, P \rightarrow (P \vee Q)$

以上，命題結合記号 (proposition conectives) と呼ばれる記号，

$$\vee, \wedge, \neg, \rightarrow$$

について説明してきたが，個々の命題の内部には立ち入らず，このような命題結合記号のみに着目して研究するテーマを命題論理 (propositional logic) という．

ここで述べた古典論理 (classical logic) 以外にも，真偽値として真と偽以外の値を許容したり（多値論理），また，トートロジーの集合を公理的に定めるなどの方法により，さまざまな論理が提唱されている．

命題結合記号は，真偽値を例えば電子回路の要素の電位に対応させると，すべて回路内のスイッチとして実現できる．そこで，命題の計算に対応して「論理回路」を設計することが重要になり，多くの文字を含む複雑な論理式を，それと同値な標準系（積和型・和積型など）に変える計算が必要になる．これらの計算を効率よく行うアルゴリズムの開発等も，命題論理の新しいテーマとなっている．

3.1.4 述語論理

"すべての〜に対して"

"すべての〜について" や "どんな〜についても"，"任意の〜について" などの意味を記述するために，全称記号 (universal quantifier) と呼ばれる記号 "$\forall$" (arbitrary の略) を導入して，

- 「すべての a について $(0 < a \to 0 < a^2)$」は，
  $(\forall a)(0 < a \to 0 < a^2)$
- 「すべての a と b について $(a+b)^2 = a^2 + 2ab + b^2$」は，
  $(\forall a)(\forall b)\left((a+b)^2 = a^2 + 2ab + b^2\right)$

のように書く．

"すべての a について〜を満たす" という代わりに，範囲を限定して，例えば "すべての実数 a について〜を満たす" という文を表したいときは，

$$(\forall a \in \mathbb{R})(\cdots\cdots)$$

のように表す．

"存在する"

存在記号 (existential quantifier) と呼ばれる記号 "$\exists$" (exists の略) を導入して，例えば，

「ある実数 x が存在して $x^2 = -1$ を満たす」

"There exists a real number x such that $x^2 = -1$."

という文ならば，

$$(\exists x \in \mathbb{R})(x^2 = -1)$$

と表すことにする．

(1) 「方程式 $x^2 - x + 6 = 0$ は実数解を持つ」ということは，「ある実数 x が存在して $x^2 - x + 6 = 0$ となる」ことを意味し，これは，

$$(\exists x \in \mathbb{R})(x^2 - x + 6 = 0)$$

と表される．

(2) 「13 は 39 の約数である」ということは，「自然数 m が存在して $39 = 13m$ を満たす」ことを意味し，これは，

$$(\exists m \in \mathbb{N})(39 = 13m)$$

と表される．

"すべての" と "存在する"

どんな整数が与えられたとしても，それよりも大きな整数が存在する

という命題（真な命題）は，

$$(\forall m \in \mathbb{Z})(\exists n \in \mathbb{Z})(m < n) \quad \cdots (1)$$

と書くことができる．

ここで，$\forall m$ と $\exists n$ の順序は本質的であり，「ある正数 n が存在して，どんな正数 m より大きい」という命題，

$$(\exists n \in \mathbb{Z})(\forall m \in \mathbb{Z})(m < n) \quad \cdots (2)$$

は，偽な命題であることに注意．すなわち，通常の日本語での表現，

　　　すべての正整数 m に対して $m < n$ を満たす正整数 n が存在する

のように表すと，(1), (2) 式の両方の解釈が可能になってしまう．

述語論理

例えば，m を整数として，m についての条件 $(\exists n \in \mathbb{N})(n < m)$ を考えると，この文に現れる変数記号 n は，それを $(\exists c \in \mathbb{N})(c < m)$ と書き換えても，ともに「m より小さな自然数が存在する」ことを主張しているのであり，意味に違いはない．これらの文に現れる記号 n, c の意味の "有効範囲" は，その文の中だけに限られるので，このような変数を**束縛変数** (bound variable) という．

一方，記号 m は，例えば，この文の前に $m = 5$ と定めてあるならば，この文は真となり，また，$m = 1$ と定めてあるならば偽となるという意味で，"有効範囲" は文の外まで及ぶ．このような変数を**自由変数** (free variable) という．

命題論理で用いられる，

$$\vee, \wedge, \neg, \to$$

などの記号以外に，全称記号 "$\forall$" と限定記号 "$\exists$" も合わせて**論理記号** (logical symbol) という．これらの論理記号と自由変数，束縛変数等を用い，**構文規則** (syntax) に則って書かれた文を**論理式** (formula) といい，これらの真偽，トートロジーなどの "論理" を**述語論理** (predicate logic) という．

数学のすべての分野は，明示的にではないとしても，これらの論理記号とかかわり，また，常に，等号 "$=$" も用いられる．さらに，集合論では，記号 "$\in$" "$\subset$" 等が付け加わる．

数学の各分野では，代数学ならば "$+$" "$\cdot$" などの演算の記号が，解析学ならば $\frac{d}{dx}$ 等の記号が用いられ，それらの記号を用いて，独自の理論展開を構成していくことになる．

3.2 集合

3.2.1 補足

集合は高等学校の数学で学んでいるが，大学数学ではいくつかの補足が必要である．

集合 A と B の包含関係 $A \subset B$ と相等 $A = B$ について，

$$A \subset B \iff (\forall x)(x \in A \to x \in B)$$

$$A = B \iff (A \subset B) \wedge (B \subset A)$$
$$\iff (\forall x)(x \in A \longleftrightarrow x \in B)$$

が成り立つ（ここで，$P \longleftrightarrow Q$ は，$(P \to Q) \wedge (Q \to P)$ を意味する）．

空集合 (empty set) $\varnothing$ については，

$$A = \varnothing \iff (\forall x)(x \notin A)$$

が成り立つ．

集合を提示するには，
$$\{1, 2, 4, 7, 8, 11, 13, 14\}$$
のように，要素をすべて列挙して記述する**外延的** (extensional) 記述と，
$$\{x \mid x \text{ は } 15 \text{ との公約数を } 1 \text{ 以外に持たず } 15 \text{ より小さい}\}$$
のように，要素の満たす条件を与えることによる**内包的** (intensional) 記述がある．

平方数の集合を，
$$\{n^2 \mid n \in \mathbb{N}\}$$
と表すと，これは外延的記述でも，条件を満たす要素の集まりとして定める内包的記法でもない表現だが，
$$\{m \in \mathbb{N} \mid (\exists n \in N)(m = n^2)\}$$
と，内包的記述に書き換えることができる．

集合を要素とする集合

集合を要素とする集合を考えることもできる．

5つの集合，
$$\{0, 5\}, \{1, 6\}, \{2, 7\}, \{3, 8\}, \{4, 9\}$$
を要素とする集合を A とすると，
$$A = \{\, \{0, 5\}, \{1, 6\}, \{2, 7\}, \{3, 8\}, \{4, 9\} \,\}$$
と考えることができる．これは「集合の集合」となっているが，このように "レベルの揃った" 集合でなく，
$$\{1, 2, \{1, 2, 3\}, \{\{1\}, \{1, 5\}\}\}$$
のように，「数と，数の集合と，数の集合の集合」を要素とする集合のような "レベルの混ざった" 集合を考えることも可能である．

ベキ集合

"集合 A の部分集合 (subset) すべてからなる集合" を，集合 A の**ベキ集合** (power set) と呼び 2^A 等の記号で表す．つまり，
$$2^A = \{B \mid B \subset A\}$$
であり，
$$B \in 2^A \iff B \subset A$$
が成り立つ．

A が有限集合 $\{x_1, x_2, \ldots, x_n\}$ であるとき，A の部分集合 B に対して，
- x_j が B の要素ならば 1
- 要素でなければ 0

と，"フラグを立てる"ことにより，長さ n の $0,1$ の列を対応させることができる．例えば，$\{1,2,3,4\}$ の，

- 部分集合 $\{2,4\}$ に対応するフラグは 0101
- 空集合に対応するフラグは 0000
- 全体集合に対応するフラグは 1111

となる．

長さ n の $0,1$ の列は全部で 2^n 個あるので，2^A の要素は 2^n 個ある．

記号 2^A という記号と "ベキ集合" という名称から，2^{10} や e^x といった本来の "ベキ" を拡張したものとしての意味を考えたくなるが，特にそのような関係があるわけではなく，要素の個数が "ベキ" として表されるといった程度の類似にすぎない．

3.2.2 和集合・共通集合・補集合

2つの集合 A, B に対して，**和集合** (sum, union, join) $A \cup B$ と，**共通集合** (intersection) $A \cap B$ を次のように定義する．

定義 3.2.1 A, B を集合とするとき，
$$A \cup B = \{x \mid x \in A \quad \text{または} \quad x \in B\}$$
$$A \cap B = \{x \mid x \in A \quad \text{かつ} \quad x \in B\}$$

3つの集合，4つの集合，... についても同様に定義できる．例えば3つの集合 A, B, C の共通集合は，
$$A \cap B \cap C = \{x \mid x \in A \text{ かつ } x \in B \text{ かつ } x \in C\}$$
となる．

補集合 (complementary set) は "どの集合の中で考えるか" を指定してはじめて定まるものであり，その "どの集合の中で" という集合を**全体集合** (universal set) という．

定義 3.2.2 A は集合 U の部分集合であるとする．このとき，集合，
$$\{x \in U \mid x \notin A\}$$
を A の U を全体集合とする補集合といい，$\bar{A}$ で表す．

しかし，多くの場合，全体集合は前後の文脈から明らかであり，特に指定をすることなく「A の補集合」という表現をする．

「素数の補集合」といった場合，常識的には自然数の集合を全体集合としての補集合を考えるが，「整数の補集合」となると，有理数全体で考えているか，実数全体で考えているかは文脈による．

一般の和集合と共通集合

空でない集合 J の各要素 $j \in J$ に集合 A_j が定められているとき，これを，J を添え字集合 (index set) とする**集合族** (family of sets) といい，

$$\{A_j\}_{j \in J}$$

で表す．ここでは，集合族は数列と同じように，添え字に対する依存関係まで考慮に入れているが，単に集合を要素とする集合，

$$\{A_j \mid j \in J\}$$

を集合族ということもある．

集合族の和集合 $\bigcup_{j \in J} A_j$ と共通集合 $\bigcap_{j \in J} A_j$ を，それぞれ，

$$\bigcup_{j \in J} A_j = \{x \mid (\exists j \in J)(x \in A_j)\}$$

$$\bigcap_{j \in J} A_j = \{x \mid (\forall j \in J)(x \in A_j)\}$$

と定義する．

$J = \mathbb{N}$ のときは，$\bigcup_{n \in \mathbb{N}} A_n, \bigcap_{n \in \mathbb{N}} A_n$ を，

$$\bigcup_{n=1}^{\infty} A_n = A_1 \cup A_2 \cup \cdots \cup A_n \cup \cdots$$

$$\bigcap_{n=1}^{\infty} A_n = A_1 \cap A_2 \cap \cdots \cap A_n \cap \cdots$$

と表すこともできる．ただし，定義からわかるように，添え字集合が無限集合の場合でも和集合や共通集合は順序には依存せず，集合の集合，

$$\{A_j \mid j \in J\}$$

に対して決まるので，

$$\bigcup \{A_j \mid j \in J\}, \qquad \bigcap \{A_j \mid j \in J\}$$

と書くこともある．

より一般には，集合を要素とする集合 $\mathcal{A}$ に対して $\bigcup \mathcal{A}, \bigcap \mathcal{A}$ を，

$$\bigcup \mathcal{A} = \{x \mid (\exists A \in \mathcal{A})(x \in A)\}$$

$$\bigcap \mathcal{A} = \{x \mid (\forall A \in \mathcal{A})(x \in A)\}$$

と定義する．

集合の列 $A_1, A_2, \ldots$ に対して，$\bigcap_{n=1}^{\infty} \bigcup_{m=n}^{\infty} A_m$ を $A_1, A_2, \ldots$ の**上極限** (limit superior) といい，記号 $\overline{\lim} A_n, \limsup A_n$ で表す．また，$\bigcup_{n=1}^{\infty} \bigcap_{m=n}^{\infty} A_m$ を $A_1, A_2, \ldots$ の**下極限** (limit inferior) といい，記号 $\underline{\lim} A_n, \liminf A_n$ で表す．

上極限と下極限が一致するとき，それを**極限** (limit) といい，$\lim A_n$ で表す．

3.2.3 積集合

ペア・トリプル・順序 n-対

"5 と 7 の対(ペア)"を，
$$(5, 7)$$
と書き，これを第 1 成分が 5 で第 2 成分が 7 の**順序対** (ordered pair) という．$(5, 7)$ は 5 と 7 の集合ではなく，
$$(5, 7) \neq (7, 5)$$
であり，また，$(5, 5)$ は"第 1 成分と第 2 成分がともに 5 であるペア"を意味する．

集合 A と集合 B に対して，第 1 成分が集合 A の要素で第 2 成分が集合 B の要素である順序対すべてからなる集合を，A と B の**直積集合** (product set) といい $A \times B$ で表す．
$$A \times B = \{(a, b) \mid a \in A, b \in B\}$$

【例】集合 A, B が，
$$A = \{1, 2, 3\}, \quad B = \{5, 7\}$$
と与えられているとする．このとき，
$$A \times B = \{(1, 5), (1, 7), (2, 5), (2, 7), (3, 5), (3, 7)\}$$
$$B \times A = \{(5, 1), (5, 2), (5, 3), (7, 1), (7, 2), (7, 3)\}$$
$$A \times A = \{(1, 1), (1, 2), (1, 3), (2, 1), (2, 2), (2, 3), (3, 1), (3, 2), (3, 3)\}$$
$$B \times B = \{(5, 5), (5, 7), (7, 5), (7, 7)\}$$
となる．

直積という用語は，共通集合を"積"と表現することもあるので注意．特に「2 つのサイコロを投げる試行での積事象」のようなケースでは，記述の仕方によって両方の意味になるので紛らわしい．

同様に第 1，第 2，第 3 成分の 3 つの成分から成るトリプルを考え，3 つの集合 A, B, C に対して，第 1，第 2，第 3 成分がそれぞれ A, B, C の要素であるトリプルすべてから成る集合を定めることができる．この集合を A, B, C の直積集合といい，$A \times B \times C$ で表す．

【例】集合 A, B, C を，
$$A = \{1, 2, 3\}, \quad B = \{5, 7\}, \quad C = \{0, 1\}$$
として定めるとき，
$$A \times B \times C = \{(1, 5, 0), (1, 7, 0), (2, 5, 0), (2, 7, 0), (3, 5, 0), (3, 7, 0),$$
$$(1, 5, 1), (1, 7, 1), (2, 5, 1), (2, 7, 1), (3, 5, 1), (3, 7, 1)\}$$

3.3 関係
3.3.1 二項関係

A, B を空でない 2 つの集合とするとき,積集合 $A \times B$ の部分集合を, A と B の間の二項関係 (binary relation) という. $(a, b) \in A \times B$ が関係 $R \subset A \times B$ の要素であるとき,

$$aRb$$

と書き, a と b に関係 (relation) R が成り立つという.

$A = B$ のとき, $A \times A$ の部分集合を A における関係という.

例 $\mathbb{N} \times \mathbb{N}$ の部分集合 R を,

$$R = \{(n, m) \in \mathbb{N} \times \mathbb{N} \mid (\exists k \in N)(n = km)\}$$

と定めると, R は $\mathbb{N}$ における 2 項関係であり, nRm は, n は m の倍数という関係を表す.

例えば $\mathbb{R}$ における大小関係 "<" は, $\{(x, y) \in \mathbb{R} \times \mathbb{R} \mid x < y\}$ から定められる関係であり,この集合を記号 < で表せば, $x < y$ という通常の表記となる.

定義 3.3.1 空でない集合 X における関係 R について,
- $(\forall x \in X)(xRx)$ が成り立つ関係 R は,**反射的** (reflective) であるという.
- xRy ならば必ず yRx となる関係 R は,**対称的** (symmetric) であるという.
- $xRy \wedge yRz$ ならば必ず xRz となる関係 R は,**推移的** (transitive) であるという.

また,反射的,対称的,推移的である関係を,それぞれ**反射律** (reflexive low),**対称律** (symmetric low),**推移律** (transitive low) を満たす関係という.

例
- $\mathbb{N}$ における関係 "<" は,推移的だが,反射律と対称律は満たさない.
- $\mathbb{N}$ における関係 "≦" は,反射的で推移的であるが,対称的ではない.
- $\mathbb{N}$ における関係 "=" は,反射率と対律と推移律を満たす.

定義 3.3.2 空でない集合において,
- 反射率と推移律を満たす関係を**順序関係** (order relation) という.
- 反射律,対称律,推移律をすべて満たす関係を**同値関係** (equivalent relation) という.

 この定義では,実数の大小関係のうち,"≦" は順序関係だが "<" は順序関係とは言えないことに注意.

順序関係

集合 X の順序関係 xRy を $x \prec y$ と書くことにする.順序関係を持つ集合を,**順序集合** (ordered set) という.

全順序

順序集合 X が，条件，

　　任意の $x, y \in X$ に対して　$x \prec y$　または　$y \prec x$　のいずれかは成り立つ

を満たすとき，この順序関係は**全順序** (total order) であるといい，X を**全順序集合** (totally ordered set)，もしくは，整列集合，線形順序集合という．

最大

A を順序集合 X の部分集合とするとき，

$$a \prec a_0 \ (a \in A)$$

を満たす $a_0 \in A$ が存在するとき，この a_0 を A の**最大** (maximum) という．

A の最大が存在するならば，それは 1 つだけ存在するので，$\max A$ で表す．

上界

A を順序集合 X の部分集合とし，

$$a \prec m \ (a \in A)$$

を満たす $m \in X$ が存在するとき，A は**上に有界** (bounded from above) であるといい，この m を A の**上界** (upper bound) という．

任意の有限部分集合が上に有界である順序集合を**有向集合** (directed set) という．

極大

A を順序集合 X の部分集合とするとき，

$$(m \prec x) \wedge (x \in A) \to m = x$$

が成り立つような $m \in A$，つまり，$m \prec x$ となるような A の要素 $x \neq m$ が存在しないような m を，A の**極大** (maximal) という．

最小 (minimum)，**下に有界** (bounded from below)，**下界** (lower bound)，**極小** (minimal) なども同様に定義される．

これらの用語は，微積分学でも用いられている．ただし，極大，極小は実数のような全順序集合では最大，最小と一致する概念であり，無意味である．これらは関数の極大，極小と直接の関係はない．

上限

A を順序集合 X の上に有界な部分集合とする．A の上界の集合に最小が存在するならば，それを A の**上限** (supremum) といい，$\sup A$ で表す．**下限** (infimum) も同様に定義し，$\inf A$ で表す．

例 集合 $\{1, 2\}$ のベキ集合，

$$X = \{\varnothing, \{1\}, \{2\}, \{1, 2\}\}$$

において，順序 $a \prec b$ を $a \subset b$ として定め，部分集合，
$$A = \{\emptyset, \{1\}, \{2\}\}$$
を考える．このとき，
- A の最大は存在しない．
- A の最小は $\emptyset$．
- A は上に有界で $\{1,2\}$ は A の上界．
- A は下に有界で $\emptyset$ は A の下界．
- $\{1\}$ と $\{2\}$ は両方とも A の極大．
- $\emptyset$ は A の極小（であり，かつ最小）．
- X は有向集合だが，部分集合 A を順序集合と考えると，$\{\{1\},\{2\}\}$ は上界を持たないので，A は有向集合ではない．

3.3.2 束

順序集合 L が，

> 任意の要素 $x, y \in L$ に対して，上限 $\sup\{x,y\}$ と下限 $\inf\{x,y\}$ が存在する

という性質を持つとき，順序集合 L を**束** (lattice) という．

束 L において，
$$x \vee y = \sup\{x,y\}, \quad x \wedge y = \inf\{x,y\}$$
と書くことにすると，$\vee$ と $\wedge$ は，次の規則を満たす．

可換性 $x \wedge y = y \wedge x$, $x \vee y = y \vee x$
結合法則 $x \wedge (y \wedge z) = (x \wedge y) \wedge z$, $x \vee (y \vee z) = (x \vee y) \vee z$
吸収法則 $x \vee (y \wedge x) = (x \vee y) \wedge x = x$

束 L の部分集合が演算 $\vee$ と $\wedge$ について閉じているとき，つまり，
$$x, y \in M \quad \text{ならば，} \quad x \vee y \in M \text{ かつ } x \wedge y \in M$$
を満たすとき，M を**部分束** (sublattice) という．

束 L の順序 $\prec$ と演算 $\vee, \wedge$ について，
$$x \prec y \quad \text{ならば} \quad x \vee (y \wedge z) = (x \vee y) \wedge z$$
が成り立つとき，**モジュラー束** (modular lattice) といい，さらに強い条件の分配則，
$$x \wedge (y \vee z) = (x \wedge y) \vee (x \wedge z), \; x \vee (y \wedge z) = (x \vee y) \wedge (x \vee z)$$
が成り立つとき，**分配束** (distributive lattice) という．

束 L の任意の要素 x に対して $x \wedge 0 = 0$ が成り立つ要素 0 が存在するとき，それを零元といい，任意の要素 x に対して $x \wedge 1 = 1$ が成り立つ要素 1 が存在するとき，それを単位元という．

零元と単位元の存在する束 L において，$x \in L$ に対して L の要素 x^c が存在して，
$$x \wedge x^c = 0, x \vee x^c = 1$$

を満たすとき，x^c を x の補元 (complement) といい，任意の要素が補元を持つ分配束をブール束 (Boolean algebra) という．

> **注** ブール束を2つの演算 $\vee$ と $\wedge$ を持つ代数系と見たとき，それをブール代数 (Boolean algebra) という．ブール代数では，**0** は演算 $\vee$ についての単位元であり，また，**1** は演算 $\wedge$ についての単位元になる．

3.3.3 同値関係による分類

空でない集合 X の同値関係 R が与えられると，この同値関係により集合 X の要素を分類することができる．

$x_0 \in X$ に対して，X の部分集合を，
$$\{x \in X \mid xRx_0\}$$
と定め，これを x_0 の（関係 R による）**同値類** (equivalent class) といい，$\hat{x}_0$ で表すことにする．このとき，

- $x_2 \in \hat{x}_1$ かつ $x \in \hat{x}_2$ ならば $x \in \hat{x}_1$
- $x \in \hat{x}_1$ かつ $x \in \hat{x}_2$ ならば $x_2 \in \hat{x}_1$

なので，同値類 $\hat{x}_1$ と $\hat{x}_2$ は完全に一致するか共通集合を持たないかの，いずれかであり，また，$x_0 \in \hat{x}_0$ なので集合 X は同値類の集合に分割される．

逆に，空でない集合が部分集合の族に分割されているならば，つまり，
$$X = \bigcup_{j \in J} X_j, \qquad X_j \cap X_k = \phi \text{ if } j \neq k$$
となる集合族 $\{X_j\}_{j \in J}$ が与えられているならば，
$$xRy \iff (\exists j \in J)(x, y \in X_j)$$
として定めた2項関係は同値関係であり，この同値関係による分類は最初の X の分割を与える．

類別 (classification) は，なんらかの同値関係の同値類による分割と考えることができる．

集合 X 上の同値関係 R による同値類からなる集合を，R による**商集合** (quotient set) といい，X/R で表す．

> **例** 整数の集合 $\mathbb{Z}$ の2項関係 R を「$xRy \iff x-y$ は 5 の倍数」として定め，xRy を $x \equiv y \mod 5$ と書くことにする．このとき，0 の同値類 $\{\ldots, -5, 0, 5, 10, \ldots\} = \hat{0}$ を $5\mathbb{Z}$ と書くことにすると，$\mathbb{Z}$ は，5 つの同値類，
> $$\{\ldots, -10, -5, 0, 5, 10, \ldots\} = 5\mathbb{Z}$$
> $$\{\ldots, -9, -4, 1, 6, 11, \ldots\} = \{n \in \mathbb{Z} \mid n-1 \in 5\mathbb{Z}\}$$
> $$\{\ldots, -8, -3, 2, 7, 12, \ldots\} = \{n \in \mathbb{Z} \mid n-2 \in 5\mathbb{Z}\}$$
> $$\{\ldots, -7, -2, 3, 8, 13, \ldots\} = \{n \in \mathbb{Z} \mid n-3 \in 5\mathbb{Z}\}$$
> $$\{\ldots, -6, -1, 4, 9, 14, \ldots\} = \{n \in \mathbb{Z} \mid n-4 \in 5\mathbb{Z}\}$$

に分割される．商集合は，これら5個の同値類からなる集合となる．

3.4 写像

3.4.1 写像

2つの空でない集合 A, B が与えられているとする．集合 A の各要素 a に対して集合 B の要素を1つだけ（a に応じて）対応させる規則が定められているとき，その規則を，A から B への**写像** (mapping) といい，例えばその写像を f という文字を使って表して，

$$f: A \to B$$

と書く．また，$a \in A$ に対応する B の要素を $f(a)$ で表す．集合 A を写像 $f: A \to B$ の**定義域** (domain) という．

例 $A = \{1, 2, 3, 4\}, B = \{1, 3, 5\}$ とする．このとき，

$$f(1) = 5, \quad f(2) = 5, \quad f(3) = 1, \quad f(4) = 5$$

と定めると，f は A から B への写像である．

写像のグラフ

関数のグラフと同様に，写像のグラフ (graph) も定義することができる．

定義 3.4.1 $f: A \to B$ に対して，直積集合 $A \times B$ の部分集合，

$$\{(a, f(a)) \mid a \in A\}$$

をグラフといい，$\mathrm{graph}(f)$ で表す．

例 $A = \{1, 2, 3, 4\}, B = \{1, 3, 5\}$ とする．このとき，

$$f(1) = 5, \quad f(2) = 5, \quad f(3) = 1, \quad f(4) = 5$$

と定めると，

$$\mathrm{graph}(f) = \{(1,5), (2,5), (3,1), (4,5)\} \quad (\subset A \times B)$$

である．

写像 $f: A \to B$ のグラフ $\mathrm{graph}(f)$ を X で表すと，X は直積集合 $A \times B$ の部分集合であり，これは，さらに次の性質を持つ．

　　　任意の $a \in A$ に対して，$(a, b) \in X$ を満たす $b \in B$ は唯一存在する

逆に，このような性質を満たす $X \subset A \times B$ が与えられると，

　　　各 $a \in A$ に対して，$(a, b) \in X$ を満たす $b \in B$ を対応させる

という規則を定めることにより，写像 $f: A \to B$ が定義され，$X = \mathrm{graph}(f)$ となる．

写像の正式な定義では，写像は上の性質を満たす $A \times B$ の部分集合として定義される．

単射・全射・全単射

単射 (injection)，全射 (surjection)，全単射 (bijection) は以下のように定義される．

定義 3.4.2 $f: A \to B$ を集合 A から集合 B への写像とする．このとき f が，
- $(\forall b \in B)(\exists a \in A)(f(a) = b)$ を満たすとき全射
- $(\forall a_1 \in A)(\forall a_2 \in A)(a_1 \neq a_2 \to f(a_1) \neq f(a_2))$ を満たすとき単射
- 全射で，かつ，単射であるとき全単射

であるという．単射を **1 対 1 写像** (one-to-one mapping)，全射 $f: A \to B$ を A から B の**上への写像** (onto-mapping) ということもある．

ただし，"1 対 1 の対応" という表現は全単射を意味することもある．

写像の合成

集合 A から B への写像 f と B から C への写像 g が与えられたとき，

各 $a \in A$ に対して $g(f(a))$ を対応させる

ことにより，A から C への写像を定めることができる．この写像を f と g の**合成写像** (composite) と呼び，$g \circ f$ で表す．つまり，

$f: A \to B,\ g: B \to C$

に対して，
$$g \circ f: A \to C$$
は，
$$(g \circ f)(a) = g(f(a))$$
により定められる写像となる．

恒等写像

空でない集合 A に対して，

各 $a \in A$ に対して a 自身を対応させる写像

を，A における**恒等写像** (identity map) といい，id_A で表す．つまり，恒等写像 $\mathrm{id}_A: A \to A$ は，

$(\forall a \in A)(\mathrm{id}_A(a) = a)$

を満たす写像である．

写像の合成について次の命題が成り立つ．

3.4 写像

定理 3.4.1 (合成写像の性質)
- $f: A \to B$ に対して，
  $\mathrm{id}_B \circ f = f, \quad f \circ \mathrm{id}_A = f$
- $f: A \to B, g: B \to C, h: C \to D$ に対して，
$$h \circ (g \circ f) = (h \circ g) \circ f$$

逆写像

$f: A \to B$ に対して，$g \circ f = \mathrm{id}_A, f \circ g = \mathrm{id}_B$ を満たす写像 $g: B \to A$ が存在するとき，この写像 g を f の**逆写像** (inverse mapping) と呼ぶ．

定理 3.4.2
1. $f: A \to B$ の逆写像が存在するならば，f は全単射である．
2. $f: A \to B$ が全単射ならば，f の逆写像が存在する．
3. f の逆写像が存在する場合，それは 1 つしかない（これを f^{-1} で表す）．

3.4.2 像と逆像

像・逆像

f を集合 X から Y への写像，A を X の部分集合とする．このとき，
$$\{f(a) \in Y \mid a \in A\} = \{y \in Y \mid (\exists a \in A)(f(a) = y)\}$$
を集合 A の写像 f による**像** (image) といい，$f(A)$ で表す．

また，B を Y の部分集合とするとき，
$$\{x \in X \mid f(x) \in B\}$$
を集合 B の写像 f による**逆像** (inverse image) といい，$f^{-1}(B)$ で表す．

逆像 $f^{-1}(B)$ は，f の逆写像が存在しない場合でも定義されることに注意．また，"逆写像による像" として定義しているわけでもない．ただし，f の逆写像 f^{-1} が <u>存在する場合</u> は，後で見るように，逆像は逆写像による像と一致する．

$X = \{2, 3, 4, 5, 6\}, Y = \{2, 3, 5, 7\}$ として $f: X \to Y$ を，
$$f(2) = 2, \ f(3) = 7, \ f(4) = 2, \ f(5) = 5, f(6) = 3$$
と定める．このとき，$A = \{2, 4, 6\}$ の像 $f(A)$ は，
$$f(A) = \{2, 3\}$$
であり，$B = \{3, 5, 7\}$ の逆像 $f^{-1}(B)$ は，
$$f^{-1}(B) = \{3, 5, 6\}$$
である．

写像 $f: X \to Y$ に対して，特に集合 X の像を，写像 f の**値域** (range) という．
$f: X \to Y$ は，値域 $f(X)$ が Y と一致するとき，そしてそのときにのみ全射となる．

合成写像に関して，次の性質が成り立つ．

定理 3.4.3 f を X から Y への写像，g を Y から Z への写像とする．このとき，
- A を X の部分集合とすると，
$$(g \circ f)(A) = g(f(A))$$
- B を Y の部分集合とすると，
$$(g \circ f)^{-1}(B) = f^{-1}((g^{-1}(B)))$$

となる．

定理 3.4.4 集合 X から Y への写像 $f : X \to Y$ が逆写像 $f^{-1} : Y \to X$ を持つとき，$B \subset Y$ の逆像 $f^{-1}(B)$ は写像 f^{-1} による B の像 $f^{-1}(B)$ に等しい．

集合演算と像・逆像

定理 3.4.5 f を X から Y への写像とする．また，補集合はそれぞれ X, Y を全体集合としての補集合とする．このとき，
 (1) X の部分集合 A_1, A_2 について，
$$A_1 \subset A_2 \to f(A_1) \subset f(A_2)$$
 (2) A, B を X の部分集合とすると，
$$f(A \cup B) = f(A) \cup f(B)$$
 (3) A, B を X の部分集合とすると，
$$f(A \cap B) \subset f(A) \cap f(B)$$
 (3') f を X から Y への単射，A, B を X の部分集合とすると，
$$f(A \cap B) = f(A) \cap f(B)$$
 (4) f を X から Y への単射，A を X の部分集合とすると，
$$f(A^c) \subset (f(A))^c$$
 (5) f を X から Y への全射，A を X の部分集合とすると，
$$f(A^c) \supset (f(A))^c$$
 (6) f を X から Y への全単射，A を X の部分集合とすると，
$$f(A^c) = (f(A))^c$$

逆像と "$\cup$"，"$\cap$" の関係は，像の場合よりも簡単である．

定理 3.4.6 f を X から Y への写像とする．また，補集合はそれぞれ X, Y を全体集合としての補集合とする．このとき，
 (1) Y の部分集合 A_1, A_2 について，
$$A_1 \subset A_2 \to f^{-1}(A_1) \subset f^{-1}(A_2)$$
 (2) A, B を Y の部分集合とするとき，

$$f^{-1}(A \cup B) = f^{-1}(A) \cup f^{-1}(B)$$

(3) A, B を Y の部分集合とするとき,
$$f^{-1}(A \cap B) = f^{-1}(A) \cap f^{-1}(B)$$

(4) A を Y の部分集合とすると,
$$f^{-1}(A^c) = (f^{-1}(A))^c$$

3.5 無限集合

2 つの集合が, それらが無限集合である場合も含めて, "同じ程度の大きさの集合" であることを定義する. しかし, 日常の意味でとらえている "同じ大きさ" の性質がすべて当てはまるわけではないので, "大きさ" という言葉を避け, "濃度 (cardinality)" という新たな用語を導入する.

定義 3.5.1 A と B を空でない 2 つの集合とする. A から B への全単射が 1 つでも存在するならば, A と B は**同じ濃度を持つ** (equipotent) といい, $A \sim B$ で表す.

"同じ濃度を持つ" という関係は,

反射律 $A \sim A$
対称律 $A \sim B$ ならば $B \sim A$
推移律 $A \sim B$ かつ $B \sim C$ ならば, $A \sim C$

を満たす.

> したがって,「同値関係である」といいたいところだが, 厳密には "どの集合での関係か" という点に問題があり, "すべての集合の集合" の存在を強要しない限り, 厳密な意味で「関係」ということもできない.

有限集合については,「同じ濃度を持つ」ことは「同じ個数の要素を持つ」ということと一致する. 自然数全体の集合 $\mathbb{N}$ と濃度が同じ集合を**可算集合** (countable set, enumerable set, denumerable set) という.

X が可算集合ならば, $\mathbb{N}$ から X への全単射の 1 つを $\phi: \mathbb{N} \to X$ として $\phi(j) = x_j$ と書くことにすると, X は,
$$X = \{x_1, x_2, x_3, \ldots\}$$
と表される.

例 正の偶数の集合を $2\mathbb{N}$ で表すと, $f: \mathbb{N} \to 2\mathbb{N}$, $f(n) = 2n$ は全単射なので $2\mathbb{N}$ は可算集合.

例 すべての整数の集合 $\mathbb{Z}$ は, $f: \mathbb{N} \to \mathbb{Z}$ を,
$$f(n) = \begin{cases} m-1 & (n = 2m \text{ と表されるとき}) \\ -m & (n = 2m-1 \text{ と表されるとき}) \end{cases}$$

と定めると，
$$f(1) = -1,\ f(2) = 0,\ f(3) = -2,\ f(4) = 1,\ f(5) = -3,\ f(6) = 2,\ldots$$
となり，f は全単射．よって，$\mathbb{Z}$ は可算集合．

上の例では，2 つの集合の間の全単射を直接に構成して濃度が同じであることを示したが，多くの場合，全単射を構成するよりも，次の定理（**Bernstein-Schröder の定理** (Bernstein-Schröder's theorem)）に頼って，単射を 2 つ構成するほうが簡単である．

定理 3.5.1 X, Y を空でない 2 つの集合とする．このとき，
- X から Y への単射が存在する
- Y から X への単射が存在する

とするならば，X から Y への全単射も存在し，X と Y は同じ濃度を持つ．

例 $\mathbb{N}$ から $\mathbb{N} \times \mathbb{N}$ への写像 $f : \mathbb{N} \to \mathbb{N} \times \mathbb{N}$ を，
$$f(n) = (n, 1) \in \mathbb{N} \times \mathbb{N} \qquad (n \in \mathbb{N})$$
と定めると，f は明らかに単射であり，また，$\mathbb{N} \times \mathbb{N}$ から $\mathbb{N}$ への写像 $g : \mathbb{N} \times \mathbb{N} \to \mathbb{N}$ を，
$$g((m, n)) = 2^m \cdot 3^n \qquad (m, n) \in \mathbb{N} \times \mathbb{N}$$
と定めると，これは素因数分解の一意性から単射になるので，$\mathbb{N} \times \mathbb{N}$ は可算集合．

$$\mathbb{N}, \mathbb{Z}, \mathbb{Q}, \mathbb{N}^n, \mathbb{Z}^n, \mathbb{Q}^n$$

は，すべて可算集合である．可算集合であるか，有限集合である集合は，**高々可算** (at most countable) であるという．

定理 3.5.2 J が高々可算で，各 $j \in J$ に対して集合 X_j が高々可算ならば，和集合 $\bigcup_{j \in J} X_j$ も高々可算．

定理 3.5.3 すべての無限集合は加算部分集合（加算な部分集合）を部分集合として持つ．

非可算集合

実数の集合 $\mathbb{R}$ は可算集合ではない（可算でない無限集合を**非可算集合** (uncountable set) という）．

実数の区間 $[a, b](a \neq b)$, $\mathbb{R}^2$, $\mathbb{R}^3$, そして一般に $\mathbb{R}^n$ も非可算集合であるが，これらは，$\mathbb{R}$ と同じ濃度を持つ．

X と Y の濃度は異なり，かつ，X から Y への単射が存在するとき，Y の濃度は X の濃度より大きいという．

$\mathbb{R}$ よりも大きな濃度の無限集合も存在する．一般に，次の定理が成り立つ．

定理 3.5.4 空でない集合 X の部分集合すべての集合 2^X は，X よりも大きな濃度を持つ．

3.5.1 集合論の補足

濃度

有限集合の場合，2 つの有限集合の濃度が等しいということは，同じ "個数" の要素を持つことを意味し，"個数" は抽象化されて，2 とか 17 といった "数" と結びつく．

無限集合の場合でも，可算集合に対して，その濃度を抽象化したものを定義し（"数" に相当するものだが**基数** (cardinal number) と呼ばれる），$\aleph_0$（"アレフゼロ" と読む）と表す．

ラッセルのパラドックス

集合は，単に「ものの集まり」としてきたが，あまりにも大きな「ものの集まり」を集合として認めると，矛盾が生ずることが知られている．

自分自身を要素としてもたない集合を「正常な集合」と呼ぶことにし，正常な集合すべてを集めた集合を Ω で表すことにする．ここで，$\Omega \in \Omega$ か $\Omega \notin \Omega$ のいずれか一方は真となるはずだが，

- $\Omega \in \Omega$ であると仮定すると，定義により Ω は正常な集合ではないことになるが，これは，$\Omega \notin \Omega$ を意味するので仮定に反する
- $\Omega \notin \Omega$ であると仮定すると，定義により Ω は正常な集合となるが，これは，$\Omega \in \Omega$ を意味するので仮定に反する

よって，$\Omega \in \Omega$ でも $\Omega \notin \Omega$ でもないことになり，矛盾．

これは，"正常な集合すべての集合" という，あまりにも大きな集合が存在すると仮定したために生じた矛盾なので，

> どのような条件が与えられたならば，その条件を満たす要素の集合が存在するとしてよいか

を，公理として明確に提示する必要がある．このようにして集合論を厳密に展開する理論を**公理的集合論** (axiomatic set theory) といい，それに対して，「そのような集合が存在するとしてよいか」という点を吟味せずに展開する「集合論」を**素朴集合論** (naive set theory) という．

また，厳密な集合論では集合と認められないような "あまりに大きなものの集まり"（例えば，すべての集合の集まり）を　考えたいこともあるので，このような "ものの集まり" を**類** (class) という．

選択公理・整列可能定理・ツォルンの補題

例えば，2 変数 x, y の多項式を左辺とする方程式が，x, y がともに整数である解を持つか，という問題を考えたとき，すべての整数のペアを左辺に代入して零になるかを調べれば，解を持つか否かを決定できる．これは無限回の操作を必要とするが，数学では，そのような場合でも，「整数解を持つということが真か偽か」が（真偽を人間が知ることができないにしても）決まっているとみなす．また，2 つの要素を持つ集合から，（どのように選択するかの基準を決めることなしに）1 つの要素を選択することも

可能であると認める．

このように，数学では，任意性のない無限回の操作と，1 回の任意性のある選択（したがって有限回の任意性のある選択）を許容するのが普通である．

しかし，2 つの要素を持つ集合が無限個与えられたとき，それぞれの集合から（どのように選択するかの基準を決めることなしに）1 つずつ要素を選ぶという，「無限回の任意選択」を許容するか否かは，立場が分かれる．

選択公理 (axiom of choice) は，このような「無限回の任意選択」が可能であるとする公理である．

選択公理は，
- 無限足の靴が与えられたとき，それぞれのペアから靴を 1 つずつ選ぶことは可能だが（例えば左足用を指定すればよい），
- 無限足のスリッパが与えられたとき，それぞれのペアからスリッパの片方を 1 つずつ選ぶことは可能だろうか

という疑問（そして，選択公理はこれが可能であるとする）として解説されることがある．

選択公理なしには現代数学のかなりの部分が失われてしまうので，通常は選択公理を仮定している．選択公理は，特に意識しなければ気づかずに使ってしまうというタイプの公理なので，知らなくても困ることは少ない．

一方，**整列可能定理** (well-ordering theorem) や**ツォルンの補題** (Zorn's lemma) は，選択公理と同値であり，表現はややわかりづらいのだが，色々な数学の証明の中で現れる．

定理 3.5.5－(整列可能定理) X を空でない集合とするとき，X に全順序が存在する．

空でない集合 X に順序関係 $\prec$ が与えられていて，次の条件を満たすとき，X はこの順序で**帰納的順序集合** (inductively ordered set) であるという．

  条件 この順序で全順序集合となるような部分集合 $A \subset X$ は，必ず上限を持つ

定理 3.5.6（ツォルンの補題）

空でない集合 X は順序関係 R で帰納的順序集合になっているとする．このとき，少なくとも 1 つの極大な要素が存在する．

ここでは，選択公理，整列可能定理，ツォルンの補題と，公理・定理・補題という使い分けをしているが，これは歴史的な理由による名称であり，どれを公理としてもよく，残りの 2 つはその公理から定理として証明される．

第4章
確率論

偶然性やカオスを記述する現代科学の最も基本的な概念の1つである確率論を，高校で習う内容も含めて集合論を基に説明する．

4.1 場合の数・事象

Ω を全体集合（有限個の要素からなる集合とする），A を Ω の部分集合としたとき，A^c（『第I部 高校の数学』ではこれを $\bar{A}$ で表してきた）を Ω から A を取り除いた集合（A の補集合），$A \cap B$ を A と B の共通集合，$A \cup B$ を A と B の和集合とし，空集合（要素を持たない集合）を $\varnothing$ で表す．

集合 A の要素の個数を $n(A)$ と書く（これは濃度と呼ばれ $|A|$ と表すこともある）と，2つの集合 A, B に関して次の関係がある．

(1) $\quad n(A \cup B) = n(A) + n(B) - n(A \cap B)$

この基本式より，次の各等式が導かれる．

(2) $\quad A \cap B = \varnothing \Rightarrow n(A \cup B) = n(A) + n(B)$

(3) $\quad n(A) + n(A^c) = n(\Omega)$

集合 $A \subset \Omega$ と $B \subset \Omega'$（一般的には Ω' は Ω と異なる全体集合）の直積集合とは $A \times B = \{(x, y) | x \in A, y \in B\}$ のことであったが，この集合に対して，次式が成立する：

(4) $\quad n(A \times B) = n(A) n(B)$

さて，ある行為において起こる1つひとつの事柄を**場合**といい，ある事柄の集まりを集合 A で表し，**事象** (event) と呼ぶ．$n(A)$ をその集合の**場合の数**という．なお，事柄全体を表す事象が全体集合 Ω である．

(2′) **和の法則** 事象 A, B は同時に起こらないとする．このとき，A の起こり方が m 通り，B の起こり方が n 通りとすると，A, B のいずれかが起こる場合の数は，$(m+n)$ 通りである．

(4′) **積の法則** 事象 A の起こり方が m 通りあり，そのどれに対しても事象 m の起こり方が n 通りあるとき，A と B がともに起こる場合の数は mn 通りある．

4.2 順列と組合せ

n 個のものから r 個取り出しそれを並べることや，r 個からできる異なる組合せの数を数えることは，確率の問題の基礎になることである．この節では，こうした並べ方

(これを順列 (permutation) という) と組合せ (combination) の個数の計算の仕方について説明する．

4.2.1 順列

相異なる n 個のものから r 個取り出し，それを並べる仕方（順列）の総数は，

$$_nP_r = \frac{n!}{(n-r)!}$$

個ある．ここで，$n! = n \times (n-1) \times \cdots \times 2 \times 1$ で，$0! = 1$ と約束する．

$_nP_r$ は次の等式を満たす．

(1) $_nP_r = n \cdot {_{n-1}P_{r-1}}$
(2) $_nP_r = {_{n-1}P_r} + r \cdot {_{n-1}P_{r-1}}$

4.2.2 組合せ

相異なる n 個のうちから r 個取り出す組合せの総数は，

$$_nC_r = \frac{n!}{(n-r)!r!}$$

個ある．この $_nC_r$ は次の等式を満たす ($n > r$)．

(1) $_nC_r = {_nC_{n-r}}$
(2) $_nC_r = {_{n-1}C_r} + {_{n-1}C_{r-1}}$

4.2.3 重複順列

相異なる n 個のものから同じものをくり返し取ることを許して r 個取るときの順列の総数は，

$$_n\Pi_r = n^r$$

個である．なお，この場合は $r > n$ であってもかまわない．

4.2.4 重複組合せ

相異なる n 個のものから同じものをくり返し取ることを許して r 個取る組合せの総数は，

$$_nH_r = {_{n+r-1}C_r}$$

個である．この場合も，$r > n$ でもよい．さらに，次の等式，

$$_nH_r = {_nH_{r-1}} + {_{n-1}H_r}$$

が満たされる．

4.2.5 円順列

相異なる n 個のものから r 個取り，それらを円形に並べる順列の総数は，

$$\frac{{}_nP_r}{r} = {}_nC_r \cdot (r-1)!$$

である．特に $r = n$ のときは $(n-1)!$ で，さらに円周の回り方を区別しない（裏返しできる）ときは，

$$\frac{1}{2}(n-1)! \quad (n \geq 3)$$

ただし，$n = 1, 2$ のときは 1 となる．

4.2.6 同じものを含む順列

n 個のものの中に，第 1 種のものが p_1 個，第 2 種のものが p_2 個，$\ldots$，第 k 種のものが p_k 個ある場合，これらの n 個のものを 1 列に並べる順列の総数は，

$$\frac{n!}{p_1! p_2! \cdots p_k!}$$

である．ここで，$p_1 + p_2 + \cdots + p_k = n$．

4.2.7 多項定理

(1) 二項定理

$$(a+b)^n = \sum_{k=0}^{n} {}_nC_k a^{n-k} b^k$$

(2) 多項定理

$$(a+b+c+\cdots)^n = \sum_{p+q+\cdots=n} \frac{n!}{p!q!r!\cdots} a^p b^q c^r \cdots$$

ただし，和は $p + q + r + \cdots = n$ となるすべての組 $(p, q, r, \ldots)$ に対して取る．

4.3 確率

ある試行において，起こりうる場合の数が n 通りあり，そのどの **2** つも同時に起こることなく，またどの場合も同程度に起こるものとする．このとき，事象 A が起こる場合の数が a であれば，

$$P(A) = \frac{a}{n}$$

を**数学的確率** (mathematical probability) という．また，試行を独立に N 回続け，そのうち事象 A が起こった回数が k 回であったとする．このとき，k/N を事象 A が起こる**相対度数** (relative frequency) というが，N を非常に大きくしたとき k/N がある一定値 p に近づくとき，この p を事象 A が起こる**統計的確率** (statistical probability) という．さらに，**数学的確率** $P(A)$ が定められる事象 A に対しては，N が大きくなるにつれて，k/N が $P(A)$ に近づいていくことを証明することができる（**大数の法則** (law of large number)）．

前述したように，試行によって生起する事柄を**事象**というが（例えば，サイコロを振って"奇数の目が出る"），さらに，それ以上分割できない事象を**根元事象** (elementary event)（例えば"奇数の目が出る"は，"1の目が出る"，"3の目が出る"，"5の目が出る"，の3つの根元事象に分けられる）という．また試行によって起こるすべての事象の和を**全事象** (whole event) といい，一般に Ω で表す．

以下，事象 A が起こる確率を $P(A)$ で表す．当然，$P(\Omega) = 1$ である．

4.3.1 加法定理

事象 A, B に対して，A^c を A の**余事象** (complementary event)，$A \cup B$ を A, B の**和事象** (sum event)，$A \cap B$ を**積事象** (product event) という．場合の数に対するときと同様，次の基本等式が成立する．

(1)　$P(A \cup B) = P(A) + P(B) - P(A \cap B)$

(2)　$P(A^c) = 1 - P(A)$

特に，$A \cap B = \varnothing$（A と B は互いに**排反事象** (exclusive events) であるという）のとき，

(3)　$P(A \cup B) = P(A) + P(B)$

4.3.2 確率の乗法

n 個の事象 $A_1, A_2, \ldots, A_n \subset \Omega$ が互いに**独立**である (independent) とは，任意の $m (\leqq n)$ 個の $A_{i(1)}, \ldots, A_{i(m)}$（$A_{i(k)}$ は $A_1, \ldots, A_n$ のどれか）に対して，
$$P\left(A_{i(1)} \cap \cdots \cap A_{i(m)}\right) = P\left(A_{i(1)}\right) \cdots P\left(A_{i(m)}\right)$$
が成立する場合をいう．特に，$n = 2$ のときは $P(A_1 \cap A_2) = P(A_1) P(A_2)$ となる．なお，
$$P(A|B) = \frac{P(A \cap B)}{P(B)}$$
を事象 B が起こったという条件の下で事象 A が起こる**条件付確率** (conditional probability) という．この $P(A|B)$ を $P_B(A)$ と書くこともある．A と B が独立（$A \perp B$ と書く）であれば，$P(A \cap B) = P(A) P(B)$ であるから，
$$P(A|B) = P(A)$$
となる．

定理 4.3.1（ベイズの定理）

n 個の事象 $A_1, \ldots, A_n$ が互いに**排反**で，$\bigcup_{k=1}^{n} A_k (\equiv A_1 \cup A_2 \cup \cdots \cup A_n) = \Omega$ のとき，任意の事象 E に対して等式，
$$P(A_i | E) = \frac{P(A_i) P(E | A_i)}{\sum_{k=1}^{n} P(A_k) P(E | A_k)} \quad (i = 1, 2, \ldots, n)$$
が成立する．

定理 4.3.1 の証明

$P(A_i|E) \sum_{k=1}^{n} P(A_k) P(E|A_k) = P(A_i) P(E|A_i)$ を証明すればよい．

$$\begin{aligned}
P(A_i|E) \sum_{k=1}^{n} P(A_k) P(E|A_k) &= P(A_i|E) \sum_{k=1}^{n} P(A_k \cap E) \\
&= P(A_i|E) P\left(\bigcup_{k=1}^{n} A_k \cap E\right) \\
&= P(A_i|E) P(\Omega \cap E) \\
&= P(A_i|E) P(E) = P(A_i \cap E) = P(E \cap A_i) \\
&= P(A_i) P(E|A_i) \quad \blacksquare
\end{aligned}$$

例題

1：区別のつかない3つの袋の中に，それぞれ赤・赤，赤・白，白・白の2つの球が入っている．今，1つの袋を無作為に選び，その中から1つの球を取り出したところ，赤球であった．残りのもう1つの球が白球である確率を求めよ．

解 初めに赤球を取り出し，残りのもう1つの球が白球であるということは，選択された袋が赤・白である確率を求めればよい．最初に赤球を取り出す事象を R，選択された袋が赤・赤の袋である事象を A，赤・白である事象を B，白・白である事象を C とする．袋は無作為に選択されるので，$P(A) = P(B) = P(C) = \frac{1}{3}$ である．また，$P(R|A) = 1, P(R|B) = \frac{1}{2}, P(R|C) = 0$ であるから，

$$\begin{aligned}
P(B|R) &= \frac{P(R|B) P(B)}{P(R|A) P(A) + P(R|B) P(B) + P(R|C) P(C)} \\
&= \frac{1}{3}
\end{aligned}$$

2：1000人に1人の割合でかかる病気に対して血液検査を行う．病気に感染しているとき，その検査は99%の割合で正しい診断をする．病気に感染していないとき，1%の割合で誤った診断をする．このとき，検査で病気に感染していると診断された場合，その診断が正しい確率を求めよ．

解 A を病気に感染しているという事象とし，B を病気に感染していると診断される事象とする．$P(A) = \frac{1}{1000}, P(B|A) = \frac{99}{100}, P(B|A^c) = \frac{1}{100}$ より，

$$\begin{aligned}
P(A|B) &= \frac{P(B|A) P(A)}{P(B|A) P(A) + P(B|A^c) P(A^c)} \\
&= \frac{99}{1098}
\end{aligned}$$

4.4 離散系の確率分布と期待値

試行の結果によって，その値が決まる変数を**確率変数** (random variable) という．すなわち，確率変数とは，試行の標本空間（起こりうる事象全体の集合）を定義域とする関数である．

確率変数 X が離散的な値 $x_1, x_2, \ldots, x_n$ を取るとき，X が x_k という値を取る確率を，
$$P(X = x_k) \quad \text{または} \quad P(x_k)$$
で表す．こうしてできる x_k と $P(x_k)$ の対応関係を X の (**離散**) **確率分布** (probability distribution) という．

確率変数 X において，X の**期待値** (expectation) (**平均値** (average)) とは，
$$E(X) = \sum_{k=1}^{n} x_k P(X = x_k)$$
のことをいう．特に，$P(X = x_k) = 1/n$ のときは上の $E(X)$ は $x_1, x_2, \ldots, x_n$ の通常の算術平均である．

確率変数 X の取る価の散らばり具合を見る量として X の**分散** (variance) と**標準偏差** (standard deviation) がある．この分散は，
$$V(X) = E\left[(X - E(X))^2\right] = E(X^2) - E(X)^2$$
で定められ，標準偏差は，
$$\sigma(X) = \sqrt{V(X)}$$
で定められる．

定理 4.4.1 (チェビシェフの不等式)

確率変数 X において，$E(X) = m$, $\sqrt{V(X)} = \sigma$ とおく．このとき，$\varepsilon > 1$ であれば，
$$P(|X - m| < \varepsilon\sigma) > 1 - \frac{1}{\varepsilon^2}$$
(ただし，$P(|X - m| < \varepsilon\sigma)$ は X の値が $|X - m| < \varepsilon\sigma$ を満たす確率である．)

定理 4.4.1 の証明

$P(|X - m| < \varepsilon\sigma) > 1 - \frac{1}{\varepsilon^2} \iff P(|X - m| \geq \varepsilon\sigma) \leq \frac{1}{\varepsilon^2}$ である．そこで，
$$V(X) = \sigma^2 = \sum_j (x_j - m)^2 P(x_j) \geq \sum_{|x_j - m| \geq \varepsilon\sigma} (x_j - m)^2 P(x_j)$$
$$\geq \sum_{|x_j - m| \geq \varepsilon\sigma} (\varepsilon\sigma)^2 P(x_j) = (\varepsilon\sigma)^2 \sum_{|x_j - m| \geq \varepsilon\sigma} P(x_j)$$
$$= (\varepsilon\sigma)^2 P(|X - m| \geq \varepsilon\sigma).$$
したがって，$1/\varepsilon^2 \geq P(|X - m| \geq \varepsilon\sigma)$．■

4.4.1 独立試行と二項分布

1 回の試行において，ある事象 A が起こる確率を p とすると，n 回の独立試行において，この事象が k 回起こる確率は，${}_nC_k p^k (1-p)^{n-k}$ で与えられるが，事象 A の起こる回数を確率変数 X の取る値とし，$P(X = k) = {}_nC_k p^k (1-p)^{n-k}$ で確率を定めた分布を**二項分布** (binomial distribution) と呼び，$B(n, p)$ で表す．

二項分布に従う確率変数 X は次の性質を有する：

定理 4.4.2 $\begin{cases}(1) & E(X) = np \\ (2) & \sigma(X) = \sqrt{np(1-p)}\end{cases}$

定理 4.4.2 の証明

(1) $E(X) = \sum_{k=1}^{n} x_k \cdot P(X = x_k)$ より,

$$E(X) = \sum_{k=0}^{n} k \cdot {}_nC_k p^k (1-p)^{n-k} = n \sum_{k=1}^{n} {}_{n-1}C_{k-1} p^k (1-p)^{n-k}$$

$$= np \sum_{k=0}^{n-1} {}_{n-1}C_k p^k (1-p)^{n-k-1} = np.$$

(2) $V(X) = E(X^2) - E(X)^2 = E(X(X-1)) + E(X) - E(X)^2$ より,

$$E(X(X-1)) = \sum_{k=0}^{n} k(k-1){}_nC_k p^k (1-p)^{n-k}$$

$$= \sum_{k=2}^{n} n(n-1){}_{n-2}C_{k-2} p^k (1-p)^{n-k}$$

$$= n(n-1)p^2 \sum_{k=0}^{n-2} {}_{n-2}C_k p^k (1-p)^{n-2-k} = n(n-1)p^2$$

ゆえに,

$$V(X) = E(X(X-1)) + E(X) - E(X)^2 = n(n-1)p^2 + np - n^2p^2$$
$$= np(1-p)$$

したがって, $\sigma(X) = \sqrt{np(1-p)}$.

4.5 連続系の確率分布と期待値

確率変数 X の取る値が連続な区間 (a, b) にあり, 任意の $\alpha, \beta\ (a < \alpha \leq \beta < b)$ に対して, X が α と β の間の値を取る確率 $P(\alpha \leq X \leq \beta)$ が, ある非負の関数 $f(x)$ を使って,

$$P(\alpha \leq X \leq \beta) = \int_{\alpha}^{\beta} f(x)\, dx$$

と書き表せるとき X を連続的な確率分布に従う確率変数といい, $f(x)$ を X の分布密度関数という. このとき,

(1) $f(x) \geq 0, \int_a^b f(x)\, dx = 1$
(2) $E(X) = \int_a^b x f(x)\, dx$
(3) $V(X) = E\left[\{X - E(X)\}^2\right] = E(X^2) - E(X)^2$
(4) $\sigma(X) = \sqrt{V(X)}$

ここで,

$$M_X(t) = \int_{-\infty}^{\infty} e^{tx} f(x)\, dx$$

を積率母関数 (moment generating function) といい，これを用いると $E(X), V(X)$ などが次のように求められる．

$$E(X) = \left[\frac{dM_X(t)}{dt}\right]_{t=0} \equiv \left(\frac{dM_X}{dt}\right)(0), V(X) = \left[\frac{d^2M_X(t)}{dt^2} - \left(\frac{dM_X(t)}{dt}\right)^2\right]_{t=0}$$

例 $\lambda > 0$ で，

$$f(x) = \begin{cases} \lambda e^{-\lambda x} & (0 < x < \infty) \\ 0 & (以外) \end{cases}$$

のとき X は指数分布 (exponential distribution) に従うという．このとき，

$$E(X) = \frac{1}{\lambda},\ V(X) = \frac{1}{\lambda^2}$$

4.5.1 ガウス分布と中心極限定理

連続的な確率変数 X の分布密度関数 $f(x)$ が，

$$f(x) = \frac{1}{\sqrt{2\pi}\sigma}\exp\left\{-\frac{(x-m)^2}{2\sigma^2}\right\} \quad (m：実数の定数, \sigma：正の定数)$$

で与えられるとき，X の確率分布は平均 (mean) m，分散 σ^2 の正規分布 (normal distribution)（またはガウス分布 (Gaussian distribution)）であるといい，これを，$N(m, \sigma^2)$ で表す．σ が大きくなると正規分布の山が低くなり，広がりは大きくなる．

X が $N(m, \sigma^2)$ に従うとき，

$$P(m-\sigma \leqq X \leqq m+\sigma) \cong 0.6827$$
$$P(m-2\sigma \leqq X \leqq m+2\sigma) \cong 0.9545$$
$$P(m-3\sigma \leqq X \leqq m+3\sigma) \cong 0.9973$$

であることが正規分布表（本書では割愛）よりわかる．ここで，$Y = \frac{X-m}{\sigma}$ とおくと，確率変数 Y の分布密度関数 $f(y)$ は，

$$f(y) = \frac{1}{\sqrt{2\pi}}\exp\left\{-\frac{y^2}{2}\right\}$$

二項分布 $B(n, p)$ に従う確率変数 X に対して，

$$Y = \frac{X - np}{\sqrt{np(1-p)}} = \frac{X - E(X)}{\sigma(X)}$$

とおくと，Y の分布は $n \to \infty$ の極限で，$N(0, 1)$ に近づくことがわかる．これを中心極限定理 (central limit theorem) という．

4.6 測度論的確率論

離散系も連続系も含む一般的な確率論のエッセンスを簡単に述べておこう．これは現代解析学の基礎となっているルベーグによる測度論をベースとし，コルモゴロフによって定式化されたもので，測度論的確率論 (measure theoretic probability theory) と呼ばれている．

4.6.1 確率測度と確率空間

$\mathfrak{F}$ をある集合 Ω の部分集合のある集まり（族）とし，次の性質を持つとき $\mathfrak{F}$ を σ-集合体 (σ-field) という．
(1) $\varnothing \in \mathfrak{F}$
(2) $A \in \mathfrak{F} \Rightarrow A^c \in \mathfrak{F}$
(3) $A_n \in \mathfrak{F}\ (n=1,2,\ldots) \Rightarrow \cup_{n=1}^{\infty} A_n \in \mathfrak{F}$

このときの組 $(\Omega, \mathfrak{F})$ を**可測空間** (measurable space) という．また関数 $\mu : \mathfrak{F} \to [0, +\infty]$ が次の条件を満たすとき**測度** (measure) という．
(1) $\mu(\varnothing) = 0$
(2) $A_1, A_2, \ldots \in \mathfrak{F}$ が互いに素 (すなわち，$A_j \cap A_k = \varnothing\ (j \neq k)) \Rightarrow \mu(\cup_{n=1}^{\infty} A_n) = \sum_{n=1}^{\infty} \mu(A_n)$

特に，可測空間 $(\Omega, \mathfrak{F})$ 上の測度 μ で $\mu(\Omega) = 1$ となるものを**確率測度** (probability measure) と呼ぶ．以下これを仮定する．3つ組 $(\Omega, \mathfrak{F}, \mu)$ を**確率空間** (probability space) という．

関数 $f : \Omega \to R$ が $f^{-1}([a,b)) \in \mathfrak{F}$ であるとき，f を**可測関数** (measurable function) (確率論ではこれを確率変数といった) であるといい，この f に対して，

$$F_f(x) \equiv \mu(\{\omega \in \Omega ; f(\omega) \leqq x\}) \quad (= \mu(f \leqq x) \text{ と略})$$

を f の**分布関数** (distribution function)，任意の $Q \in \mathfrak{B}(\mathbb{R})$ ($\mathbb{R}$ の部分集合 $(a,b), [a,b], (a,b]$ などから作られる σ-集合体 （**ボレル集合体** (Borel field) ともいう）) に対して，

$$\mu_f(Q) \equiv \mu(f^{-1}(Q)) \quad (f^{-1}(Q) \equiv \{\omega \in \Omega ; f(\omega) \in Q\})$$

を f に関する**確率分布**という．また，μ_f がルベーグ測度 (Lebesgue measure) t (すなわち，$t([a,b)) = b-a$) に関して**絶対連続** ($A \in \mathfrak{B}(\mathbb{R}) ; t(A) = 0 \Rightarrow \mu_f(A) = 0$) であるとき，ラドン-ニコディムの定理 (Radon-Nikodym theorem) より (例えば，文献 [大矢雅則他，『測度積分確率』，共立出版，1987 年] の 3 章 p.62 参照) **密度関数** (density function) $p_f(x)$ が存在して，

$$F_f(x) = \int_{-\infty}^{x} p_f(t)\, dt$$

と書ける．なお，3つ組 $(\mathbb{R}, \mathfrak{B}(\mathbb{R}), \mu_f)$ を f によって導かれた**確率空間** (probability space) という．

元 $A \in \mathfrak{F}$ を確率論では事象というが，事象 $\{A_\alpha ; \alpha \in J\}$ および確率変数 $\{f_\alpha ; \alpha \in J\}$ が**独立**であるとは，各々任意の $\alpha_1, \ldots, \alpha_n \in J$ と $Q_1, \ldots, Q_n \in \mathfrak{B}(\mathbb{R})$ に対して次式を満たす場合である．

$$\mu\left(\bigcap_{k=1}^{n} A_{\alpha_k}\right) = \prod_{k=1}^{n} \mu(A_{\alpha_k}),$$
$$\mu\left(\bigcap_{k=1}^{n} f_k^{-1}(Q_k)\right) = \prod_{k=1}^{n} \mu(f_k^{-1}(Q_k))$$

4.6.2 確率変数の収束

確率変数の列 $\{f_n\}$ において,任意の $\varepsilon > 0$ に対し $\mu(\{|f_n - f| \geq \varepsilon\}) \to 0 \, (n \to \infty)$ のとき f_n は f に確率収束 (convergence in probability) するといい,$f_n \xrightarrow{\mu} f$ と表す.

確率変数の収束について論じたが,さらに,次の収束も重要である.確率変数の列 $\{f_n\}$ に対して,$F_f(x)$ の連続点において $F_{f_n}(x) \to F_f(x)$ であるとき,f_n は f に法則収束 (convergence in law) するという.これを,$f_n \xrightarrow{L} f$ と表す.

以下,確率論において基本的である概念および諸結果を列記しておこう.ただし,以下,f, g, f_n は確率変数とする.

(1) 期待値 $\quad E(f) \equiv \int_\Omega f du = \int_\mathbb{R} x dF_f(x)$
(2) n 次積率 $\quad E(f^n) \equiv \int_\Omega f^n du$
(3) 分散 $\quad V(f) \equiv E\left(\{f - E(f)\}^2\right)$
(4) 標準偏差 $\quad D(f) \equiv \sqrt{V(f)}$
(5) 共分散 $\quad \mathrm{Cov}(f, g) \equiv E(\{f - E(f)\}\{g - E(g)\})$
(6) 相関係数 $\quad \mathrm{Cor}(f, g) \equiv \mathrm{Cov}(f, g) / (D(f) D(g))$

4.6.3 基本定理

(1) **チェビシェフの不等式** (Chebyshev's inequality) 任意の $\varepsilon > 0$ と $n \in N$ に対して,
 (1-1) $\mu(|f| \geq \varepsilon) \leq \frac{1}{\varepsilon^n} E(|f|^n)$
 (1-2) $\mu(|f - E(f)| \geq \varepsilon) \leq \frac{1}{\varepsilon^2} V(f)$

(2) **ボレル–カンテリの補題** (Borel-Canteli's lemma) $\{A_n\} \subset \mathfrak{F}$ に対して,
 (2-1) $\sum_{n=1}^{\infty} \mu(A_n) < \infty, \quad \mu\left(\limsup_{n \to \infty} A_n\right) = 0$
 (2-2) $\{A_n\}$ が独立で,$\sum_{n=1}^{\infty} \mu(A_n) = \infty$ ならば $\mu\left(\limsup_{n \to \infty} A_n\right) = 1$
 ただし,$\limsup_{n \to \infty} A_n \equiv \bigcap_{n=1}^{\infty} \bigcup_{k=n}^{\infty} A_k$

(3) **コルモゴロフの不等式** (Kolmogorov's inequality) $\{f_n\}$ が独立なとき,任意の $\varepsilon > 0$ に対して,
$$\mu\left(\left\{\max_{1 \leq k \leq n} \left|\sum_{i=1}^{k}(f_i - E(f_i))\right| \geq \varepsilon\right\}\right) \leq \frac{1}{\varepsilon^2} \sum_{i=1}^{n} V(f_i)$$

(4) **収束定理** (convergence theorem)
 (4-1) $f_n \xrightarrow{\mu} f \Rightarrow f_n \xrightarrow{L} f$
 (4-2) $E(|f_n - f|^m) \to 0 \, (m \geq 1) \Rightarrow f_n \xrightarrow{\mu} f$

(5) **中心極限定理** (central limit theorem) $\{f_k\}$ が同じ分布に従う独立な確率変数で $V(f_k) = \sigma^2 < \infty$ とする.$g_n \equiv \sum_{k=1}^{n} f_k$,$h_n \equiv \frac{g_n - E(g_n)}{\sqrt{n}\sigma}$ とおくと,
$$F_{h_n}(x) \to \frac{1}{\sqrt{2\pi}} \exp\left(-\frac{x^2}{2}\right).$$

(6) 大数の弱法則 (weak law of large numbers)　$\{f_k\}$ が独立で，$E(f_k)<\infty$，$\frac{1}{n^2}\sum_{k=1}^{n}V(f_k)=0\ (n\to\infty)$ とする．$g_n\equiv\sum_{k=1}^{n}f_k$ とおくと，

$$\frac{1}{n}(g_n-E(g_n))\xrightarrow{\mu}0$$

(7) 大数の強法則 (strong law of large numbers)　$\{f_k\}$ が独立で，$E(f_k)<\infty$，$\sum_{k=1}^{\infty}\frac{V(f_k)}{k^2}<\infty$ とする．
$g_n\equiv\sum_{k=1}^{n}f_k$ とおくと，

$$\frac{1}{n}(g_n-E(g_n))\xrightarrow{\mu\text{-}a.e.}0$$

"$\xrightarrow{\mu\text{-}a.e.}$" はほとんど至るところ (almost everywhere) で収束することを意味する．すなわち，収束しない点の集合を A とすると，$\mu(A)=0$ である．

> 各点 x に対して $f_n(x)$ が $f(x)$ に収束するとき，f_n が f に各点収束するといい，これは上のほとんど至るところでの収束に比べ，はるかに強いものである．

第5章
エントロピーと情報

この章では，主にシャノンの情報理論におけるエントロピーについて解説する．しかし，その前に歴史的な経緯として，クラウジウス，ボルツマンのエントロピーに関する研究を紹介する．

5.1 熱力学エントロピーと統計力学エントロピー

ルドルフ・クラウジウス (Rudolf Clausius) は熱力学の研究においてエントロピー (entropy) という概念を導入した．

熱力学第一法則 (the first law of thermodynamics) は，dE を系の内部エネルギー (internal energy) の変化量，$d'Q$ を系が熱源から受け取った熱量，$d'W$ を系が外界からなされた仕事とすると，

$$dE = d'Q + d'W$$

と表せる．

ところで，理想気体の状態変化（状態方程式 $PV = nRT$）において，図 5.1 のような等温過程と断熱過程を含む状態 A から状態 A に移る熱機関（カルノーサイクル (Carnot cycle)）を考えよう．この熱機関が外界にする仕事を W ($d'W = -PdV$)，Q_1 を $A \to B$ の変化で熱源より吸収する熱量，Q_2 を $C \to D$ の変化で熱源に放出する熱量 ($Q_2 < 0$) とし，熱機関の効率 η を計算すると，

$$\eta = \frac{W}{Q} = \frac{Q_1 - (-Q_2)}{Q_1} = \frac{Q_1 + Q_2}{Q_1} \leq \frac{T_1 - T_2}{T_1}$$

となる．

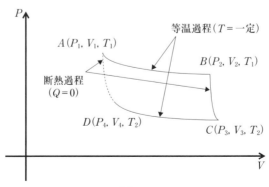

図 5.1

5.1 熱力学エントロピーと統計力学エントロピー

　ここで，等号 "=" は，系の変化が可逆的（理想的変化で，$a \to b$ と変化させ，のちに外界に何の変化も与えず $b \to a$ に戻せる場合）のときのみ成立する．

　アインシュタインの相対性理論が間違っていても，**熱力学第二法則** (the second law of thermodynamics) は正しいとまで言われる自然界の基本法則の 1 つでありこの法則は「高温の物体から低温の物体へ熱を流す過程は不可逆である」と言い表すことができる．そこで，上記のカルノーサイクルの議論より，現実の系の変化が，

$$\frac{Q_1 + Q_2}{Q_1} \leqq \frac{T_1 - T_2}{T_1} \Rightarrow \frac{Q_1}{T_1} + \frac{Q_2}{T_2} \leqq 0$$

と表せるとしたら，熱力学第二法則を次のように定式化できるであろう：ある系が状態 A から状態 A へ 1 サイクル（Γ で表す）変化したとすると（図 5.2），

$$\oint_\Gamma \frac{d'Q}{T} \leqq 0 \quad (= 0 \iff 可逆変化)$$

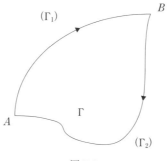

図 5.2

それゆえ，1 サイクルの変化 $P: A \to B \to A$ が可逆変化 (reversible change) であると，

$$\oint_\Gamma \frac{d'Q}{T} = 0$$

となる．

$$\therefore \quad \int_{\Gamma_1} \frac{d'Q}{T} + \int_{\Gamma_2} \frac{d'Q}{T} = 0$$

$$\therefore \quad \int_{\Gamma_1} \frac{d'Q}{T} = \int_{-\Gamma_2} \frac{d'Q}{T}$$

したがって，$A \to B$ への積分は経路の取り方によらない．ゆえに，$\frac{d'Q}{T}$ は全積分である．このとき，

$$\frac{d'Q}{T} = dS$$

とおき，クラウジウスはこの S をエントロピーと呼んだ（**クラウジウスの熱力学的エントロピー** (thermodynamic entropy)）．

　さて，Γ_1 が可逆的変化で，Γ_2 が不可逆的変化 (irreversible change) である 1 サイクルを考えよう（図 5.3）．このときは，$\Gamma = \Gamma_1 + \Gamma_2$ は不可逆的変化となるので，

第 5 章 エントロピーと情報

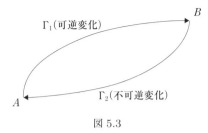

図 5.3

$$\oint_\Gamma \frac{d'Q}{T} < 0$$
$$\int_{\Gamma_1} \frac{d'Q}{T} + \int_{-\Gamma_1} \frac{d'Q}{T} = 0$$
$$\int_{-\Gamma_1} \frac{d'Q}{T} + \int_{-\Gamma_2} \frac{d'Q}{T} < 0$$

となる．したがって，

$$\int_{\Gamma_1} \frac{d'Q}{T} > \int_{-\Gamma_2} \frac{d'Q}{T}$$

となり，Γ_1 が可逆的変化であるから，

$$\int_{\Gamma_1} \frac{d'Q}{T} = \int_A^B dS = S(B) - S(A)$$

であることより，

$$S(B) - S(A) > \int_{-\Gamma_2} \frac{d'Q}{T}$$

を得る．さらに，系が外から熱を受けていない（断熱）とすると，

$$d'Q = 0$$

であるから，

$$S(B) - S(A) > 0$$

となり，孤立している（断熱）系ではエントロピーは増大することがわかる．

5.2 ボルツマンのエントロピー

ルードヴィヒ・ボルツマン (Ludwig Boltzmann) は，クラウジウスのエントロピーの仕事に興味を覚えたが，それと同時に，$dS = \frac{d'Q}{T}$ という現象論的な表現に飽きたらず，

「巨視的な系 = 微視的な分子・原子の集まり」

であるとして，微視的なものの力学的法則から，エントロピーを考え直し，その増大則を説明しようとした．1 モルは 6×10^{23} 個の分子からなるので，分子を個々に扱うのは無意味である．そこで，対象としている巨視的な系の粒子の個数が N で，その粒子の物理的性質により m 個に分けられているとする．

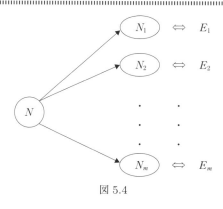

図 5.4

さらに、それぞれの部分系は、ある物理量（粒子のエネルギー $E_1, E_2, \ldots, E_m$）に分類され、これらのエネルギーは次の条件を満たすものとする.

① $\quad N = \sum_{k=1}^{m} N_k = (\text{定数})$

② $\quad E = \sum_{k=1}^{m} N_k E_k \, (\text{巨視的な系の全エネルギー}) = (\text{定数})$

ここで、$N \to (N_1, N_2, N_3, \ldots, N_m)$ と分ける仕方は、

$$W = \frac{N!}{N_1! N_2! \cdots N_m!}$$

であり、条件①、②の下で W が最大になるとき、巨視的な系は平衡な状態にあると考える.

$$W \text{ が最大} \iff \log W \text{ が最大}$$

であるから、条件①、②の下で $\log W$ を最大にする.

$$\delta \left(\log W + \alpha \sum_{k=1}^{m} N_k - \beta \sum_{k=1}^{m} N_k E_k \right) = 0 \quad (\alpha, \beta \text{ はラグランジュの未定係数})$$

この式から N_k を求めてみよう. 上式より、各 N_k に関して、

$$\frac{\partial \log W}{\partial N_k} + \alpha - \beta E_k = 0$$

したがって、$\log W = \log N! - \sum_{k=1}^{m} \log N_k!$ より、

$$\frac{\partial \log W}{\partial N_k} = -\frac{\partial \log N_k!}{\partial N_k}$$

となる. ここで、$N_k \gg 1$ であるから、スターリングの近似 (Stirling's approximation),

$$\log N_k! = N_k \log N_k - N_k$$

を使うと、

$$\frac{\partial \log N_k!}{\partial N_k} = \log N_k$$

となる．ゆえに，

$$-\log N_k + \alpha - \beta E_k = 0$$

よって，

$$N_k = e^{\alpha - \beta E_k}$$

さらに①，②より，

$$\begin{cases} N = \sum_{k=1}^{m} N_k = e^{\alpha} \sum_{k=1}^{m} e^{-\beta E_k} \\ E = \sum_{k=1}^{m} N_k E_k = e^{\alpha} \sum_{k=1}^{m} E_k e^{-\beta E_k} \end{cases}$$

となり，α, β が決まる．とくに E を気体運動論の立場から計算すると，

$$\beta = \frac{1}{kT}$$

となることがわかっている（k は定数 $= 1.38 \times 10^{-16}\mathrm{erg/K}$）．ここで，$Z = \sum_{k=1}^{m} e^{-\frac{E_k}{kT}}$ とおくと $e^{\alpha} = \frac{N}{Z}$ となる．したがって，

$$N_k = \frac{N}{Z} e^{-\frac{E_k}{kT}}$$

さらに，

$$\log W = \log N! - \sum_{k=1}^{m} \log N_k! = \cdots\cdots = N \log Z + \frac{1}{kT} E$$

より，

$$\frac{d}{dT}(k \log W) = \frac{kN}{Z} \frac{dZ}{dT} - \frac{E}{T^2} + \frac{1}{T} \frac{dE}{dT} = \frac{1}{T} \frac{dE}{dT}$$

$$d(k \log W) = \frac{1}{T} \frac{dE}{dT} dT = \frac{1}{T} C_V dT = \frac{d'Q}{T} = dS$$

ここで，C_V は等積比熱と呼ばれる物理量である．

したがって，平衡状態にある統計的な取扱いが許される場合（希薄な理想気体）において，エントロピーは，

$$S = k \log W$$

と表せることがわかったのである．

より一般的に，Ω を相空間のエネルギーが E となる超曲面の体積とすると，ミクロ正準集団でのエントロピーは，

$$S = \log \Omega(E, N, V)$$

で与えられることになる．

S の式で k はある定数であるが，以下，簡単のために $k=1$ とおくと，

と表せる．そこで，
$$E - TS = -TN \log Z = F$$
とおき，この F を系の**自由エネルギー** (free energy) と呼ぶ．ここで，E_j を系の体積 V の関数とし ($i.e.,\ E_j = E_j(V)$)，
$$V \to V + dV, \quad E \to E + dE$$
と変化させると，
$$dS = d(\beta E) + d(N \log Z) = \beta \cdot dE - \frac{\beta N}{Z} \sum_j dE_j e^{-\beta E_j}$$
となる．したがって，次の結果を得る：

(1) $V = $ 一定のとき
$$dE_j(V) = \frac{dE_j}{dV} dV = 0 \Rightarrow dS = \beta \cdot dE = \frac{1}{T} dE$$

(2) $E = $ 一定のとき
$$dS = -\frac{\beta N}{Z} \sum_j dE_j e^{-\beta E_j} = -\frac{\beta N}{Z} \sum_j \frac{dE_j}{dV} e^{-\beta E_j} dV$$

ここで，
$$P = -\frac{N}{Z} \sum_j \frac{dE_j}{dV} e^{-\beta E_j} \quad (\text{この } P \text{ は系の圧力を表している})$$

とおくと，
$$dS = \beta P dV = \frac{1}{T} P dV$$

と表せる．

以上まとめると，
$$dS = \frac{1}{T} dE + \frac{1}{T} P dV$$

より，
$$dE = T dS - P dV$$

となる．このようにして熱力学第一法則を導くこともできるのである．

その後ボルツマンは，エントロピー増大説（H 定理）を厳密に証明しようとしたが，あまりうまくいかなかった．なお，エントロピーの概念の熱力学における応用の 1 つは，**相転移** (phase transition) の現象を説明することである．例えば，
$$S \text{ が } T = T_e \text{ で不連続} \iff T_e \text{ で第 1 次相転移}$$
$$C = T \frac{\partial S}{\partial T} \text{ で不連続} \iff T_e \text{ で第 2 次相転移}$$

と考えられている．

5.3 情報通信のエントロピー

この章では**クロード・シャノン** (Claude Shannon) によって導入されたシステムの持つ情報の量を表すエントロピーの数理を解説する.

通常の力学系の状態は確率分布や確率測度によって記述される. 確率分布によって記述される系を**離散系** (discrete system) といい, 確率測度によって記述される系を**連続系** (continuous system) という.

5.3.1 離散系のエントロピー

離散系の状態は, 事象系 $X = \{x_1, x_2, \ldots, x_n\}$ の確率分布 $p = \{p_1, p_2, \ldots, p_n\}$, $p_k = P(X = x_k)$ で表される. 与えられた n 個の事象系の状態の集合は, 凸集合 Δ_n,

$$\Delta_n \equiv \left\{ p = \{p_i\}_{i=1}^n ; \sum_i p_i = 1, p_i \geq 0 \right\}$$

で与えられる.

状態 $p = \{p_1, p_2, \ldots, p_n\}$ に対するエントロピーは,

$$S(p) \equiv -\sum_i p_i \log p_i, \quad p \in \Delta_n$$

で定められ, 次のように記述される.

$$S(p) = S(p_1, p_2, \ldots, p_n) = S(X)$$

このエントロピーは状態 p の持つ不確定さを記述しているが, シャノンは,

$$\text{系の不確定さの解消} = \text{系から獲得した情報}$$

と見なし, このエントロピーが系 (状態 p) の有する情報の量を表していると考えた.

さらに, 2つの完全事象系 (X, p) と (Y, q) に対して, **複合事象系** $X \times Y = \{(x_i, y_j); x_i \in X, y_j \in Y\}$ の状態 $r = \{r_{ij} = p(x_i, y_j); x_i \in X, y_j \in Y\}$ の**エントロピー**は,

$$S(X \times Y) \equiv -\sum_{x_i \in X} \sum_{y_j \in Y} r_{ij} \log r_{ij}$$

で定められる. y_j が起こった後で x_i が生起する条件付確率 $p(x_i | y_j)$ は,

$$\sum_{x_i \in X} p(x_i | y_j) = 1$$

を満たし, y_j に対する X の**条件付エントロピー** (conditional entropy) は,

$$S(X | y_j) \equiv -\sum_{x_i \in X} p(x_i | y_j) \log p(x_i | y_j)$$

で定められ, Y に対する X の条件付エントロピーは,

$$S(X | Y) \equiv \sum_{y_j \in Y} \left(-\sum_{x_i \in X} p(x_i | y_j) \log p(x_i | y_j) \right) p(y_j)$$

で表される．この $S(X\,|\,Y)$ は，Y を知った後で X に残っている情報の量を表している．このとき，

$$S(X \times Y) = S(X) + S(Y\,|\,X)$$
$$= S(Y) + S(X\,|\,Y)$$
$$\leqq S(X) + S(Y)$$

が成り立つ．

定理 5.3.1（エントロピーの性質）
任意の状態 p に対して次が成立する．
(1) 正値性：$S(p) \geqq 0$
(2) 凹性：$S(\lambda p + (1-\lambda)q) \geqq \lambda S(p) + (1-\lambda)S(q)$
(3) 対称性：任意の添字の置換 π に対して，
$$S(p_1, p_2, \ldots, p_n) = S(p_{\pi(1)}, p_{\pi(2)}, \ldots, p_{\pi(n)})$$
(4) 加法性：任意の $q \in \Delta_m$ と $r = p \otimes q = \{p_i q_j\} \in \Delta_{mn}$ に対して，
$$S(p \otimes q) = S(p) + S(q)$$
(5) 劣加法性：$p = \sum_j r_{ij} \in \Delta_n$, $q = \sum_i r_{ij} \in \Delta_m$ を満たす任意の $r = \{r_{ij}\} \in \Delta_{nm}$ に対して，
$$S(r) \leqq S(p) + S(q)$$
(6) 連続性：$S(p_1, p_2, \ldots, p_n)$ は，各 p_k に対して連続関数である．
(7) 拡張可能性：$S(p_1, p_2, \ldots, p_n, 0) = S(p_1, p_2, \ldots, p_n)$
(8) 混合性：A を二重確率行列とする．このとき，$q = Ap$ とすると，$S(q) \geqq S(p)$ が成り立つ．
(9) 単調性：$S(1/n, 1/n, \ldots, 1/n)$ は $n \in \mathbb{N}$ に関して単調である．さらに，劣加法性のところで与えた p, q と r に対して，
$$\max\{S(p), S(q)\} \leqq S(r)$$

定理 5.3.1 の証明

(1) $\eta(t) = -t \log t$ $(t \in [0,1])$ とする．$\eta(t) \geqq 0$ であるから，$S(p) = -\sum_{i=1}^n p_i \log p_i = \sum_{i=1}^n \eta(p_i) \geqq 0$ である．等号は $p_i = 1$ で $p_j = 0$ $(i \neq j)$ のとき．

(2) $\eta(t)$ が凹関数であることによる．

(3) $S(p_{\pi(1)}, p_{\pi(2)}, \ldots, p_{\pi(n)}) = -\sum_{i=1}^n p_{\pi(i)} \log p_{\pi(i)} = -\sum_{i=1}^n p_i \log p_i = S(p)$

(4) $S(p \otimes q) = -\sum_{i,j} p_i q_j \log p_i q_j = -\sum_{i,j} p_i q_j \log p_i - \sum_{i,j} p_i q_j \log q_j$
$$= -\sum_i p_i \log p_i - \sum_j q_j \log q_j = S(p) + S(q)$$

(5) クラインの不等式 ($\log \frac{1}{x} \geqq 1 - x$ for $x \geqq 0$) を用いて，
$$S(p) + S(q) - S(r) = -\sum_{i,j} r_{ij} \log p_i - \sum_{i,j} r_{ij} \log q_j + \sum_{i,j} r_{ij} \log r_{ij}$$

$$= \sum_{i,j} r_{ij} \log \frac{r_{ij}}{p_i q_j} \geq \sum_{i,j} r_{ij} \left(1 - \frac{p_i q_j}{r_{ij}}\right)$$

$$= \sum_{i,j} r_{ij} - \sum_{i,j} p_i q_j = 1 - 1 = 0$$

(6) $\eta(t)$ が $t \ (\in [0,1])$ の連続関数であることによる．

(7) $0\log 0 = 0$ より明らか．

(8) 行列 $A = (a_{ij})_{i,j=1}^n$ に対して $q = Ap$ が成り立っているならば，$\eta(t)$ の凹性を利用して，

$$S(q) = \sum_{i=1}^n \eta(q_i) = \sum_{i=1}^n \eta\left(\sum_{j=1}^n a_{ij} p_j\right)$$

$$\geq \sum_{i,j=1}^n a_{ij} \eta(p_j) = \sum_{j=1}^n \eta(p_j) = S(p)$$

(9) $S(1/n, 1/n, \ldots, 1/n)$ は，

$$S(1/n, 1/n, \ldots, 1/n) = \log n \uparrow (n \uparrow)$$

より，$n \in \mathbb{N}$ に関して単調であることが示された．さらに，

$$S(XY) = -\sum_{x \in X, y \in Y} p(x,y) \log p(x,y) = -\sum_{x \in X, y \in Y} p(x,y) \log p(y \mid x) p(x)$$

$$= -\sum_{x \in X, y \in Y} p(x,y) \log p(y \mid x) - \sum_{x \in X, y \in Y} p(x,y) \log p(x)$$

$$= S(Y \mid X) - \sum_{x \in X} p(x) \log p(x) = S(X) + S(Y \mid X)$$

ここで，(5) の性質より不等式 $S(XY) \leq S(X) + S(Y)$ が成り立つ．■

さらに，$y_j \in Y, z_k \in Z$ が起こった後で x_i が生起する条件付確率 $p(x_i \mid y_j, z_k)$ を用いると，$y_j \in Y, z_k \in Z$ に対する X の条件付エントロピーは，

$$S(X \mid y_j, z_k) \equiv -\sum_{x_i \in X} p(x_i \mid y_j, z_k) \log p(x_i \mid y_j, z_k)$$

で与えられ，Y, Z に対する X の条件付エントロピーは，

$$S(X \mid Y, Z) \equiv \sum_{y_j \in Y} \sum_{z_k \in Z} \left(-\sum_{x_i \in X} p(x_i \mid y_j, z_k) \log p(x_i \mid y_j, z_k)\right) p(y_j, z_k)$$

で定められる．$S(X \mid Y, Z)$ は，Z, Y を知った後で X に残っている情報の量を表している．

エントロピーは次のように特徴づけられる．

公理 5.3.1 (**S.K. (Shannon-Khinchin) の公理系**)
(S.K. 1) $S(p_1, \ldots, p_n)$ は各 p_i に対して連続である．さらに，
$$S\left(\frac{1}{n}, \ldots, \frac{1}{n}\right) = \max\{S(p) ; p \in \Delta_n\} > 0$$

(S.K. 2)　$S(p_1,\ldots,p_n,0) = (p_1,\ldots,p_n)$
(S.K. 3)　強加法性

定理 5.3.2（**F. (Faddeev)** の公理系）
(F. 1)　$f(p) = S(p, 1-p)$ は $[0,1]$ 上で連続で，少なくとも一点 $p_0 \in [0,1]$ で $f(p_0) > 0$ となる．
(F. 2)　対称性：$S(p_1,\ldots,p_n) = S(p_{\pi(1)},\ldots,p_{\pi(n)})$
(F. 3)　$p_n = q + r, q \geqq 0, r > 0$ のとき，
$$S(p_1,\ldots,p_{n-1},q,r) = S(p_1,\ldots,p_n) + p_n S\left(\frac{q}{p_n}, \frac{r}{p_n}\right)$$

定理 5.3.2（$S(p)$ の特徴付）
$$(\text{S.K. 公理系}) \iff (\text{F. 公理系}) \iff S(p) = -\lambda \sum_i p_i \log p_i.$$

定理 5.3.2 の証明

第 1 ステップ：(S.K.)⇒(F.) を証明する．(S.K. 1)⇒(F. 1) は自明．(S.K. 1, 2, 3)⇒(F. 2) を示す．p_i $(i=1,2,\ldots,n)$ がすべて正の有理数のとき，各 p_k は共通の分母によって k_i/m $(m \geqq k_i \geqq 2)$ と表せる．よって (S.K. 3) を用いて，

$$\begin{aligned}
S(p) &= S(k_1/m,\ldots,k_n/m) \\
&= S(1/m,\ldots,1/m,\ldots,1/m,\ldots,1/m) \\
&\quad - \sum_{i=1}^n p_i S(1/k_i,\ldots,1/k_i)
\end{aligned}$$

この第一項は変数の分け方の順列 $(k_1,\ldots,k_n)$ に関連しない．また第二項の和 $\sum$ の取り方の順序も任意であるから，$\{p_i'\}$ に対して，

$$p_i' = k_i'/m$$

とおくと，上式は，

$$S(1/m,\ldots,1/m,\ldots,1/m,\ldots,1/m) - \sum p_i' S(1/k_i',\ldots,1/k_i')$$

に等しい．すなわち，$S(p) = S(p')$．ゆえに (F. 2) が成立する．p_i が有理数でないときは，p_i を有理数で近似して，(S.K. 1) の連続性を使えば (F. 2) が示せる．

(S.K. 1, 2, 3)⇒(F. 3) を示す．(S.K. 2, 3) と (F. 2) より，

$$\begin{aligned}
S(1/2, 1/2) &= S(1/2, 1/2, 0, 0) \\
&= S(1/2, 0, 1/2, 0) \\
&= S(1/2, 1/2) + (1/2)S(1,0) + (1/2)S(1,0)
\end{aligned}$$

ゆえに，$S(1,0) = 0$．したがって，

$$S(p_1,\ldots,p_{n-1},q,r) = S(p_1,0,p_2,0,\ldots,p_{n-1},0,q,r)$$

$$= S(p_1,\ldots,p_n) + \sum_{k=1}^{n-1} p_k S(1,0) + p_n S(q/p_n, r/p_n)$$
$$= S(p_1,\ldots,p_n) + p_n S(q/p_n, r/p_n)$$

よって (F. 3) が成立する.

第 2 ステップ：(F. 1, 2, 3)$\Rightarrow S(p) = -\lambda \sum p_i \log p_i$ を示す. (F. 2, 3) より, 任意の $p, q \geqq 0, r > 0, p + q + r = 1$ に対して,

$$S(p,q,r) = S(p, q+r) + (q+r) S(q/(q+r), r/(q+r))$$
$$= S(q, p+r) + (p+r) S(p/(p+r), r/(p+r)).$$

ゆえに, $f(p) = S(p, 1-p)$ とおくと,

$$f(p) + (1-p) f\left(\frac{q}{1-p}\right) = f(q) + (1-q) f\left(\frac{p}{1-q}\right)$$

となる. この式は任意の $0 \leqq p < 1, 0 \leqq q < 1$ で定義されているので, $q > 0$ を取り, $p = 0$ とおくと,

$$f(0) = S(0, 1) = 0$$

を得る. また, この式の両辺を 0 から $1-p$ まで q に関して積分すると,

$$(1-p) f(p) + (1-p)^2 \int_0^1 f(t) dt = \int_0^{1-p} f(t) dt + p^2 \int_p^1 t^{-3} f(t) dt$$

となる. 関数 $f(p)$ は連続であるから, 上式の左辺第一項を除く項はすべて区間 $0 < p < 1$ で微分可能である. したがって, $f(p)$ も同じであり, 両辺を p で微分すると,

$$(1-p) f'(p) - f(p) - 2(1-p) \int_0^1 f(t) dt$$
$$= -f(1-p) + 2p \int_0^1 t^{-3} f(t) dt - f(p)/p$$

ここで $f(p) = f(1-p)$ より,

$$(1-p) f'(p) = 2(1-p) \int_0^1 f(t) dt + 2p \int_0^1 t^{-3} f(t) dt - f(p)/p$$

を得る. これより, 前と同じ議論から $f'(p)$ も $0 < p < 1$ で微分可能であることがわかる. したがって上式の両辺を p で微分すると,

$$f''(p) = -2 \frac{1}{p(1-p)} \int_0^1 f(t) dt \quad (0 < p < 1)$$

となる. この式の両辺を不定積分すると,

$$f(p) = ap + b - 2\{p \log p + (1-p) \log(1-p)\} \int_0^1 f(t) dt \qquad (*)$$

が得られる. ここで a, b は積分定数である. ところで, $f(p) = f(1-p)$ であるから, $a = 0$ となり, さらに $(*)$ 式の両辺は $0 \leqq p \leqq 1$ で成立し, $a = 0$ と $f(0) = 0$ より $b = 0$ がいえる. ゆえに, $p_1 + p_2 = 1$ を満たす任意の $p_1, p_2 \geqq 0$ に対して,

$$S(p_1, p_2) = -\lambda(p_1 \log p_1 + p_2 \log p_2)$$

が成立する．ただし，

$$\lambda = 2\int_0^1 f(t)dt$$

さて，任意の $p \in \Delta_n$ に対して，

$$S(p) = -\lambda \sum_{i=1}^{n} p_i \log p_i$$

が成立するとする．このとき，任意の $q \in \Delta_{n+1}$（ただし，$q_{n+1} > 0$ と仮定する．$q_{n+1} = 0$ ならば，他の $q_i > 0$ のものと q_{n+1} を入れ換えておく）に対しても，

$$S(q) = -\lambda \sum_{i=1}^{n} q_i \log q_i$$

となることを示す．

$$\begin{aligned}
S(q_1, q_2, \ldots, q_n, q_{n+1}) &= S(q_1, \ldots, q_{n+1}, q_n + q_{n+1}) \\
&\quad + (q_n + q_{n+1})S(q_n/(q_n + q_{n+1}), q_{n+1}/(q_n + q_{n+1})) \\
&= -\lambda \sum_{i=1}^{n-1} q_i \log q_i - \lambda(q_n + q_{n+1}) \log(q_n + q_{n+1}) \\
&\quad - \lambda(q_n \log q_n/(q_n + q_{n+1}) + q_{n+1} \log q_{n+1}/(q_n + q_{n+1})) \\
&= -\lambda \sum_{i=1}^{n+1} q_i \log q_i
\end{aligned}$$

第 3 ステップ：$S(p) = -\lambda \sum p_i \log p_i$ $(\forall p \in \Delta_n) \Rightarrow$ (S.K. 1, 2, 3) を示す．(S.K. 2) は $S(p)$ の形より明らか．(S.K. 1) はエントロピーの強加法性により証明できる．■

5.3.2 相対エントロピー

任意の $p, q \in \Delta_n$ に対して，状態 q から見た状態 p の情報量ともいえる相対エントロピー (relative entropy) は，

$$S(p; q) \equiv \begin{cases} \sum_i p_i \log \frac{p_i}{q_i} & (p << q) \\ 0 & (\text{その他}) \end{cases}$$

で定められる．ここで，"$p << q \iff q_i = 0$ のとき $p_i = 0$" を意味する．

定理 5.3.3（相対エントロピーの性質）

任意の $p, q \in \Delta_n$ に対して，

(1) 正値性：$S(p; q) \geq 0$, $= 0 \iff p = q$

(2) 凸性：任意の $t, r \in \Delta_n$ と任意の $\lambda \in [0, 1]$ に対して，

$$S(\lambda p + (1-\lambda)q; \lambda r + (1-\lambda)t) \leq \lambda S(p; r) + (1-\lambda) S(q; t)$$

(3) 対称性：任意の添字の置換 π に対して，

$$S(p_1, p_2, \ldots, p_n; q_1, q_2, \ldots, q_n) = S(p_{\pi(1)}, p_{\pi(2)}, \ldots, p_{\pi(n)}; q_{\pi(1)}, q_{\pi(2)}, \ldots, q_{\pi(n)})$$

(4) 加法性：任意の $t, r \in \Delta_m$ に対して，
$$S(p \otimes r; q \otimes t) = S(p; q) + S(r; t)$$
(5) 連続性：$S(p_1, p_2, \ldots, p_n; q_1, q_2, \ldots, q_n)$ は各変数 p_i, q_j に対して連続である．
(6) 拡張可能性：
$$S(p_1, p_2, \ldots, p_n, 0; q_1, q_2, \ldots, q_n, 0) = S(p_1, p_2, \ldots, p_n; q_1, q_2, \ldots, q_n)$$

定理 5.3.3 の証明

(1) $S(p \mid q) = \sum_{i=1}^n p_i \log \frac{p_i}{q_i}$. ところで，$x - 1 \geqq \log x$ より $\log \frac{1}{x} \geqq 1 - x$ となる．ゆえに，
$$S(p \mid q) \geqq \sum_{i=1}^n p_i \left(1 - \frac{q_i}{p_i}\right)$$
$$= \sum_{i=1}^n p_i - \sum_{i=1}^n q_i$$
$$= 1 - 1 = 0$$

(2) $S(p \mid q)$ の定義式より $p, q, r, t \in \Delta_n, \lambda \in [0, 1]$ に対して，
$$(\lambda p_i + (1 - \lambda) q_i) \log \frac{\lambda p_i + (1 - \lambda) q_i}{\lambda r_i + (1 - \lambda) t_i}$$
$$\leqq \lambda p_i \log \frac{p_i}{r_i} + (1 - \lambda) q_i \frac{q_i}{t_i}$$

となればよい．このためには関数，
$$f(x) = (xp_i + (1 - x) q_i) \log \frac{xp_i + (1 - x) q_i}{xr_i + (1 - x) t_i}$$

が凸関数であればよい．したがって，$f'(x) \geqq 0$ $(\forall x \in [0, 1])$ を示せばよい．
$$f'(x) = \frac{(p_i t_i - q_i r_i)^2}{(xp_i + (1 - x) q_i)(xr_i + (1 - x) t_i)^2} \geqq 0$$

より $f(x)$ は凸関数である．

(3)〜(6) の証明は，$S(p \mid q)$ の定義より容易．∎

相対エントロピーは，上の定理の (1) より，
$$p = q \quad \Rightarrow \quad S(p; q) = 0,$$
$$p \neq q \quad \Rightarrow \quad S(p; q) > 0$$

なる性質を持つので 2 つの状態 p, q のある種の相違を表しているといえるが，三角不等式を満たさないので，距離を定義するものとは言えない．

5.3.3 相互エントロピーと通信過程

事象系 $X = \{x_1, x_2, \ldots, x_n\}$ から事象系 $Y = \{y_1, y_2, \ldots, y_m\}$ へのチャネル (channel) Λ^* とは，X の状態空間 Δ_n から Y の状態空間 Δ_m への写像である．すなわち，チャネル Λ^* は，

$$\Lambda^* : \Delta_n \to \Delta_m, \quad p \in \Delta_n \mapsto q = \Lambda^* p \in \Delta_m$$

で表される．$\Lambda^* = (p(y_j\,|\,x_i))_{i=1,j=1}^{n,\ m}$ が**推移確率行列** (transition probability matrix) (すなわち，$\sum_{j=1}^{m} p(y_j\,|\,x_i) = 1\ (i=1,2,\ldots,n)$) で与えられるとき，入力状態 $p = \{p_i\}$ に対して，出力の状態 $\Lambda^* p \equiv q = \{q_j\}$ は，

$$q_j = \sum_j p(y_j\,|\,x_i) p_i$$

で求められる．このとき，入力系 X と出力系 Y の複合状態 $r \equiv (r_{ij}) = (p(y_j\,|\,x_i) p_i)$ と，$p \otimes q = \{p_i q_j\}$ が与えられることによって，**相互エントロピー**（**相互情報量**）(mutual entropy (mutual information)) は，以下のように定義される．

$$I(X;Y) = I(p;\Lambda^*) \equiv S(r\,|\,p \otimes q) = \sum_{ij} r_{ij} \log \frac{r_{ij}}{p_i q_j}$$

(1) $\quad I(X;Y) = S(X) - S(X\,|\,Y) = S(Y) - S(Y\,|\,X)$
(2) $\quad S(X \times Y) = S(X) + S(Y\,|\,X) = S(X) + S(Y) - I(X;Y)$

定理 5.3.4（シャノンの基本不等式）

$$0 \leq I(p;\Lambda^*) \leq \min\{S(p), S(\Lambda^* p)\}$$

この不等式から，相互エントロピーは，入力系の状態が持つ情報量のうちチャネルを通して出力系に正しく伝えられる情報の量を表していると見なすことができる．さらに，上記の (1) と Y, Z に対する X の条件付エントロピー $S(X\,|\,Y,Z)$ を用いて，X と Y, Z の相互エントロピーが，

$$I(X;Y,Z) \equiv S(X) - S(X\,|\,Y,Z)$$

で定められる．また，Y が与えられたときの X と Z の相互エントロピーは，

$$I(X;Z\,|\,Y) \equiv S(X\,|\,Y) - S(X\,|\,Y,Z)$$

で与えられる．このとき，

$$I(X;Y,Z) = I(X;Y) + I(X;Z\,|\,Y)$$

が成り立つ．この式は，次のように一般化される．

$$I(X;Y_1,\ldots,Y_N) = I(X;Y_1) + I(X;Y_2\,|\,Y_1) + \cdots + I(X;Y_N\,|\,Y_1,\ldots,Y_{N-1})$$

また，X と Y と Z の相互エントロピーは，

$$\begin{aligned} I(X;Y;Z) &\equiv I(X;Y) - I(X;Y\,|\,Z) \\ &= I(Y;Z) - I(Y;Z\,|\,X) \\ &= I(Z;X) - I(Z;X\,|\,Y) \end{aligned}$$

で定められ，次のように一般化される．

$$I(X_1;X_2;\ldots;X_M) \equiv I(X_1;X_2;\ldots,X_{M-1}) - I(X_1;X_2;\ldots,X_{M-1}\,|\,X_M)$$

5.3.4 連続系のエントロピー

連続系，すなわち，確率空間 Ω 上の確率測度 μ あるいは $\mathbb{R}^n$ 上の連続な確率分布 f を持つ場合，シャノン流のエントロピーは定義されるがほとんどの場合，無限大になる．ここでは，その定義のうちの 2 つを紹介する．

$$S(\mu) = \sup_{\{A_i\}} \left\{ -\sum_i \mu(A_i) \log \mu(A_i);\quad \Omega = \cup_i A_i,\quad A_i \neq A_j \quad (i \neq j) \right\}$$

$$S(f) = -\int_{\mathbb{R}^n} f(x) \log f(x)\, dx$$

特に，後者はギブスエントロピー (Gibbs entropy) と呼ばれている．

第6章 統計学

この章では，統計学の基礎を解説する．この章は，『第Ⅰ部 高校の数学』の「第5章 データの分析」と重複しているものがあるが，数学的に一層深く理解してほしいものである．

6.1 度数と分布表

集団を構成する"もの"の特性について，以下の基本的な事柄がある．
- **変量** (variables)：集団を構成する"もの"の特性を表す量．
- **階級** (class)：資料を整理するとき，変量の値の範囲をいくつかの区間に分けたもの．
- **度数** (frequency)：各階級に入っている資料の個数．
- **度数分布表** (frequency table)：資料の特性を各階級に対応させて作った表．なお，階級の幅は資料を整理しやすいように適当に選ぶ．

次の資料はあるクラスの身長に関する度数分布表である．

階級	160 未満	160～165 未満	165～170 未満	170～175 未満	175～180 未満	180 以上	合計
度数	1	3	6	9	5	3	27

- **ヒストグラム** (histogram)：度数分布表を柱状のグラフで表したもの．

上の度数分布表に基づき，ヒストグラムを作ると次のようになる．

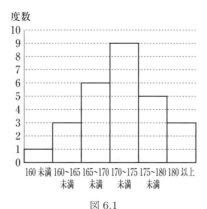

図 6.1

- **階級値** (class mark)：各階級の中央の値．

- **度数折れ線** (frequancy polygon)：各階級値の値を折れ線で結んだもの．

上の度数分布表に基づき，度数折れ線を作ると次のようになる．ここで，両端の階級の階級値は，すべての階級値の幅が等しくなるように設定する．

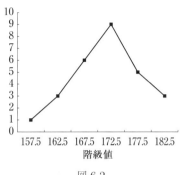

図 6.2

- **累積度数** (cumulative frequency)：各階級以下，又は各階級以上の度数を加え合わせたもの．
- **累積度数表** (cumulative frequency table)：累積度数を表にしたもの．

例の累積度数表は，度数分布表より以下のようになる．

階級値未満	157.5	162.5	167.5	172.5	177.5	182.5	合計
度数	1	4	10	19	24	27	27

- **相対度数分布表** (table of relative frequency distribution)：次の式で与えられる相対度数に基づいて作る表．

$$相対度数 = \frac{各階級の度数}{資料全体の個数}$$

例の相対度数分布表は，度数分布表より次のようになる．

階級	160 未満	160～165 未満	165～170 未満	170～175 未満	175～180 未満	180 以上	合計
相対度数	0.037	0.111	0.222	0.333	0.185	0.111	1

6.2 代表値

資料の全体の特徴を表す量として，以下のものがある．

- **平均値**：各資料の値の散らばり具合を均したもの．ある資料で値 x_k（確率論の言葉では，ある確率変数 X の取る値）が N_k 回 ($k = 1, 2, ..., n$) 得られるとし，$N = \sum_{k=1}^{n} N_k$ とおくと，

$$\bar{x} = \sum_{k=1}^{n} \frac{N_k}{N} x_k \quad (= E(X))$$

で与えられる．

6.2 代表値

- 分散と標準偏差：資料の散らばり具合を見る値であり，分散 (V_x) と標準偏差 (σ_x) はそれぞれ次の式で与えられる．

$$V_x = \sum_{k=1}^{n} \frac{N_k}{N} x_k^2 - \bar{x}^2 = \overline{x^2} - \bar{x}^2, \quad \sigma_x = \sqrt{V_x}$$

平均値が容易に求められないとき，仮の平均値を x_0 とし，階級の幅を Δ として，

$$y = \frac{x - x_0}{\Delta}, \quad y_k = \frac{x_k - x_0}{\Delta}$$

を考える．このとき，y も新たな変量となり，

$$x_k = \Delta y_k + x_0, \quad \bar{x} = x_0 + \Delta \bar{y}$$

となる．階級をうまく使うと，$\bar{x}$ は $\bar{y}$ から簡単に求められることがある．この場合，仮の平均を x_0 として，$y = \frac{x_k - x_0}{\Delta}$ とおくと，$V_x = \Delta^2 \left(\overline{y^2} - \bar{y}^2 \right)$ で与えられ，$V_x = \Delta^2 V_y$ となる．

- 中央値 (median)：資料を大きさの順に並べたときの中央の値．
- 最頻値 (mode)：資料を度数分布表にまとめたとき，度数の最も大きい階級の階級値．
- 偏差値 (T-score)：試験の成績を評価するのに用いられる値．いま，試験の点数などの変量 x を次のように変換する：

$$z = \frac{x - \bar{x}}{\sigma_x}, \quad z_k = \frac{x_k - \bar{x}}{\sigma_x} \,(k = 1, \ldots, N)$$

この変換を標準化（または規準化）(normalization) という．この変換により変量 x は平均 0，分散 1 の変量に変換される．このとき，$x_k \,(k = 1, \ldots, N)$ の偏差値は，

$$b_k = 10 z_k + 50 \,(k = 1, \ldots, N)$$

で定められる．

上記の各代表値に対して，具体例を挙げよう．あるクラスで英語の試験をしたところ，下表のような結果を得た．

生徒名	A	B	C	D	E	F	G	H	I	J
点数	45	67	71	76	81	84	70	62	73	91

このとき，生徒名 A, B, C,... の点数を低いほうから順に $x_1, x_2, \ldots, x_{10}$ で表すと，平均値は $\bar{x} = \frac{1}{10} \sum_{k=1}^{10} x_k = 72$, 分散は $V_x = \sum_{k=1}^{n} \frac{N_k}{N} x_k^2 - \bar{x}^2 = 146.2$, 標準偏差は $\sigma_x = \sqrt{V_x} \cong 12.1$ である．このクラスは生徒数 10 人なので，5 番目と 6 番目に大きい点数 ($x_5 = 71$ と $x_6 = 73$) から，中央値は 72 である．さらに度数分布表を，

階級	50 点未満	50 点以上 60 点未満	60 点以上 70 点未満	70 点以上 80 点未満	80 点以上 90 点未満	90 点以上
度数	1	0	2	4	2	1

のように定めると，最頻値は 75 であることがわかる．また，$z_5 = \frac{x_5 - \bar{x}}{\sigma_x} \cong -0.082$ なので，$b_5 = 10 z_5 + 50 \cong 49.18$ となり，x_5 の点数 (71) を取った C の偏差値は約 49.2 と求まる．

6.3 相関関係

以下の内容は，高校数学でも扱っているものもあるが，この節でも復習として基本的なことを繰り返して説明しておく．

あるクラスの生徒の数学と物理のテストの得点をそれぞれ x, y とし，点 (x, y) を座標平面上にプロットしたところ，次のようになったとする．

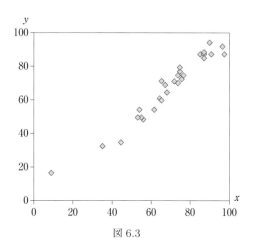

図 6.3

このような図を**相関図** (correlation diagram) または**散布図** (scatter plot) という．上の相関図では，点全体が右上がりに分布している．このことから，数学の点が高い生徒は，物理の得点も高いという傾向があることがわかる．

一般に，2 つの変量の間に一方が増えると他方の変量が増える傾向があるとき，2 つの変量の間に**正の相関関係**があるといい，逆に一方が増えると他方が減る傾向があるとき，2 つの変量の間に**負の相関関係**があるという．

次ページの 5 つの相関図において，A と B には正の相関関係が認められるが，この傾向は A のほうが著しいので，A は B より強い正の相関関係があるという．また C と D には負の相関関係があり，C のほうにより強い相関関係がある．E にはどちらの傾向も認められないので，相関関係がないという．

2 つの変量の相関関係の正負と強弱を 1 つの数値で表すことを考えよう．2 つの変量の取る値は，各対象ごとに定まるから，N 人の生徒のように，対象の数が N である変量の値は，N 個の順序のついた組，

$$(x_1, y_1), (x_2, y_2), \ldots, (x_N, y_N)$$

で表される．これらを座標平面上の点として図示したものが相関図である．2 つの変量 x, y の平均値は，

$$\bar{x} = \frac{1}{n}\sum_{k=1}^{N} x_k, \quad \bar{y} = \frac{1}{n}\sum_{k=1}^{N} y_k$$

となり，x と y の標準偏差は，

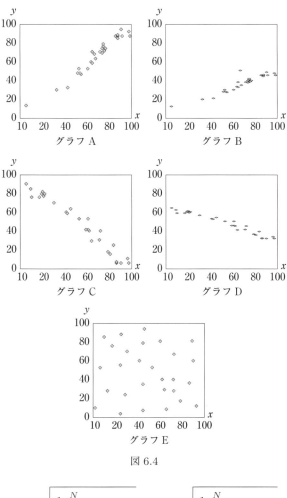

図 6.4

$$\sigma_x = \sqrt{\frac{1}{n}\sum_{k=1}^{N}(x_k - \bar{x})^2}, \quad \sigma_y = \sqrt{\frac{1}{n}\sum_{k=1}^{N}(y_k - \bar{y})^2}$$

である．

さらに，次の量，

$$\frac{1}{n}\sum_{k=1}^{N}(x_k - \bar{x})(y_k - \bar{y})$$

を考える．これが正のときは $(x_k - \bar{x})(y_k - \bar{y}) > 0$ となるものの割合が大きいと考えられる．すなわち x_k, y_k で，それぞれの平均 $\bar{x}, \bar{y}$ より同時に大きくなるもの，あるいは同時に小さくなるものの割合が大きいと考えられる．このことは変量 x と y は同時に大きくなる，あるいは同時に小さくなるという傾向を持つといってよいだろう．

したがって，上式が正のとき，2 つの変量 x と y の間に正の相関関係があるといい，負のとき，x と y の間に**負の相関関係**があるという．さらに，0 のときは，x と y の間に相関関係がない，あるいは無関係であるという．

相関係数

2つの変量 x と y の相関係数 (correlation coefficient) は，

$$r = \frac{1}{\sigma_x \sigma_y} \cdot \frac{1}{N} \sum_{k=1}^{N} (x_k - \bar{x})(y_k - \bar{y})$$

$$= \sum_{k=1}^{N} (x_k - \bar{x})(y_k - \bar{y}) \left(\frac{1}{n} \sum_{k=1}^{N} (x_k - \bar{x})^2 \sum_{k=1}^{N} (y_k - \bar{y}) \right)^{-\frac{1}{2}}$$

と与えられ，相関関係の強弱を見る量である．$x = (x_1, \ldots, x_N)^t$, $y = (y_1, \ldots, y_N)^t$ の内積とノルムを，

$$\langle x, y \rangle = \sum_{k=1}^{N} x_k y_k, \qquad \|\mathbf{x}\| = \sqrt{\langle \mathbf{x}, \mathbf{x} \rangle}$$

と定義すれば，シュワルツの不等式 (Schwarz's inequality),

$$|\langle \mathbf{x}, \mathbf{y} \rangle| \leq \|\mathbf{x}\| \|\mathbf{y}\| \iff \left| \sum_{k=1}^{N} (x_k - \bar{x})(y_k - \bar{y}) \right| \leq \sqrt{\sum_{k=1}^{N} (x_k - \bar{x})^2} \sqrt{\sum_{k=1}^{N} (y_k - \bar{y})^2}$$

より，相関係数 r について次のことが成立する．

(1) $-1 \leq r \leq 1$

(2) $r = 1$ のとき，$\frac{x_k - \bar{x}}{\sigma_x} = \frac{y_k - \bar{y}}{\sigma_y}$ $(k = 1, \ldots, N)$ となるから，(x_k, y_k) はすべて右上がりの直線 $y = \frac{\sigma_y}{\sigma_x}(x - \bar{x}) + \bar{y}$ の上にのっている．

(3) r が 1 に近いほど正の相関関係は強くなる．r が 1 に近いほど (x_k, y_k) は上の直線に集中してくる．

(4) $r = -1$ のとき，(x_k, y_k) はすべて右下がりの直線 $y = \frac{\sigma_y}{\sigma_x}(x - \bar{x}) + \bar{y}$ の上にのっている．
$\left(\frac{x_k - \bar{x}}{\sigma_x} = \frac{y_k - \bar{y}}{\sigma_y} (k = 1, \ldots, N) \text{ となる} \right)$

(5) r が -1 に近いほど負の相関関係は強くなる．r が -1 に近いほど (x_k, y_k) は上の直線に集中してくる．

(6) r が 0 に近いほど相関関係は弱くなる．

6.4 母数推定

統計調査を行う方法に関連して，以下のことを高校の数学で習った．

- 母集団 (population)：ある統計的調査を行うとき，その調査の対象となる資料全体のこと．
- 標本（サンプル）(sample)：調査のため抽出する資料の一部．

抽出された標本から母集団の性質（母集団の平均，または標準偏差など）を見つけることを推定 (estimation) という．母集団の性質を推定する方法には，大きく分けて点推定と区間推定の方法がある．

標本調査では標本が母集団の性質をできるだけよく表すように，標本を偏らないように選ぶ必要がある．このように標本を選ぶことを**無作為抽出** (random sampling) といい，乱数サイや乱数表が用いられる．

6.4.1 点推定

ある確率分布に従う確率変数を X とし，推定したい母集団の特質を表す数を**未知母数** (unknown parameters) と呼び，θ で表す．例えば X がポアソン分布 (Poisson distribution) に従うと仮定すると，そのときの確率関数は，

$$P(X=k) = \sum_{k=1}^{N} \frac{\lambda^k}{k!} e^{-\lambda} \quad (\lambda \geq 0)$$

で与えられるので，この母集団の性質を特徴づけている未知母数は λ であり，この値を推定すればよい．同様に，X が**正規分布** (normal distribution) に従うと仮定すると，そのときの確率密度関数は，

$$f(x) = \frac{1}{\sqrt{2\pi\sigma^2}} \exp\left\{-\frac{(x-m)^2}{2\sigma^2}\right\}$$

で与えられるので，この母集団の性質を特徴づけている未知母数は 2 つあり，m と σ^2 である．

いま，母集団から n 個の標本を取り出す場合を考えよう．十分大きい母集団から取り出された n 個の標本変数 $X_1, \ldots, X_n$ は，同一の分布に従い，独立な確率変数であると考える．一方，母集団から標本を取り出す場合において，取り出された標本をまた母集団に戻すことができるならば，それを n 回繰り返せば標本変数 $X_1, \ldots, X_n$ が得られる．それらが同一の分布に従う独立な標本変数と考えることができれば，これら 2 つのサンプリングの仕方は区別することなく，「大きさ n の標本変数 $X_1, \ldots, X_n$」としている．

点推定 (point estimation) とは，知りたい量（未知母数のこと）θ を $X_1, \ldots, X_n$ の関数 $T(X_1, \ldots, X_n)$（**統計量** (statistic)）のある実現値 $T(x_1, \ldots, x_n)$ で近似する方法である．ここで，点推定で用いられた統計量を**推定量** (estimator) という．点推定において，推定量の候補として平均 $E(X)$（$\bar{X}$ と書くこともある），分散 $V(X)$，不偏分散 $U(X) = \frac{1}{n-1}\sum_{i=1}^{n}(X-\bar{X})^2$ などが考えられる．ここでは，選ばれた推定量が適当であるかどうかを判断するための推定量の条件について説明する．

(1) 不偏性 推定量 T の平均が未知母数 θ と等しいとき，すなわち，

$$E(T) = \theta$$

のとき，T を**不偏推定量** (unbiased estimator) という．

例 正規分布 $N(m, \sigma^2)$ に従う確率変数 X からなる母集団（正規母集団）から，大きさ n の標本変数が得られた．σ^2 が既知であるとする．このとき $T(X_1, \ldots, X_n) = \frac{1}{n}\sum_{i=1}^{n} X_i$ とすると，$E(T) = \frac{1}{n}\sum_{i=1}^{n} E(X_i) = \frac{1}{n} \cdot nm = m$ より，T は m の不偏推定量である．

(2) 有効性 X と θ に関する密度関数を $f(x;\theta)$ であるとし，T を不偏推定量とする．T の分散 $V(T)$ が，

$$V(T) = \frac{1}{nE\left[\left(\frac{\partial \log f(x;\theta)}{\partial \theta}\right)^2\right]} \quad (>0)$$

を満たすとき，T を**有効推定量** (efficient estimator) という．等号を不等号に置き換えた式，

$$V(T) \geq \frac{1}{nE\left[\left(\frac{\partial \log f(x;\theta)}{\partial \theta}\right)^2\right]} \quad (>0)$$

は**クラメル・ラオの不等式** (Cramér-Rao inequality) と呼ばれており，有効推定量は分散が最小であることを意味する．

例 (1) において，標本平均 $\bar{X}$ は有効推定量になる．つまり，確率密度関数が，

$$f(x;m) = \frac{1}{\sqrt{2\pi\sigma^2}} \exp\left\{-\frac{(x-m)^2}{2\sigma^2}\right\}$$

と与えられるので，

$$E\left[\left(\frac{\partial \log f(x;m)}{\partial m}\right)^2\right] = E\left[\frac{(x-m)^2}{\sigma^4}\right] = \frac{1}{\sigma^2}$$

より，右辺は，

$$\frac{1}{nE\left[\left(\frac{\partial \log f(x;m)}{\partial m}\right)^2\right]} = \frac{\sigma^2}{n}$$

である．一方，左辺は，

$$V(\bar{X}) = \frac{1}{n^2}\sum_{i=1}^{n} V(X_1) = \frac{n\sigma^2}{n^2} = \frac{\sigma^2}{n}$$

であることより，等式，

$$V(\bar{X}) = \frac{1}{nE\left[\left(\frac{\partial \log f(x;m)}{\partial m}\right)^2\right]}$$

が成立し，$\bar{X}$ は m の有効推定量．

(3) 十分性 $X_1, \ldots, X_n$ の合成密度関数 $f(x_1, \ldots, x_n; \theta)$ が，

$$f(x_1, \ldots, x_n; \theta) = f_1(T; \theta) \cdot f_2(x_1, \ldots, x_n)$$

のように未知母数 θ を含む部分と含まない部分に分離できるとき，T を**十分推定量** (sufficient estimator) という．このとき，θ に依存しているのは $f_1(T;\theta)$ のみなので，θ の推定量として T を考えれば θ に関するすべての情報が得られたことになる．この十分性に関しては，情報理論における相対エントロピーとの関連がある．$T(X_1,\ldots,X_n)$ で生成される σ-部分集合体を $\mathcal{G}(\subset \mathcal{F})$ とすると，測度 μ と ν に対して $\mathcal{G}$ に制限したものを $\mu_\mathcal{G}, \nu_\mathcal{G}$ とするとき，$\mathcal{G}$ が $\{\mu, \nu\}$ に関して十分であることの必要十分条件は $S(\mu_\mathcal{G}, \nu_\mathcal{G}) = S(\mu, \nu)$ である．

例 (1) の例において，$X_1, \ldots, X_n$ の合成密度関数は，

$$f(x_1,\ldots,x_n;m) = \left(\frac{1}{\sqrt{2\pi\sigma^2}}\right)^n \exp\left\{-\frac{1}{2\sigma^2}\sum_{i=1}^{n}(x_i-m)^2\right\}$$

$$= \left[\exp\left\{-\frac{m^2 n - 2m\bar{x}}{2\sigma^2}\right\}\right] \cdot \left[\left(\frac{1}{\sqrt{2\pi\sigma^2}}\right)^n \exp\left\{-\frac{1}{2\sigma^2}\sum_{i=1}^{n} x_i^2\right\}\right]$$

より $\bar{X}$ は m の十分推定量．

(4) 一致性 標本の大きさ n が増加する場合を考える．大きさ n の標本 $X_1, X_2, \ldots, X_n$ に対する統計量を T_n と定め，統計量の列 $T_1, T_2, \ldots$ と定める．任意の $\varepsilon > 0$ と，与えられた確率 P に対して，

$$P(|T_n - \theta| < \varepsilon) \to 1 \quad (n \to \infty)$$

となるとき，T を**一致推定量** (consistent estimator) という．

(1) の例において，チェビシェフの不等式より，$k > 1$ に対して，

$$P\left(|\bar{X} - m| < k\frac{\sigma}{\sqrt{n}}\right) \geq 1 - \frac{1}{k^2}$$

ここで，$\bar{X} = \frac{1}{n}\sum_{k=1}^{n} X_k$ であり，任意の $\varepsilon > 0$ に対して $k = \frac{\varepsilon\sqrt{n}}{\sigma}$ とおき，$n \to \infty$ とすれば，

$$P\left(|\bar{X} - m| < \varepsilon\right) \geq 1 - \frac{\sigma^2}{\varepsilon^2 n} \to 1 \quad (n \to \infty)$$

よって，$\bar{X}$ は m の一致推定量．

(5) 最尤性 確率変数 X の密度関数 $f(x)$ が未知母数 θ のみを含んでいる場合，その密度関数を $f(x;\theta)$ で表すことにする．いま，n 回の独立の試行を行って，n 個の標本値 $x_1, \ldots, x_n$ が得られたとする．このとき，$x_1, \ldots, x_n$ の値を取る確率は，

$$L(\theta) = f(x_1;\theta)f(x_2;\theta) \cdots f(x_n;\theta)$$

で表される．この $L(\theta)$ を**尤度関数** (likelihood function) という．このとき，$L(\theta)$ を最大にするような $T(x_1, \ldots, x_n)$ を**最尤推定値** (maximum likelihood estimate) という．$T(x_1, \ldots, x_n)$ において，$x_1, \ldots, x_n$ とそれぞれ同一の密度関数を持つ独立な確率変数 $X_1, \ldots, X_n$ を置き換えてできる統計量 $T(X_1, \ldots, X_n)$ を**最尤推定量** (maximum likelihood estimator) という．

(1) の例において，尤度関数 $L(m)$ は，

$$L(m) = \prod_{i=1}^{n} \frac{1}{\sqrt{2\pi\sigma^2}} \exp\left\{-\frac{(x_i - m)^2}{2\sigma^2}\right\} = \left(\frac{1}{\sqrt{2\pi\sigma^2}}\right)^n \exp\left\{-\frac{1}{2\sigma^2}\sum_{i=1}^{n}(x_i - m)^2\right\}$$

であり，その対数を取ることで，

$$\log L(m) = -\frac{n}{2}\log(2\pi) - n\log\sigma - \frac{1}{2\sigma^2}\sum_{i=1}^{n}(x_i - m)^2$$

を得る．ここで，

$$\frac{\partial^2 \log L(m)}{\partial m} = \frac{1}{\sigma^2}\sum_{i=1}^{n}(x_i - m) = 0$$

を満たす m を $\hat{m}$ とおくと，$\hat{m} = \bar{x} \left(= \frac{1}{n}\sum_{k=1}^{n} x_k\right)$ である．$\left(\frac{\partial^2 \log L(m)}{\partial m^2}\right)_{m=\hat{m}} = -\frac{n}{\sigma^2} < 0$ より極大値 $\bar{x}$ は最大値．したがって，$\bar{X}$ は m の最尤推定量．

6.4.2 区間推定

未知母数 θ を母集団から得られた有限個の標本から近似して求める点推定に対し，未知母数がある区間に入っているかどうかを判定するのが**区間推定** (interval estimation) である．区間推定では，母集団から得られた $T_1(x_1, \ldots, x_n) < T_2(x_1, \ldots, x_n)$ の条件を満たす 2 つの統計量 $T_1(X_1, \ldots, X_n)$, $T_2(X_1, \ldots, X_n)$ から確率 $P(T_1(x_1, \ldots, x_n) \leq$

第 6 章 統計学

$\theta \leq T_2(x_1, \ldots, x_n)) = 1 - \alpha$ の条件を満たす区間 $[T_1(x_1, \ldots, x_n), T_2(x_1, \ldots, x_n)]$ を求めることが重要である．ここで，求めた上記の区間を**信頼区間** (confidence interval)，$100(1-\alpha)\%$ を**信頼係数** (confidence coefficient)，または**信頼度**という．

ここでは，次の 2 つの区間推定を考えよう：

(1) 正規母集団で母分散 σ^2 が既知の場合の母平均の区間推定

大きさ N の正規母集団から抽出した大きさ n の標本の平均値（母平均）を $\bar{x}$，母分散を σ^2 とするとき，信頼度 $100(1-\alpha)\%$ の信頼区間は，

$$\left[\bar{x} - z(\alpha)\frac{\sigma}{\sqrt{n}}, \bar{x} + z(\alpha)\frac{\sigma}{\sqrt{n}}\right]$$

ここで，$z(\alpha)$ は $\phi(z) = \frac{1}{2}(1-\alpha)$，$\phi(z) \equiv \int_0^z \frac{1}{\sqrt{2\pi}} \exp(-\frac{t^2}{2})dt$ を満たす z のことである．特に，信頼度 95% ($\alpha = 0.05$) のときは，$z(\alpha) \fallingdotseq 1.96$ である．

例題 男子高校生 6 人がハンドボール投げを行ったところ，次のような結果であった．

	A	B	C	D	E	F
投げた距離 (m)	26.5	25.0	18.0	30.0	27.0	26.0

全国の男子高校生の投げた距離が，母分散 6 の正規母集団であるとき，母集団の母平均を信頼度 90% で区間推定せよ．ただし，$z(0.1) = 1.6449$ とする．

解 標本平均値を $\bar{x}$，母分散を σ^2 とおくと，信頼度 90% の信頼区間は

$$\left[\bar{x} - z(0.1)\frac{\sigma}{\sqrt{n}}, \bar{x} + z(0.1)\frac{\sigma}{\sqrt{n}}\right]$$

である．

$$\bar{x} = 25.42, \quad \sigma = 6, \quad z(0.1) = 1.6449, \quad n = 6$$

であるから

$$\bar{x} - z(0.1)\frac{\sigma}{\sqrt{n}} = 25.42 - 1.6449 \cdot \sqrt{6}$$
$$\fallingdotseq 25.42 - 4.03 = 21.39$$

同様にして，

$$\bar{x} + z(0.1)\frac{\sigma}{\sqrt{n}} \fallingdotseq 25.42 + 4.03 = 29.45$$

したがって，求める信頼区間は $[21.39, 29.45]$ となる．

(2) 二項母集団で母比率 p の区間推定

n 個の標本の中に性質 Q を有するものが k 個あるとする．このとき，標本比率 $\bar{p} = k/n$ に対して，母集団全体で性質 Q を有するものの比率 p（母集団比率）の信頼度が $100(1-\alpha)\%$ の信頼区間は，

$$\left[\bar{p} - z(\alpha)\sqrt{\frac{\bar{p}(1-\bar{p})}{n}}, \quad \bar{p} + z(\alpha)\sqrt{\frac{\bar{p}(1-\bar{p})}{n}}\right].$$

例題 ある高校で握力を測ったところ，30kg 以上の生徒が 200 人中 60 人いた．このとき，全国の高校生のうちで握力が 40kg 以上の生徒の比率を信頼度 90%で区間推定せよ．ただし，$z(0.1) = 1.6449$ とする．

解 標本比率を $\bar{p}$ とすると，母比率 p の信頼度 90%の信頼区間は，

$$\left[\bar{p} - z(0.1)\sqrt{\frac{\bar{p}(1-\bar{p})}{n}}, \quad \bar{p} + z(0.1)\sqrt{\frac{\bar{p}(1-\bar{p})}{n}}\right]$$

いま，

$$\bar{p} = \frac{3}{10}, \quad \bar{p}(1-\bar{p}) = \frac{3}{10} \cdot \frac{7}{10} = \frac{21}{100}, \quad z(0.1) = 1.6449, \quad n = 200$$

より，

$$\bar{p} - z(0.1)\sqrt{\frac{\bar{p}(1-\bar{p})}{n}} = \frac{3}{10} - 1.6449\sqrt{\frac{21}{100} \cdot \frac{1}{200}} \fallingdotseq 0.3 - 0.053 = 0.247$$

同様にして，

$$\bar{p} + z(0.1)\sqrt{\frac{\bar{p}(1-\bar{p})}{n}} \fallingdotseq 0.3 + 0.053 = 0.353$$

したがって，求める区間は $[0.247, 0.353]$．

6.5 いくつかの分布

高校数学で，既習の二項分布，正規分布，指数分布に加えて，次のような分布がある．

6.5.1 Γ分布（ガンマ分布）

確率変数 X が次の確率密度関数を持つとき，X はパラメータ α, β の **Γ分布** (gamma distribution) に従うという．

$$f(x) = \begin{cases} \frac{\beta^\alpha}{\Gamma(\alpha)} x^{\alpha-1} e^{-\beta x} & (x > 0) \\ 0 & (x \leq 0) \end{cases}$$

ただし，$\alpha > 0, \beta > 0$ である．また，$\Gamma(a)$ は**ガンマ関数** (gamma function) と呼ばれ，次のように定義される：

$$\Gamma(a) = \int_0^\infty x^{a-1} e^{-x} dx$$

6.5.2 β分布（ベータ分布）

確率変数 X が次の確率密度関数を持つとき，X はパラメータ α, β の **β分布** (beta distribution) に従うという．

$$f(x) = \begin{cases} \frac{1}{B(\alpha,\beta)} x^{\alpha-1}(1-x)^{\beta-1} & (0 < x < 1) \\ 0 & （その他） \end{cases}$$

ただし，$\alpha > 0, \beta > 0$ である．また，$B(\alpha, \beta)$ は**ベータ関数** (beta function) と呼ばれ，次のように定義される：

$$B(\alpha, \beta) = \int_0^1 x^{\alpha-1}(1-x)^{\beta-1} dx$$

6.5.3 χ^2-分布（カイ二乗分布）

確率変数 X が次の確率密度関数を持つとき，X は自由度 n の χ^2-分布 (chi-squared distribution) に従うという．

$$f(x;n) = \begin{cases} \dfrac{x^{\left(\frac{n}{2}\right)-1} e^{-\frac{x}{2}}}{2^{\frac{n}{2}} \Gamma\left(\frac{n}{2}\right)} & (x > 0) \\ 0 & (x \leq 0) \end{cases}$$

ただし，n は自然数である．

6.5.4 F 分布

確率変数 X が自由度 m の χ^2-分布に従い，確率変数 Y が自由度 n の χ^2-分布に従うとし，X と Y が独立であるとする．このとき，

$$W = \dfrac{\dfrac{X}{m}}{\dfrac{Y}{n}}$$

は，自由度 m, n の $\boldsymbol{F}$ 分布 (F-distribution) に従うといい，確率変数 W は次の確率密度関数を持つ．

$$f(w) = \begin{cases} \dfrac{\Gamma\left(\frac{m+n}{2}\right) m^{\frac{m}{2}} n^{\frac{n}{2}}}{\Gamma\left(\frac{m}{2}\right) \Gamma\left(\frac{n}{2}\right)} \cdot \dfrac{w^{\frac{m-2}{2}}}{(mw+n)^{\frac{m+n}{2}}} & (w > 0) \\ 0 & (w \leq 0) \end{cases}$$

6.5.5 t 分布

確率変数 X と Z が独立で X は自由度 n のカイ二乗分布に従い，Z は標準正規分布に従うとき，

$$Y = \dfrac{Z}{\sqrt{\dfrac{X}{n}}}$$

は，自由度 n の $\boldsymbol{t}$ 分布 (t-distribution) に従うといい，確率変数 Y は次の確率密度関数を持つ．

$$f(y) = \dfrac{\Gamma\left(\frac{n+1}{2}\right)}{\sqrt{n\pi}\, \Gamma\left(\frac{n}{2}\right)} \left(1 + \dfrac{y^2}{n}\right)^{-\frac{n+1}{2}}$$

この他に，ポアソン分布があるが，確率過程の章で学ぶ．

6.6 母集団の検定

母集団のある特質を表す数量に関して，1つの仮説を立て，その仮説の下で標本から得られた値が，ある基準値（これを決める割合を**有意水準**あるいは**危険率**という）より小さいときは，その仮説は正しくないとして棄却する．これを（統計的）**仮説検定法** ((statistical) hypothesis testing) といい，仮説を棄却するとき検定は**有意**である (purposive) という．母集団の未知母数を θ とすると，仮説検定は次のように行われる：

（ステップ **1**）　**帰無仮説** (null hypothesis) $H_0 : \theta = \theta_0$，**対立仮説** (alternative hypothesis) $H_1 : \theta = \theta_1$ を立てる．一般には，対立仮説 H_1 は，$\theta \neq \theta_0$ や $\theta > \theta_0$ ま

たは $\theta < \theta_0$ で表される．前者を**両側検定** (two-sided test)，後者2つを**片側検定** (side test) という．

（ステップ2）　母数 θ を含む統計量 $T(X_1, \ldots, X_n; \theta)$ に対して，仮説が誤っていれば $T(x_1, \ldots, x_n; \theta_0) \in W$ となり，仮説が正しければ $T(x_1, \ldots, x_n; \theta_0) \notin W$ となる領域 W を設定する．この W を**棄却域** (range of rejection) と呼び，前者を帰無仮説 H_0 を**棄却する** (reject)，後者を帰無仮説 H_0 を**採択する** (accept) という．有意水準の棄却域 W を，

(1) 両側検定の場合：$W = \{T \mid T < t_1 \text{ または } T > t_2\}$
ただし，$P(T < t_1) = P(T > t_2) = \alpha/2$

(2) 片側検定の場合：$W = \{T \mid T > t_1\}\,(\theta > \theta_0), W = \{T \mid T < t_2\}\,(\theta < \theta_0)$
ただし，$P(T < t_1) = \alpha, P(T > t_2) = \alpha$ で与え，$T(x_1, \ldots, x_n; \theta_0) \in W$ かどうかをチェックする．

こうした検定において，検定結果に誤りが生じる場合がある．すなわち，仮説 H_0 が正しいにも関わらず棄却してしまう誤り（**第1種の誤り** (error of the first kind)）と仮説 H_0 が誤っているにも関わらず採択してしまう誤り（**第2種の誤り** (error of the second kind)）である．一般に，標本の大きさ n を大きくすればするほど，これらの誤りを小さくすることが可能である．

(1) 正規母集団の母平均の検定　大きさ n の標本の平均値が $\bar{x}$ で，母集団が正規分布 $N(m, \sigma^2)$ に従うと仮定する．
（ステップ1）　$H_0 : m = m_0, H_1 : m \neq m_0$，または，$m > m_0$，または，$m < m_0$．
（ステップ2）　$T = (\bar{X} - m_0)/\frac{\sigma}{\sqrt{n}}$ という正規分布 $N(0, 1)$ に従う統計量を考える．
両側検定の場合：有意水準 α の棄却域 $W = \{T \mid T > z(\alpha) \text{ または } T < -z(\alpha)\}$
片側検定の場合：有意水準 α の棄却域 $W = \{T \mid T > z(2\alpha)\}\,(m_1 > m_0)$
　　　　　　　　有意水準 α の棄却域 $W = \{T \mid T < -z(2\alpha)\}\,(m_1 < m_0)$
である．

例題　ある店で飲料500ml入りのペットボトル7本の中身を取り出して内容量を調べたら次の表のようになった．

	A	B	C	D	E	F	G
内容量 (ml)	499	500	498	497	501	500	496

このとき，この店のペットボトルの内容量は500mlより少ないといえるか．内容量の標準偏差が1.26であるとき，有意水準5%で検定せよ．ただし，$z(0.1) = 1.6449$ とする．

解　H_0 ペットボトルの内容量 $=500\text{ml}$，H_1 ペットボトルの内容量 $<500\text{ml}$ とし，片側推定を行えばよい．$T = (\bar{X} - m_0)/\frac{\sigma}{\sqrt{n}}\,(n = 7, \sigma = 1.26, m_0 = 580)$ とすると，有意水準5%の棄却域 W は，$W = \{T \mid T < -z(0.1)\}$ となる．$\bar{X}$ に $\bar{x} = 498.7$ を代入すると，

$$(\bar{x} - m_0)/\frac{\sigma}{\sqrt{n}} = (498.7 - 500) \cdot \frac{\sqrt{7}}{1.26}$$

$$\fallingdotseq -2.729 < -1.6449 = -z(0.1)$$

したがって，仮説 H_0 は棄却される．つまり，ペットボトルの内容量は 500ml より有意に少ない．

(2) 二項母集団の母比率の検定 大きさ n の標本比率が $\bar{p}$ で，母集団が母比率 p の二項分布に従うと仮定する．ただし，n は十分大きいとする．

（ステップ 1）　$H_0 : p = p_0, H_1 : p = p_1 \neq p_0$，または，$p > p_0$，または，$p < p_0$.

（ステップ 2）　$T = \dfrac{\bar{p}-p_0}{\sqrt{p_0(1-p_0)/n}}$ という近似的に正規分布 $N(0,1)$ に従う統計量を考える．

両側検定の場合：有意水準 α の棄却域 $W = \{T \mid T > z(\alpha)$ または $T < -z(\alpha)\}$

片側検定の場合：有意水準 α の棄却域 $W = \{T \mid T > z(2\alpha)\}\,(p_1 > p_0)$

　　　　　　　　有意水準 α の棄却域 $W = \{T \mid T < -z(2\alpha)\}\,(p_1 < p_0)$

である．

例題 ある会社で，新しく開発された農薬の効用を確かめるために，30 本の樹木に対して散布したところ，効果があったのは 26 本であった．この農薬の有効率は 90% より大きいかどうかを有意水準 5% で検定せよ．ただし，$z(0.1) = 1.6449$ とする．

解 H_0：農薬の有効率＝90%，H_1 農薬の有効率＞90% であるから，
$$T = \frac{\bar{p}-p_0}{\sqrt{p_0(1-p_0)/n}} \quad (n=30, p_0=0.9)$$
とすると，有意水準 5% の棄却域 W は，
$$W = \{T \mid T > z(0.1)\}$$
となる．$\bar{p} = \frac{26}{30} = 0.867$ を代入すると，
$$\frac{\bar{p}-0.9}{\sqrt{0.9(1-0.9)/30}} = \frac{0.867-0.9}{\sqrt{0.9(1-0.9)/30}} \fallingdotseq -0.602 < 1.6449 = z(0.1)$$

したがって，仮説 H_0 は採択される．つまり，ある農薬の有効率は 90% より有意に大きいとは言えない．

第7章 代数系とその応用

7.1 代数系

7.1.1 代数系

空でない集合 X の2つの要素 a,b の順序対 (ordered pair) (a,b) に対して，X の要素を対応させる規則を X 上の算法 (law of composition) と呼び，その要素を，$+$, $\times$, $\cdot$, $\cup$, $\cap$ といった二項演算記号を用いて，

$$a+b,\ a\times b,\ a\cdot b,\ a\cup b, a\cap b$$

のように表す（二項演算記号を省略して，単に ab で表すこともある）．また，集合 X 上に複数個の算法を考えることもある．一般に，集合 X と（1つ，もしくは複数個の）その上の順序対と算法を**代数系** (algebraic system) と呼ぶ．

例 代数系の例として，次のものがある．
1. 整数の集合 $\mathbb{Z}$ 上の加法 $+$
2. 整数の集合 $\mathbb{Z}$ 上の乗法 $\cdot$
3. 空でない集合 A の部分集合すべての集合を $X = 2^A$ とする．X の要素 a,b (A の部分集合 a,b) に対して，その和集合 $a\cup b$ を対応させる演算 $\cup$

$\mathbb{Z}$ は2つの演算 $+$ と $\cdot$ を持つ代数系と考えることもできる．

結合則・可換性・単位元・逆元

集合 X 上の演算を一般に記号 $\star$ を用いて表し，以下の性質を考える．

結合則 すべての $a,b,c \in X$ について $(a\star b)\star c = a\star(b\star c)$ を満たすとき，"$\star$" は**結合則** (associative law) を満たすという．

可換性 すべての $a,b \in X$ について $a\star b = b\star a$ を満たすとき，"$\star$" は**可換** (commutative) であるという．

単位元 X のある要素 u が，すべての $a\in X$ について $a\star u = u\star a = a$ を満たすとき，この要素を $\star$ についての**単位元** (unit element, identity element, neutral element) という．

単位元は，存在するときは唯1つである．

単位元の記号

演算を表す記号として加法の記号 "$+$" を用いているときは，単位元は記号 "0" で表すことが多く，乗法の記号 "$\cdot$" や "$\times$" を用いているときは（もしくは，演算記号を省

略して乗法的に書くときは），単位元は記号 "1, e, E, I" 等で表すことが多い．

自然数の集合 $\mathbb{N} = \{1, 2, 3, \ldots\}$ 上の加法のように，単位元を持たない演算もある．

逆元　　X 上の演算 $\star$ が単位元 u を持つとき，X の要素 a に対して，$a \star b = u, b \star a = u$ を満たす要素 $b \in X$ が存在するならば，これを a の**逆元** (inverse element) という．

結合則を満たし，単位元を持つ代数系では，X の要素 a に対して，その逆元が存在するとき，それは 1 つしか存在しない．

逆元の記号

逆元は，演算を表す記号として加法の記号 + を用いているときは $-a$ で，乗法の記号・× を用いているときは（もしくは，演算記号を省略して乗法的に書くときは）a^{-1} で表すことが多い．

7.1.2 同型写像

1 つ，もしくは複数個の演算 "$\star_1$", …, "$\star_n$" を持った代数系 G と，演算 "$\circ_1$", …, "$\circ_n$" を持った代数系 $\hat{G}$ について，集合 G から集合 $\hat{G}$ への全単射 ϕ が，

$$\text{すべての } x, y \in G \text{ に対して} \quad \phi(x \star_j y) = \phi(x) \circ_j \phi(y) \quad (j = 1, \ldots, n)$$

を満たすとき，ϕ は代数系 G から代数系 $\hat{G}$ への**同型写像** (isomorphism) であるという．

2 つの代数系の間に同型写像が存在するとき，これら 2 つの代数系は**同型** (isomorphic) であるという．

同型な 2 つの代数系は，それぞれの集合の要素の性質まで立ち入らない限り，そこで考えられている演算に関する性質はすべて同じになる．

群をはじめとする代数学のそれぞれの分野では，同型写像の定義のうち，ϕ が全単射であるという条件を落として，必要に応じて補助的な条件（例えば，環については単位元を単位元に写すという条件）を付け加えることにより，それぞれの分野に応じた**準同型写像** (homomorphism) の定義を与えることになる．

7.2 群

7.2.1 群

定義 7.2.1　空でない集合 G 上の代数系 $(G, \star)$ が，
- 結合則を満たす
- 単位元が存在する
- G の任意の要素に対して，逆元が存在する

という条件を満たすとき，この代数系 $(G, \star)$ は**群** (group) を成すという．

特に，群 $(G, \star)$ が可換であるとき，**可換群** (commutative group)，もしくは，**アーベル群** (Abelian group) であるという．

例

1. $(\mathbb{Z}, +)$ は群であり，単位元は 0，$a \in \mathbb{Z}$ の逆元は $-a$．

2. 同様に，$(\mathbb{R}, +)$, $(\mathbb{C}, +)$ も群であり，これらは，すべて可換群．
3. しかし，$(\mathbb{Q}, \cdot)$, $(\mathbb{R}, \cdot)$, $(\mathbb{C}, \cdot)$ は，単位元は 1 であり，$a \neq 0$ の逆元 a^{-1} も存在するが，0 の逆元は存在しないので，群ではない．

対称群

有限個の要素を持つ集合 $\{1, 2, \ldots, n\}$ からそれ自身への全単射の集合を G とし，2 つの全単射 f, g にその合成写像 $f \circ g$ を対応させる演算を考えると，G は，この演算により群になり，

- 単位元は恒等写像 id ($id(j) = j$, $j = 1, 2, \ldots, n$ を満たす写像)
- f の逆元は f の逆写像 f^{-1}

となる．これを**対称群** (symmetric group) という．

全単射 $f \in G$ は，

$$\begin{bmatrix} 1 & 2 & \cdots & n \\ f(1) & f(2) & \cdots & f(n) \end{bmatrix}$$

と記述することができる．

$\{1, 2, \ldots, n\}$ の全単射を**置換** (permutation) ということもあり，対称群は**置換群** (permutation group) と呼ばれることもある．

$n = 3$ の対称群

例えば，$n = 3$ ならば，$\{1, 2, 3\}$ からそれ自身への全単射は，

$$\sigma_1 = \begin{bmatrix} 1 & 2 & 3 \\ 1 & 2 & 3 \end{bmatrix}, \quad \sigma_2 = \begin{bmatrix} 1 & 2 & 3 \\ 2 & 3 & 1 \end{bmatrix}, \quad \sigma_3 = \begin{bmatrix} 1 & 2 & 3 \\ 3 & 1 & 2 \end{bmatrix}$$

$$\sigma_4 = \begin{bmatrix} 1 & 2 & 3 \\ 2 & 1 & 3 \end{bmatrix}, \quad \sigma_5 = \begin{bmatrix} 1 & 2 & 3 \\ 1 & 3 & 2 \end{bmatrix}, \quad \sigma_6 = \begin{bmatrix} 1 & 2 & 3 \\ 3 & 2 & 1 \end{bmatrix}$$

の 6 個である．

集合，

$$G = \{\sigma_1, \sigma_2, \sigma_3, \sigma_4, \sigma_5, \sigma_6\}$$

上の演算を，具体的に計算してみる．

まず，単位元は恒等写像 σ_1 である．

例えば，$\sigma_2 \sigma_4$ は $(\sigma_2 \sigma_4)(x) = \sigma_2(\sigma_4(x))$ を満たす全単射であり，

$$(\sigma_2 \sigma_4)(1) = \sigma_2(2) = 3$$
$$(\sigma_2 \sigma_4)(2) = \sigma_2(1) = 2$$
$$(\sigma_2 \sigma_4)(3) = \sigma_2(3) = 1$$

となるので，$\sigma_2 \sigma_4 = \sigma_6$ である．

また，$\sigma_4 \sigma_2$ は，

$$(\sigma_4 \sigma_2)(1) = \sigma_4(2) = 1$$
$$(\sigma_4 \sigma_2)(2) = \sigma_4(3) = 3$$

$$(\sigma_4\sigma_2)(3) = \sigma_4(1) = 2$$

となるので,$\sigma_4\sigma_2 = \sigma_5$.

他も同様に計算して,表の形で表すと,

	σ_1	σ_2	σ_3	σ_4	σ_5	σ_6
σ_1	σ_1	σ_2	σ_3	σ_4	σ_5	σ_6
σ_2	σ_2	σ_3	σ_1	σ_6	σ_4	σ_5
σ_3	σ_3	σ_1	σ_2	σ_5	σ_6	σ_4
σ_4	σ_4	σ_5	σ_6	σ_1	σ_2	σ_3
σ_5	σ_5	σ_6	σ_4	σ_3	σ_1	σ_2
σ_6	σ_6	σ_4	σ_5	σ_2	σ_3	σ_1

となる.このような表を**演算表** (operation table) という.

部分群

定義 7.2.2 $(G, \star)$ を群,H を集合 G の空でない部分集合とする.H が演算 $\star$ で群になっているとき,つまり,
1. H は演算 $\star$ について閉じている ($x, y \in H$ ならば $x \star y \in H$)
2. G の単位元は H の要素
3. $x \in H$ の逆元は H に含まれる

を満たすとき,H は G の**部分群** (subgroup) であるという.

例 $n = 3$ のときの対称群 $\{\sigma_1, \sigma_2, \sigma_3, \sigma_4, \sigma_5, \sigma_6\}$ において,$\{\sigma_1, \sigma_2, \sigma_3\}$ は部分群.

この他にも,
$$\{\sigma_1\}$$
$$\{\sigma_1, \sigma_4\}$$
$$\{\sigma_1, \sigma_5\}$$
$$\{\sigma_1, \sigma_6\}$$

は部分群である.

正方行列の作る群

n 次実正方行列,もしくは n 次複素行列のうち,正則なもの(逆行列を持つもの,同じことだが行列式が零でないもの)の全体 $GL(n, \mathbb{R})$, $GL(n, \mathbb{C})$ は乗法について群になる.それぞれ,

$GL(n, \mathbb{R})$ を**実一般線形群** (real general linear group),

$GL(n, \mathbb{C})$ を**複素一般線形群** (complex general linear group)

という.これらの部分群のうち,よく用いられるものの定義を挙げておく.
1. **実特殊線形群** (real special linear group)
   $SL(n, \mathbb{R}) = \{A \in GL(n, \mathbb{R}) \mid \det A = 1\}$

2. **特殊線形群** (complex special linear group)
$$SL(n,\mathbb{C}) = \{A \in GL(n,\mathbb{C}) \mid \det A = 1\}$$

3. **直交群** (orthogonal group)
$$O(n) = \{A \in GL(n,\mathbb{R}) \mid AA^t = A^tA = E\}$$

4. **ユニタリー群** (unitary group)
$$U(n) = \{A \in GL(n,\mathbb{C}) \mid A\bar{A}^t = \bar{A}^tA = E\}$$

5. **回転群** (rotation group), **特殊直交群** (special orthogonal group)
$$SO(n) = \{A \in SL(n,\mathbb{R}) \mid AA^t = A^tA = E\}$$

6. **特殊ユニタリー群** (special unitary group)
$$SU(n) = \{A \in SL(n,\mathbb{C}) \mid A\bar{A}^t = \bar{A}^tA = E\}$$

直交群やユニタリー群は内積を保つ変換群として特徴づけられる．実線形空間の内積の性質のうち，$(\mathbf{x},\mathbf{x}) \geqq 0$ という条件（正値性）を要求せず，負の値も許容した広義の内積についても，これを保つ変換群を考えることができる．特に xyz 座標空間に時間 t も加えた時空間において (x_1,y_1,z_1,t_1) と (x_2,y_2,z_2,t_2) の内積を，

$$x_1x_2 + y_1y_2 + z_1z_2 - c^2t_1t_2$$

と定めると（c は光速度），これを保つ変換群として特殊相対性理論 (special theory of relativity) で用いられる**ローレンツ群** (Lorentz group) が得られる．また，内積の性質のうち，対称性 $(\boldsymbol{x},\boldsymbol{y}) = (\boldsymbol{y},\boldsymbol{x})$ を歪対称性 $(\boldsymbol{x},\boldsymbol{y}) = -(\boldsymbol{y},\boldsymbol{x})$ に置き換えると，これを保つ変換群として**実シンプレクティック群** (real symplectic group) が定められる．複素線形空間の内積についても，同様に歪対称性を要求して，これを保つ変換群を考えることができる．

これらを総称して，**古典群** (classical group) という．

7.2.2 剰余群と準同型定理
部分群の定める同値関係
ここでは，演算は積の表示 ab を用いる．群 G の部分群 H が与えられたとき，

$$x \sim_L y \iff x^{-1}y \in H$$

と定義すると，"$\sim_L$" は**同値関係** (equivalence relation) になる．また，$a \in G$ に対して，

$$aH = \{ah \in G \mid h \in H\}$$
$$Ha = \{ha \in G \mid h \in H\}$$

と定めると，

$$x \sim_L y \iff y \in xH$$

となる．

同様に，

$$x \sim_R y \iff yx^{-1} \in H$$

と定義すると，これも同値関係であり，

$$x \sim_R y \iff y \in Hx$$

となる．

部分群 H と $a \in G$ に対して，aH, Ha をそれぞれ，**左剰余類** (left coset)，**右剰余類** (right coset) という．

同値関係 "$\sim_L$"，もしくは "$\sim_R$" によって集合 G の要素を分類すると，剰余類は，それぞれ xH, Hx の形をしているので，特に H が有限集合の場合，これらの剰余類はすべて H と同じ個数の要素を持つ．したがって，**有限群** (finite group)（集合として有限集合となる群）では，次の定理が成り立つ．

定理 7.2.1 群 G が有限群ならば，その部分群の要素の個数は，つねに G の要素の個数の約数となる．

正規部分群

G のすべての要素 x に対して，

$$xH = Hx$$

が成り立つような部分群 H を G の**正規部分群** (normal subgroup) という．H が正規部分群ならば，

$$x \sim_L y \iff x \sim_R y$$

であり，さらに，$\sim_L, \sim_R$ を単に $\sim$ と表記することにすると，

$$x_1 \sim y_1, \; x_2 \sim y_2 \; ならば \quad x_1 x_2 \sim y_1 y_2$$

が成り立つ．したがって，集合 G を $\sim$ で分類した剰余類の集合 G/H に，G の演算を導入することができ，この演算により，G/H は再び群となる．これを群 G の正規部分群 H による**剰余群** (residue class group) という．

準同型写像

群 $(G, \star)$ から $(\hat{G}, \circ)$ への写像 ϕ が，

$$すべての\; x, y \in G \;に対して\quad \phi(x \star y) = \phi(x) \circ \phi(y)$$

を満たすとき，ϕ は**準同型写像** (homomorphism) であるという．

$G, \hat{G}$ は群，$\phi: G \to \hat{G}$ は準同型，$\hat{e}$ は $\hat{G}$ の単位元とするとき，$\hat{e}$ の ϕ による逆像，

$$\{x \in G \mid \phi(x) = \hat{e}\}$$

を準同型写像の**核** (kernel) といい，$\ker \phi$ で表す．$\ker \phi$ は，群 G の正規部分群になる．また，ϕ の値域 $\phi(G)$ は $\hat{G}$ の部分群になり，次の定理が成り立つ．

定理 7.2.2（準同型定理）

ϕ を群 G から群 $\hat{G}$ への準同型写像とするとき，剰余群 $G/\ker \phi$ は $\hat{G}$ の部分群 $\phi(G)$ と同型である．

7.3 環・イデアル

7.3.1 環

可換環・非可換環

集合 R 上に 2 つの演算 $+, \cdot$ が定められていて

- 演算 $+$ について，R は単位元 0 を持った可換群
- 演算 $\cdot$ は単位元 1 を持ち，結合法則を満たす
- 演算 $+$ と $\cdot$ の間で分配法則 $a(b+c) = ab + ac, (a+b)c = ac + bc$ が成立する

となるとき，R は**環** (ring) であるといい，$+$ を**加法** (addition)，$\cdot$ を**乗法** (multiplication) という（$a \cdot b$ は，ab と省略して表すことが多い）．

特に，乗法 $\cdot$ が可換であるとき，**可換環** (commutative ring) であるといい，可換でない環を**非可換環** (noncomutative ring) という．$\mathbb{Z}, \mathbb{Q}, \mathbb{R}, \mathbb{C}$ 等は通常の演算で可換環になり，また，n 次実正方行列（または複素正方行列）全体の集合は非可換環である．

整域と体

R を可換環とする．0 でない 2 つの要素 a, b の積 ab が 0 になることがないような環を**整域** (integral domain) という．

また，0 でないすべての要素が，積についての逆元を持つとき，つまり R から 0 を除いた集合が積について群となるとき，環 R は**体** (field) であるという．

7.3.2 イデアル

可換環 R の部分集合 M が，
- $m_1, m_2 \in M$ ならば $m_1 + m_2 \in M$
- $a \in R, m \in M$ ならば $am \in M$

を満たすとき，M は R の**イデアル** (ideal) であるという．

M を可換環 R のイデアルとするとき，加法についての剰余群 R/M は，同値関係，
$$x \sim y \iff x - y \in M$$
から定められ，
$$x_1 \sim x_2, \quad y_1 \sim y_2$$
ならば，イデアルの定義により，
$$x_1 y_1 - x_2 y_2 = x_1(y_1 - y_2) + y_2(x_1 - x_2) \in M$$

となるので,加法についての剰余群 M/R には乗法も定められ,M/R は環になる.これを可換環 R のイデアル M による**剰余環** (residue (class) ring, factor ring, quotient ring) という.

$\mathbb{Z}/n\mathbb{Z}$

整数全体の集合の作る環 $\mathbb{Z}$ において,整数 $n \geqq 2$ を 1 つ選び n の倍数の集合,

$$n\mathbb{Z} = \{nm \mid m \in \mathbb{Z}\}$$

を考えると,これは $\mathbb{Z}$ のイデアルになり,剰余環 $\mathbb{Z}/n\mathbb{Z}$ は $0, 1, \ldots, n-1$ を含む同値類から構成される.通常,$0, 1, \ldots, n-1$ を含む同値類をそれぞれ同じ記号 $0, 1, \ldots, n-1$ で表す.このとき,$k, l \in \mathbb{Z}/n\mathbb{Z}$ に対して定められる和 $k+l$ と積 kl は,それぞれ $k+l$,kl を含む同値類として定義される.

また,$(\mathbb{Z}/n\mathbb{Z})^*$ を $\mathbb{Z}/n\mathbb{Z}$ から 0 を取り除いた集合とする.

例 $n = 5$ とすると $\mathbb{Z}/5\mathbb{Z} = \{0, 1, 2, 3, 4\}$ と考えることができ,和と積の演算表は,

+	0	1	2	3	4
0	0	1	2	3	4
1	1	2	3	4	0
2	2	3	4	0	1
3	3	4	0	1	2
4	4	0	1	2	3

·	0	1	2	3	4
0	0	0	0	0	0
1	0	1	2	3	4
2	0	2	4	1	3
3	0	3	1	4	2
4	0	4	3	2	1

となる.$(\mathbb{Z}/n\mathbb{Z})^*$ の積についての演算表は,

·	1	2	3	4
1	1	2	3	4
2	2	4	1	3
3	3	1	4	2
4	4	3	2	1

であり,群となっている.つまり,$\mathbb{Z}/n\mathbb{Z}$ は体である.

一般に,p を素数とするとき $\mathbb{Z}/p\mathbb{Z}$ は体になる.しかし,n が合成数のときは,$\mathbb{Z}/n\mathbb{Z}$ は整域ですらなく,体にはならない.例えば,$n = 6$ のとき $3, 4$ は $\mathbb{Z}/6\mathbb{Z}$ の零でない要素だが,その積 $3 \cdot 4$ は 0 である.

要素の個数が有限の体を**有限体** (finite field) という.素数 p に対して,$\mathbb{Z}/p\mathbb{Z}$ は p 個の要素を持つ有限体となる.

$\mathbb{Z}/p\mathbb{Z}$ 上の多項式環

p を素数とするとき,体 $\mathbb{Z}/p\mathbb{Z}$ を $\mathbb{F}$ とおき,体 $\mathbb{F}$ を係数とする多項式,

$$f[X] = a_0 + a_1 X + \cdots + a_n X^n$$

を考える．多項式の和と積や代入等は係数の演算を $\mathbb{F}$ の要素として行う以外は通常の多項式と同じように計算する．例えば，$\mathbb{F} = \mathbb{Z}/3\mathbb{Z}$，$f[X] = 1 + 2X^2$，$g[X] = 2 - X + 2X^2$ とすると，

$$f[X] + g[X] = (1+2) - X + (2+2)X^2 = 2X + X^2,$$
$$f[X] \cdot g[X] = 2 - X + (2 + 2 \cdot 2)X^2 - 2X^3 + 2 \cdot 2X^4 = 2 + 2X + X^3 + X^4$$

となる．

7.4 可換体

7.4.1 拡大体

ここでは，体として可換体のみを考える．

有限次拡大

2つの体 F, K について，$K \subset F$ であるとき，F は K の**拡大体** (extension field) であるといい，$F : K$ と表す．集合 F は，

- $x, y \in F$ の和 $x + y \in F$
- $c \in K$ として，$x \in F$ の c 倍 $cx \in F$

を考えることにより，係数体を K とするベクトル空間とみなすことができる．このベクトル空間の次元が有限であるとき，F は K の**有限次拡大** (finite extension) であるといい，その次元を拡大の**次数** (degree) と呼んで，$[F : K]$ で表す．$E : F, F : K$ がともに有限次拡大のとき，拡大次数について等式，

$$[E : K] = [E : F][F : K]$$

が成り立つ．

代数拡大

体 K の拡大体 F の要素 α は，K 係数の多項式で α を根とするものが存在するとき，つまり，

$$\alpha^n + a_{n-1}\alpha^{n-1} + \cdots + a_1\alpha + a_0 = 0$$

となる $a_{n-1}, \ldots, a_0 \in K$ が存在するとき，K 上で**代数的** (algebraic) であるという．また，K 上で代数的でない要素は，K 上で**超越的** (transcendental) であるという．

拡大体 F のすべての要素が K 上で代数的であるとき，$F : K$ は**代数拡大** (algebraic extension) であるという．

単純拡大

$F : K, A \subset F$ とするとき，$K \cup A$ のすべての要素を含む体の内で最小のものを，A から生成される K の**拡大体** (extension field) といい，$K(A)$ で表す．このとき，F は $K(A)$ の拡大体であり，また $K(A)$ は K の拡大体となる．$A = \{\alpha_1, \ldots, \alpha_n\}$ のとき，

$F(A)$ を $F(\alpha_1, \ldots, \alpha_n)$ とも表し，特に，1つの要素から生成される拡大体 $F(\alpha)$ は**単純拡大** (simple extension) であるという．

7.4.2 既約多項式による体の拡大

標数

可換体 $\mathbb{F}$ において，積の単位元 1 が $\overbrace{1 + \cdots + 1}^{p\,\text{個}} = 0$ を満たす場合，そのような正の整数 p の最小値を F の**標数** (chracteristic) という．また，このような p が存在しない場合，標数は 0 と定める．$\mathbb{Z}, \mathbb{Q}, \mathbb{R}, \mathbb{C}$ はすべて標数 0 である．一方，$\mathbb{Z}/p\mathbb{Z}$ は標数 p である．

標数が 0 でないとき，標数は必ず素数になる．

可換体 $\mathbb{F}$ において，積の単位元 1 を含む最小の部分体を F の**素体** (prime subfield) という．

$\mathbb{F}$ の素体は，
- 標数が 0 ならば，$\mathbb{Q}$ と同型．
- 標数が $p \neq 0$ ならば，$\mathbb{Z}/p\mathbb{Z}$ と同型．

になる．

標数 $p \neq 0$ の体では，$x \in \mathbb{F}$ に x^p を対応させる**フロベニウス写像** (Frobenius monomorphism) は，次の定理により，F から F への準同型写像になる．

定理 7.4.1 $\mathbb{F}$ を標数 $p \neq 0$ の体，$\alpha, \beta \in \mathbb{F}$ とするとき，
$$(\alpha + \beta)^p = \alpha^p + \beta^p$$
が成り立つ．

既約多項式

可換体 $\mathbb{F}$ を係数とする多項式全体の集合 $\mathbb{F}[X]$ は環になる．これを $\mathbb{F}$ 上の**多項式環** (polynomial ring) という．

多項式環 $\mathbb{F}[X]$ の n 次多項式 $g = g[X]$ は，次数が n より小さい2つの多項式の積で表せないとき，**既約** (irreducible) であるという．

既約多項式による体の拡大

g が n 次の多項式であるとき，$g\mathbb{F}[X] = \{g[X]f[X] \mid f[X] \in \mathbb{F}[X]\}$ は $\mathbb{F}[X]$ のイデアルであり，剰余環 $\mathbb{F}[X]/g\mathbb{F}[X]$ の同値類は $\mathbb{F}$ を係数とする $n-1$ 次以下の多項式として表される．この剰余環 $\mathbb{F}[X]/g\mathbb{F}[X]$ は，多項式の積の演算が多項式環 $\mathbb{F}[X]$ における通常の積演算と異なり，剰余環では，2つの多項式 $f_1(X), f_2(X)$ の積は，通常の多項式の積 $f_1(X)f_2(X)$ を計算したものを n 次多項式 $g(X)$ で割った余りとなる．

F が q 個の要素を持つ有限体のときは，剰余環 $\mathbb{F}[X]/g\mathbb{F}[X]$ は q^n の要素を持つことになる．

定理 7.4.2 $\mathbb{F}$ を可換体，$g(X)$ を $\mathbb{F}$ 係数の既約多項式とするとき，剰余環 $\mathbb{F}[X]/g\mathbb{F}[X]$ は可換体になる．また，

- E が $\mathbb{F}$ の拡大体で，$\alpha \in E$ が $g(\alpha) = 0$ を満たすならば，$\mathbb{F}[X]/g\mathbb{F}[X]$ は $\mathbb{F}(\alpha)$ と同型．
- $\mathbb{F}[X]/g\mathbb{F}[X]$ は $\mathbb{F}$ の有限次拡大で，次数は既約多項式 $g(X)$ の次数と等しい．
- $\mathbb{F}[X]/g\mathbb{F}[X]$ は $\mathbb{F}$ の代数拡大．

7.4.3 有限体

有限体はすべて，0 でない標数 p を持ち，素体は $\mathbb{F}_p = \mathbb{Z}/p\mathbb{Z}$ であり，適切な既約多項式 $g(X)$ を選ぶことにより，$F[X]/g\mathbb{F}[X]$（もしくは，$\mathbb{F}$ 自身）と同型であることが知られている．これを，$GF(p^n)$ で表す．また，$\mathbb{F}[X]/g\mathbb{F}[X]$ を，$\mathbb{F}[X]/g$ と表すこともある．有限体をガロア体 (Galois field) と呼ぶこともある．

有限体から 0 を取り除いた集合で演算として積だけを考えると，必ず巡回群となることが知られている．

例 $\mathbb{F} = \mathbb{Z}/2\mathbb{Z}$ とする．4 次の多項式 $g(X) = X^4 + X + 1$ は $\mathbb{F}$ で既約である（$\mathbb{F}$ 係数で 3 次以下の多項式は 16 個しか存在しないので，総当りでチェックしても確かめられる）．

拡大体 $\mathbb{F}[X]/X^4 + X + 1$（以下，$GF(16)$ で表す）において，$\alpha = X$ とおくと，α は方程式，
$$X^4 + X + 1 = 0$$
の解であり，一般に β がこの方程式の解ならば，$\mathbb{F}$ の標数が 2 であることから，
$$0 = (\beta^4 + \beta + 1)^2 = (\beta^4 + \beta)^2 + 1^2 = (\beta^2)^4 + (\beta^2) + 1$$
なので，β^2 も解になる．よって，
$$\alpha^2, \alpha^4, \alpha^8, \alpha^{16}, \ldots$$
も，この方程式の解になるが，$\mathbb{F}$ では $1 = -1$ であること，および，$(a+b)^2 = a^2 + b^2$ が成り立つことに注意して計算すると，

$$\begin{aligned}
\alpha &= \alpha \\
\alpha^2 &= \alpha^2 \\
\alpha^4 &\ (= -1 - \alpha) = 1 + \alpha \\
\alpha^8 &= 1 + \alpha^2 \\
\alpha^{16} &\ (= 1^2 + (\alpha^2)^2 = -\alpha) = \alpha
\end{aligned}$$

なので，α^{16} より先は $\alpha, \alpha^2, \alpha^4, \alpha^8$ の繰返しになる．

方程式 $x^4 + x + 1 = 0$ の相異なる解は $\alpha, \alpha^2, \alpha^4, \alpha^8$ である．

例 上の例の設定で，$\alpha^k, k = 0, 2, 3, \ldots, 14$ をすべて計算してみると，

$$\begin{aligned}
\alpha^0 &= 1 \\
\alpha^1 &= \alpha \\
\alpha^2 &= \alpha^2 \\
\alpha^3 &= \alpha^3 \\
\alpha^4 &= 1 + \alpha
\end{aligned}$$

$$\alpha^5 = \alpha + \alpha^2$$
$$\alpha^6 = \alpha^2 + \alpha^3$$
$$\alpha^7 = 1 + \alpha + \alpha^3$$
$$\alpha^8 = 1 + \alpha^2$$
$$\alpha^9 = \alpha + \alpha^3$$
$$\alpha^{10} = 1 + \alpha + \alpha^2$$
$$\alpha^{11} = \alpha + \alpha^2 + \alpha^3$$
$$\alpha^{12} = 1 + \alpha + \alpha^2 + \alpha^3$$
$$\alpha^{13} = 1 + \alpha^2 + \alpha^3$$
$$\alpha^{14} = 1 + \alpha^3$$
$$(\alpha^{15} = 1)$$

となり，$GF(16)$ の 0 以外の要素はすべて，α^k の形で表されることがわかる．したがって，$k \in \mathbb{Z}/15\mathbb{Z}$ に α^k を対応させる写像を考えると，これは，巡回群 $(\mathbb{Z}/15\mathbb{Z}, +)$ から $(GF(16) - \{0\}, \cdot)$ への同型写像を与える．この同型写像の逆写像を，$GF(16)$ での底を α とする**離散対数** (discrete logarithm) という．

7.5 グラフ理論

グラフ (graph)G は，
- **頂点** (vertex), **節** (node) と呼ばれる要素の集合 V．
- **辺** (edge) と呼ばれる要素の集合 E．

からなり，以下を定義する．

1. 各辺 e には**始点** (initial vertex) と呼ばれる**頂点** (vertex) $\partial_-(e)$ と，**終点** (terminal vertex) と呼ばれる頂点 $\partial_+(e)$ が対応する．
2. 始点と終点をあわせて**端点** (end vertex) という．
3. 頂点 v が辺 e の端点であるとき，e は v に**接続** (connection) しているという．
4. 辺で結ばれている 2 つの頂点は**隣接** (adjacent) しているという．
5. グラフ G において，頂点 v に接続している辺の個数を v の**次数** (degree) といい，$\deg_G(v)$ で表す．
6. 辺 e の始点と終点が同じ点であるとき，つまり，$\partial_-(e) = \partial_+(e)$ を満たすとき，e を**輪** (self loop) という．
7. 輪を持たないグラフを**単純グラフ** (simple graph) という．
8. 各辺 e に対応する始点と終点を区別せずに，e には 2 つの端点（e が輪なら 1 点）が対応すると考えるグラフを**無向グラフ** (undirected graph) という．
9. 無向グラフでないことを強調して，グラフを**有向グラフ** (directed graph) ともいう．

ここでの定義は，同じ始点と同じ終点を持つ複数の辺（多重辺）が存在することを許

容している．多重辺を持たないグラフのみをグラフとする定義や，単純な無向グラフのみを単純グラフという定義など，様々な定義があるので注意．

グラフの 2 つの頂点 α, β に対して，頂点と辺からなる列，

$$\alpha = v_0, e_1, v_1, e_2, v_2, e_3, \ldots, v_{n-1}, e_n, v_n = \beta$$

は，各 e_j の端点が v_{j-1} と v_j であるとき，α から β への路 (path) であるという．

特に，路について以下を定義する．

1. $\alpha = \beta$ である路を閉路 (closed path) という．
2. 各 e_j について常に始点が v_{j-1} で終点が v_j であるとき，有向路 (directed path) であるという．
3. e_1 から e_n までに同じ辺が現れないとき，この路は単純 (simple) であるという．
4. v_0 から v_1 までに同じ頂点が現れないとき，この路は初等的 (elementary) であるという．

なお，単純な路，もしくは，単純で初等的な路のみを路と定義することもある．

グラフの異なる 2 頂点の間に必ず路が存在するとき，このグラフは連結グラフ (connected graph) であるという．

連結グラフ G において，すべての辺を含む単純路が存在するということは，「一筆書き」が可能であることに対応する．一筆書きが可能であるための必要十分条件はレオンハルト・オイラー (Leonhard Euler) により得られており，次数が奇数である頂点が高々 2 個しか存在しないことである．

各辺に実数値が割り振られているグラフを重み付きグラフ (weighted graph) という．G を重み付きグラフ，G の辺 e の重みを $f(e)$，G の頂点を $V = \{v_1, \ldots, v_n\}$ とするとき，n 次正方行列 (a_{ij}) を，

$$a_{ij} = \sum_{e \in E_{ij}} f(e), \quad E_{ij} = \{e \,|\, e \text{ は始点が } v_i \text{ で終点が } v_j \text{ である辺}\}$$

と定めることができる．重み付きでないグラフ G についても，各辺の重みをすべて 1 とすることにより，行列 $A = (a_{ij})$ を定めることができ，a_{ij} は，頂点 i を始点として頂点 j を終点とする辺の個数となる．

例 図 7.1 のグラフで，

$$a_{ij} = \begin{cases} 1 & (\text{始点が } v_i \text{ で終点が } v_j \text{ の路がある}) \\ 0 & (\text{それ以外}) \end{cases}$$

として定めた行列を接続行列という．このグラフの接続行列は，

$$\begin{pmatrix} 0 & 1 & 0 & 1 & 0 & 0 \\ 0 & 0 & 1 & 0 & 0 & 0 \\ 0 & 0 & 0 & 0 & 0 & 1 \\ 0 & 0 & 0 & 0 & 1 & 0 \\ 0 & 1 & 0 & 0 & 0 & 0 \\ 0 & 0 & 0 & 0 & 0 & 0 \end{pmatrix} \quad v_1 \longrightarrow v_2 \longrightarrow v_3 \downarrow\uparrow\uparrow\downarrow v_4 \longrightarrow v_5 \longrightarrow v_6$$

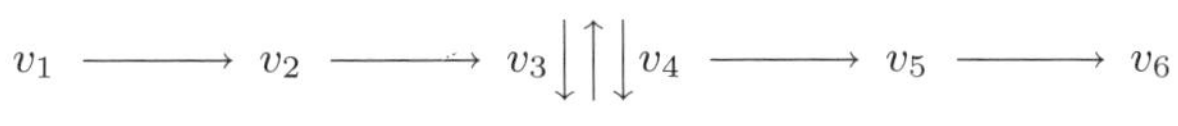

図 7.1

である．

さらに，以下を定義する．
1. 任意の相異なる頂点 v_1, v_2 に対して，v_1, v_2 を端点とする辺 e が 1 つだけ存在する単純無向グラフを**完全グラフ** (complete graph) という．
2. どの点の次数も同じである単純無向グラフを**正則グラフ** (regular graph) という．正多面体の頂点と辺は正則グラフを与える．
3. 頂点の集合 V が 2 つの部分集合 V^+, V^- に分割され，任意の辺 e の始点は V^- に，終点は V^+ に属するとき，**2 分グラフ** (bipatite graph) であるという．
4. 2 分グラフにおいて，任意の $v_1 \in V^-$ と $v_2 \in V^+$ を結ぶ辺が存在するとき，**完全 2 分グラフ** (complete bipatite graph) であるという．
5. 頂点の集合 $V_1 \subset V, V_2 = V - V$ に対して，始点が V_1 に含まれ終点が V_2 に含まれるか，始点が V_2 に含まれ終点が V_2 に含まれる辺の集合を，V_1 の**カットセット** (cutset) という．
6. すべての頂点の次数が等しいグラフを**正規グラフ** (regular graph) という．
7. 頂点を平面上の点として，2 つの頂点を結ぶ辺をその平面上の曲線とし，かつ，異なる辺を表す曲線が交わらないように表現できるグラフを**平面グラフ** (planar graph) という．

7.5.1 グラフ理論の様々な問題

G を重み付きグラフとするとき，路，
$$\alpha = v_0, e_1, v_1, e_2, v_2, e_3, \ldots, v_{n-1}, e_n, v_n = \beta$$
に対しての重みを $f(e_1) + \cdots + f(e_n)$ として定義することができる．2 つの頂点 α, β に対して，α から β への重みが最小となる路を探索する問題を**最短経路問題** (shortest path problem) という．

また，グラフのすべての頂点を少なくとも 1 回は通る路の中での最短経路（重みが最小の路）を求める問題を**巡回セールスマン問題** (traveling salesman problem) という．この問題は，頂点の個数が多い場合は，極めて多くの計算量が必要となるタイプの問題であることが知られている．

重み付きグラフ G と 2 つの頂点 s, t が与えられているとき，各辺 e に実数値 $g(e)$ を対応させる関数で，条件，
1. s と t 以外の各頂点 v において，v を始点とする辺についての g の値の和は v を終点とする辺についての g の値の和に等しい．
2. すべての辺 e に対して，$g(e) \leq f(e)$．

を満たすものを**フローネットワーク** (flow network) という．フローネットワークの中で，s から t への輸送量，つまり，s を始点とする辺についての g の値の和から s を終点とする辺についての g の値の和を引いたもの（つまり，実質的に s から送り出すこと），を最大にするフローネットワークを求める問題を**最大ネットワーク問題** (maximum flow problem) という．

7.5.2 木

木 (tree) は以下の条件を満たす有向グラフである：
1. どの辺の始点にもならない頂点が 1 つだけ存在する．この頂点を根 (root) という．
2. 根以外のどの頂点についても，その頂点を終点とする辺は 1 つしかない．
3. 根以外のどの頂点についても，根を始点としてその頂点を終点とする路が存在する．

木について述べるときは，辺を枝 (edge)，頂点を節 (node) ということが多い．木において，その節を始点とする枝が存在しない節を葉 (leaf) という．

v を木の節とするとき，v を始点とする枝の終点となる節を v の子 (direct descendant) といい，また，v および，v を始点としてその節を終点とする路が存在するような節を v の子孫 (descendant) という（よって，v 自身も v の子孫と呼ぶことになる）．

v を木の節とするとき，v の子孫の集合を V'，V' に始点と終点を持つ枝の集合を E' とすると，これも木になる．この木を，v を根とする部分木 (subtree) という．

コンピュータのフォルダとファイルの配置は，フォルダの中のフォルダやファイルを子として木の構造を持っている．この木では，ファイルと空のフォルダが葉にあたる．

数学で使う数式も，木として表すことができる．例えば，

$$y = \frac{ax+b}{cx-d}$$

という式は，
1. ラベル $=$ を持つ節があって，それが根．
2. この節の子は 2 つの節であり，それぞれラベル y と $/$ を持つ．
3. ラベル $/$ の節の子は 2 つの節であり，それぞれラベル $+$ と $-$ を持つ．
4. ラベル $+$ の節の子は 2 つの節であり，それぞれラベル $\cdot$ と b を持つ．
5. ラベル $\cdot$ の節の子は 2 つの節であり，それぞれラベル a と x を持つ．
6. ラベル $-$ の節の子は 2 つの節であり，それぞれラベル $\cdot$ と d を持つ．
7. ラベル $\cdot$ の節の子は 2 つの節であり，それぞれラベル c と x を持つ．

という木として表すことができる（図 7.2 を参照）．

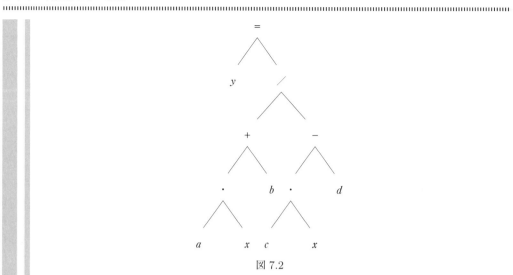

図 7.2

第8章 符号と暗号

8.1 符号理論

$\mathbb{F} = \mathbb{Z}/2\mathbb{Z}$ として，$\mathbb{F}^n = \{(x_1, x_2, \ldots, x_n) \mid x_j \in \mathbb{F}, j = 1, 2, \ldots, n\}$ を考え，その上にハミング距離 (Hamming distance) と呼ばれる距離 $d(x, y)$ を，

$$d(x,y) = \#\{j \mid x_j \neq y_j\}, \quad x = (x_1, x_2, \ldots, y_n), y = (y_1, y_2, \ldots, y_n) \in \mathbb{F}^n$$

で定める（$\#X$ は集合 X の要素の個数）．

C を $\mathbb{F}^n$ の空でない部分集合とするとき，

$$d = \min\{d(x,y) \mid x, y \in C, x \neq y\}$$

を C の最小距離 (minimal distance) という．

送信者が n ビットを一区切りとして送信し，受信者がそれを受け取るという通信を考える．ここで，非常に低い確率ではあるが，1つのビットの 0 が 1 に，1 が 0 に反転してしまう"誤り"が生じる可能性があるとする．ただし，そのような反転の確率は非常に小さいので，n ビットの内で同時に 2 ビットの誤りや 3 ビットの誤りが生じる確率はさらに小さく（例えば，1 ビットの誤りの生じる確率が 1 万分の 1 程度ならば，同時に 2 ビットの誤りが生じる確率は 1 億分の 1 ($\frac{1}{10^8}$) 程度で，3 ビットの誤りとなると 1 兆分の 1 ($\frac{1}{10^{12}}$) 程度），極めて高い安全度を要求される環境でも，同時に起こる誤りの個数は小さいと仮定できるとする．

今，n ビットの文全体 $\mathbb{F}^n$ のすべてが送信される可能性があるのではなく，符号集合と呼ばれる部分集合 C に属するもの以外は送信されないという了解が，送信者と受信者のプロトコルとして定められているとする．ここで符号集合 C の最小距離が d であるとすると，C の 1 つの要素を送信した結果 $d-1$ 以下の個数のビットに誤りが生じたとしても，送信した結果が C の他の要素に変わることはない．したがって，誤りビットの個数が $d-1$ 以下という仮定の下で，受信結果が C の要素であるならば，誤りは生じていないと判定することができる．

さらに，k を $2k < d$ を満たす正の整数として誤りビットの個数が k 以下という仮定をすると，C のそれぞれの要素の k ビット以下を変化させてできる集合は共通集合を持たないので，送信した結果が誤りを含む場合でも，C のある要素からのハミング距離が k 以下であるならば，その要素が送信しようとした符号だと判断することができる．つまり，最小距離が d の符号 C では，

- $d-1$ ビット以内の誤りを検出 (error-detecting) できる．

- $\lfloor \frac{d-1}{2} \rfloor$ ビット以内の誤りを訂正 (error-correcting) できる.

ということなる.ここで,$\lfloor \frac{d-1}{2} \rfloor$ は $\frac{d-1}{2}$ を超えない最大の整数を表す.

符号理論の目的は,ハミング距離を確保しながら可能な限り多くの要素を持つ符号集合 C を構成することである.

例 $\mathbb{F}^5$ において,
$$C = \{(0,0,0,0,0), (0,0,1,1,1), (1,1,1,0,0), (1,1,0,1,1)\}$$
と定めると,最小距離は 3 である.

定理 8.1.1 (ハミング限界式)

長さ n,最小距離 d の任意の符号集合 C に対して,
$$2^n \geq \#C \cdot (1 + {}_nC_1 + {}_nC_2 + \cdots + {}_nC_e)$$
が成り立つ.ここで,$e = \lfloor \frac{d-1}{2} \rfloor$,$\#C$ は C の元の個数を表す.

上の定理のハミング限界式 (Hamming bound) が等号となる符号を,**完全符号** (perfect code) という.

8.1.1 線形符号

$C \subset \mathbb{F}^n$ が係数体を $\mathbb{F}$ とする線形空間 $\mathbb{F}^n$ の部分空間であるとき,つまり,
$$x, y \in C \text{ ならば } x + y \in C$$
が成り立つとき,C は**線形符号** (linear code) であるという.また,C が線形符号であり,C の次元が k であるとき,C は k 次元線形符号であるといい,(n,k)-線形符号と書く.

例 $\mathbb{F}^5$ において,
$$C = \{(0,0,0,0,0), (0,0,1,1,1), (1,1,1,0,0), (1,1,0,1,1)\}$$
と定めると,C は線形符号であり,
$$(0,0,1,1,1),\ (1,1,1,0,0)$$
は基底となるので,C は 2 次元線形符号.

また,
$$G = \begin{pmatrix} 0 & 0 & 1 & 1 & 1 \\ 1 & 1 & 1 & 0 & 0 \end{pmatrix}$$
とおくと,
$$C = \{uG \mid u \in \mathbb{F}^2\}$$
と表される.

$x \in \mathbb{F}^n$ に対して,$d(x, 0)$,つまり x の 0 でない成分の個数を**ハミング重み** (Hamming weight) という.

C が線形符号ならば,C の最小距離は C の 0 でない要素のハミング重みの最小値と等しい.

線形符号 C に対して，$x \in C \iff xH = 0$ を満たす行列を，符号 C のパリティ検査行列 (parity-check matrix) という．

一般に，I_k を k 次単位行列，G' を $k \times (n-k)$ 行列として，
$$G = (I_k, G')$$
と定めると，
$$C = \{uG \mid u \in \mathbb{F}^k\}$$
は k 次元線形符号であり，パリティ検査行列 H は，
$$H = \begin{pmatrix} G' \\ I_{n-k} \end{pmatrix}$$
となる．

G, H が上記の形で表されているとき，符号 $x = (x_1, \ldots, x_k, x_{k+1}, \ldots, x_n) \in C$ は，元の情報 $(x_1, \ldots, x_k)$ に対して式，
$$(x_{k+1}, \ldots, x_n) = (x_1, \ldots, x_k)G'$$
で求められる $(x_{k+1}, \ldots, x_n)$ を付加したものと考えることができる．$x_{k+1}, \ldots, x_n$ をパリティ検査ビット (parity-check bit) という．

線形符号 C では，C の最小距離は C の最小重みに等しいが，さらに，C の最小重み d は，

> パリティー検査行列 H の行ベクトル（横ベクトル）のうちの，任意の $d-1$ 本は線形独立で，かつ，d 本の線形従属な行ベクトルが存在するような d

として，与えられる．

ハミング符号 (Hamming code) は次の手順で定められる線形符号である．
1. 2 以上の整数 m を選ぶ．
2. 0 でない m 次元ベクトルは $2^m - 1$ 本あるが，これらを並べて，行列，
$$\begin{pmatrix} G' \\ I_{n-k} \end{pmatrix}$$
を作る．
3. $n = 2^m - 1$，$k = n - m = 2^m - m - 1$ とおき，(I_k, G') から，
$$C = \{uG \mid u \in \mathbb{F}^k\}$$
と定める．この符号は (n, k) 線形符号であり，最小距離は 3．

ハミング符号は，
$$\#C \cdot (1 + {}_nC_1) = 2^k(1+n) = 2^k \cdot 2^m = 2^n$$
を満たすので，完全符号である．

|例| $m=2$ とすると, $n=3, k=1$ であり,
$$H = \begin{pmatrix} 1 & 1 \\ 1 & 0 \\ 0 & 1 \end{pmatrix}$$
$$G = (1,1,1)$$
となる.つまり, 0 を $(0,0,0)$, 1 を $(1,1,1)$ に符号化して送信する.

$(0,0,0)$ からの 1 ビットエラーは,
$$(1,0,0), (0,1,0), (0,0,1)$$
$(1,1,1)$ からの 1 ビットエラーは,
$$(0,1,1), (1,0,1), (1,1,0)$$
である.

|例| $m=5$ とすると, $n=31, k=26$ であり, C は $2^{26}=67{,}108{,}864$ 本のベクトルから成る集合である.

8.1.2 巡回符号

線形符号 C が,
$$(a_0, a_1, a_2, \ldots, a_{n-1}) \in C \quad \text{ならば} \quad (a_{n-1}, a_0, a_1, \ldots, a_{n-2}) \in C$$
を満たすとき, C は巡回符号 (cyclic code) であるという.

ベクトル $a = (a_0, a_1, a_2, \ldots, a_{n-1})$ に,
$$f(x) = a_0 + a_1 x + a_2 x^2 + \cdots + a_{n-1} x^{n-1}$$
を対応させ,これを, a の多項式表現 (polynomial representation) という.巡回符号であるという条件は,

- $f(x), g(x) \in C$ ならば $f(x) + g(x) \in C$
- $f(x) \in C$ ならば, $(xf(x) \mod x^n - 1) \in C$

と書き換えることができる.

$\mathbb{F}$ を係数とするすべての多項式の作る環を $\mathbb{F}[x]$ で表し, R_n を $\mathbb{F}[x]$ の要素で多項式 $x^n - 1$ を法として合同なものを同一視してできる環 $R_n = \mathbb{F}[x]/x^n - 1$ とする.

C が R_n の巡回符号であるということは, C が R_n のイデアルであることを意味する.

R_n のイデアル C は, $g \, (\in C)$ をうまく選ぶことにより,
$$C = \{fg \mid f \in R_n\}$$
と表すことができる.さらに, g は $x^n - 1$ を割り切るように選ぶことができる.

この多項式 g を C の生成元 (generator) という.

g が $n-k$ 次の多項式ならば, $k-1$ 次以下の多項式 f のみに制限しても, C の各要素を fg の形で表すことができる.

よって, g が $n-k$ 次の生成元を持つとき, C は, k 本の独立なベクトル,
$$g, xg, x^2 g, \ldots, x^{k-1} g$$
で張られる線形符号となる.

8.1.3 BCH符号

BCH 符号 (BCH code) は有限体の様々な性質を利用して構成される符号なので，まず，有限体の例を1つ選んで，その中での方程式とその解の振る舞いを，具体的に調べることから始める．

7.4.3 項の第一の例の体 $GL(16)$ を例にとって考えてみる．

7.4.3 項の 2 つの例の設定で，$x^{15} - 1$ を $\mathbb{F}$ 係数多項式としての因数分解すると，
$$x^{15} - 1 = (1+x)(1+x+x^2)(1+x+x^2+x^3+x^4)(1+x+x^4)(1+x^3+x^4)$$
なので（右辺を展開することにより確かめられる），α は方程式 $x^{15} - 1$ の解でもある．
$$(\alpha^k)^{15} - 1 = (\alpha^{15})^k - 1 = 1^k - 1 = 0, \quad k = 0, 1, 2, \ldots$$
なので，$1, \alpha, \alpha^2, \alpha^3, \alpha^4, \alpha^5, \ldots, \alpha^{14}$ はすべて，方程式 $x^{15} - 1 = 0$ の解であり，したがって，これらは以下の方程式，
$$1 + x = 0$$
$$1 + x + x^2 = 0$$
$$1 + x + x^2 + x^3 + x^4 = 0$$
$$1 + x + x^4 = 0$$
$$1 + x^3 + x^4 = 0$$
のいずれかの解となるので，$1, \alpha, \alpha^2, \alpha^3, \ldots, \alpha^{14}$ が，どの方程式の解になるか分類すると，次のようになる．

方程式	解
$1 + x = 0$	1
$1 + x + x^2 = 0$	α^5, α^{10}
$1 + x + x^2 + x^3 + x^4 = 0$	$\alpha^3, \alpha^6, \alpha^9, \alpha^{12},$
$1 + x + x^4 = 0$	$\alpha, \alpha^2, \alpha^4, \alpha^8$
$1 + x^3 + x^4 = 0$	$\alpha^7, \alpha^{11}, \alpha^{13}, \alpha^{14}$

この例を念頭に置いて，
$$g(x) = (1 + x + x^4)(1 + x + x^2 + x^3 + x^4) = 1 + x^4 + x^6 + x^7 + x^8$$
と選ぶ．このとき，方程式 $g(x) = 0$ の解は，$\alpha^3, \alpha^6, \alpha^9, \alpha^{12}, \alpha, \alpha^2, \alpha^4, \alpha^8$ であり，したがって，

$f(x) \in R_n$ が $f(x) = q(x)g(x), q(x) \in R_n$ の形で表される
$\iff \alpha, \alpha^2, \alpha^4, \alpha^8, \alpha^3, \alpha^6, \alpha^9, \alpha^{12}$ がすべて $f(x) = 0$ の解

であり，また，これは，

$f(\alpha) = 0$ かつ $f(\alpha^3) = 0$

と同値になる．

よって，$GL(2^4) = \mathbb{F}[x]/1 + x + x^4$ の要素を成分とする行列，

$$H = \begin{pmatrix} 1 & 1 \\ \alpha & \alpha^3 \\ \alpha^2 & (\alpha^3)^2 \\ \vdots & \vdots \\ \alpha^{14} & (\alpha^3)^{14} \end{pmatrix}$$

は,

$$G = \begin{pmatrix} g \\ xg \\ x^2 g \\ x^3 g \\ x^4 g \\ x^5 g \\ x^6 g \end{pmatrix} = \begin{pmatrix} 1 & 0 & 0 & 0 & 1 & 0 & 1 & 1 & 1 & 0 & 0 & 0 & 0 & 0 & 0 \\ 0 & 1 & 0 & 0 & 0 & 1 & 0 & 1 & 1 & 1 & 0 & 0 & 0 & 0 & 0 \\ 0 & 0 & 1 & 0 & 0 & 0 & 1 & 0 & 1 & 1 & 1 & 0 & 0 & 0 & 0 \\ 0 & 0 & 0 & 1 & 0 & 0 & 0 & 1 & 0 & 1 & 1 & 1 & 0 & 0 & 0 \\ 0 & 0 & 0 & 0 & 1 & 0 & 0 & 0 & 1 & 0 & 1 & 1 & 1 & 0 & 0 \\ 0 & 0 & 0 & 0 & 0 & 1 & 0 & 0 & 0 & 1 & 0 & 1 & 1 & 1 & 0 \\ 0 & 0 & 0 & 0 & 0 & 0 & 1 & 0 & 0 & 0 & 1 & 0 & 1 & 1 & 1 \end{pmatrix}$$

から定められる符号 C のパリティ検査行列となる.

H は $GL(2^4)$ の要素を成分とする行列として,15×2 行列の形で書かれているが,α^ℓ を $1, \alpha, \alpha^2, \alpha^3$ を基底とする座標で表すならば,例えば $(\alpha^2, (\alpha^3)^2)$ は $(0,0,1,0,0,0,1,1)$ となり,H は $0, 1$ を成分とする行列として 15×8 行列となる.しかし,これを,15×2 行列として計算できることが,有限体として扱う利点となる.

H の 15 本の行ベクトル(横ベクトル)は,そこからどのように 4 本を選んでも,その 4 本の行ベクトルは線形独立であるという性質(したがって,C の最小重みが 5 以上であるという性質)を持っていることが示される.

これは,方程式 $g(x) = 0$ の解 $\alpha, \alpha^2, \alpha^4, \alpha^8, \alpha^3, \alpha^6, \alpha^9, \alpha^{12}$ が,

$$\alpha, \alpha^2, \alpha^3, \alpha^4$$

という "連続した" 4 つの系列を持つことに由来する.以下で,このことを確認する.

まず,α, α^3 が方程式 $f(x) = 0$ の解ならば,$\alpha, \alpha^2, \alpha^4, \alpha^8, \alpha^3, \alpha^6, \alpha^9, \alpha^{12}$ も解になるので,H に余分な列ベクトルを付け加えた行列,

$$H_1 = \begin{pmatrix} 1 & 1 & 1 & 1 \\ \alpha & \alpha^3 & \alpha^2 & \alpha^4 \\ \alpha^2 & (\alpha^3)^2 & (\alpha^2)^2 & (\alpha^4)^2 \\ \vdots & \vdots & \vdots & \vdots \\ \vdots & \vdots & \vdots & \vdots \\ \alpha^{14} & (\alpha^3)^{14} & (\alpha^2)^{14} & (\alpha^4)^{14} \end{pmatrix}$$

も,C のパリティ検査行列になる.

C が重み 4 以下のベクトルを含むと仮定すると,H_1 から和が 0 になるような 4 本の行ベクトル(これらを,i_1, i_2, i_3, i_4 行とする)を選ぶことができる.この行列式は行ベクトルが線形従属であるとすると 0 になるはずである.しかし,この行列式は,

$$-\alpha^{i_1}\alpha^{i_2}\alpha^{i_3}\alpha^{i_4} \begin{vmatrix} 1 & \alpha^{i_1} & (\alpha^{i_1})^2 & (\alpha^{i_1})^3 \\ 1 & \alpha^{i_2} & (\alpha^{i_2})^2 & (\alpha^{i_2})^3 \\ 1 & \alpha^{i_3} & (\alpha^{i_3})^2 & (\alpha^{i_3})^3 \\ 1 & \alpha^{i_4} & (\alpha^{i_4})^2 & (\alpha^{i_4})^3 \end{vmatrix}$$

と表され，ヴァンデルモンド行列式の形をしているので，値は零でなく，矛盾．よって，C が重み 4 以下のベクトルを含むことはなく，C の最小距離は 5 以上である．

一般的に，**BCH 符号** (BCH code) は，次のように構成される．
1. m を任意の正の整数とし，m 次の既約多項式 $p(x)$ を選び，2^m 個の要素を持つ有限体 $GL(2^m) = \mathbb{F}[x]/p(x)$ を作る．このとき，$GL(2^m)$ の要素は，原始元 $\alpha(= x \in \mathbb{F}[x]/p(x))$ の $(m-1)$ 次以下の多項式として表される．
2. α の位数を n とする．n は $2^m - 1$ を割り切る．また，
$$1, \alpha, \alpha^2, \ldots, \alpha^{n-1}$$
は，方程式 $x^n - 1 = 0$ の解となる．
3. $x^n - 1$ を割り切る $(n-k)$ 次多項式 $g(x)$ を選ぶ．
4. 方程式 $g(x) = 0$ の $(n-k)$ 個の解の中に，$\alpha^j, \alpha^{j+1}, \alpha^{j+2}, \ldots, \alpha^{j+\delta-1}$ のような連続した δ 個の解が存在するならば，$g(x)$ を生成多項式とする k 次元巡回符号の最小距離は $\delta + 1$ 以上である．

8.2 初等整数論

8.2.1 合同式と整除性

正の整数 m が与えられたとき，$\mathbb{Z}$ における関係 "$\equiv$" を，a, b の差が m の倍数であることと定め，
$$a \equiv b \bmod m$$
と書く．つまり，
$$a \equiv b \bmod m \iff a - b = km \text{ を満たす } k \in \mathbb{Z} \text{ が存在}$$
であり，これは同値関係になる．また，$a \equiv b \bmod m$ であることは，剰余環 $\mathbb{Z}/m\mathbb{Z}$ において a, b が同じ剰余類に属すことを意味するので，
$$a_1 \equiv a_2 \bmod m, \quad b_1 \equiv b_2 \bmod m$$
ならば，
$$a_1 + b_1 \equiv a_2 + b_2 \bmod m, \quad a_1 b_1 \equiv a_2 b_2 \bmod m$$
が成り立つ．"$\equiv$" を**合同式** (congruence expression) という．

整数 a を $\mathbb{Z}/m\mathbb{Z}$ で考えていることを示すために，
$$a \bmod m$$
と表すこともある．これはまた，「a を m で割った余り」と解釈することもできる．

整数 a が b を割り切るとき，つまり，$b = ca$ を満たす整数 c が存在するとき，$a|b$ と書く（$a|b$ は「a は b で割り切れる」ではなく，「a は b を割り切る」であることに注意）．整数 a, b に対して，

- $c|a$ かつ $c|b$ を満たす整数を a と b の**公約数** (common divisor) という．
- 公約数の中で最大のものを**最大公約数** (greatest common divisor) といい，$\gcd(a, b)$ で表す．
- $a|c$ かつ $b|c$ を満たす整数を a と b の**公倍数** (common multiple) という．
- 正の公倍数の中で最小のものを**最小公倍数** (least common multiple) といい，$\mathrm{lcm}(a, b)$ で表す．
- $\gcd(a, b) = 1$ のとき，a と b は**互いに素である** (disjoint) という．

3 個以上の整数については，それらのどの 2 つも互いに素であるとき，互いに素であるという．

以上の定義では，負の整数も考慮していることに注意．したがって，$\gcd(a, b) = 1$ のとき，a と b の公約数は $1, -1$ である．

環論の用語を用いるならば，最大公約数は a, b から生成され，イデアル，つまり a, b 含むイデアルのうち（集合の包含関係で）最小のイデアルの生成元である．

既約 (irreducible) と素 (prime)

可換環 R において，$p \in R$ は，

- $p|ab$ ならば $p|a$ もしくは $p|b$，が成り立つとき，**素元** (prime element)
- $a|p$ を満たす a は，1 もしくは p に逆元を持つ要素を掛けたものしか存在しない

という性質が成り立つとき，**既約元** (irreducible element) であるという．整数環 $\mathbb{Z}$ では，素元は**素数** (prime number) のことであり，かつ，素数であることと既約であることは一致する．

可換環では常に，素元であれば既約であるが，素元でない既約元が存在するような可換環もある．

8.2.2 高速なアルゴリズム

正の整数の約数は，原理的には $2, 3, 4, \ldots$ で次々に割ってみることにより見つけることができるが，大きな整数（例えば 100 桁の整数）となると，このアルゴリズムではスーパーコンピュータを用いても現実的時間では不可能である．このような単純なアルゴリズム以外に，因子基底法をはじめとして，より高速なアルゴリズムが開発されているが，それでも 2000 桁を超える整数（特にそれが 1000 桁程度の 2 つの素数の積である場合）を因数分解することは，現実的な時間では無理である．現在のコンピュータをいかに改良して高速化しても現実的な時間で解を得ることができないと考えられている問題は，この他にも，いくつか知られている．この「現実的な時間では解を求めら

れない」ということを逆に利用して，RSA 暗号などの暗号系が開発されている．

一方，数万桁の整数に対しても普通の PC を使っても短時間で結果の得られるアルゴリズムも多い．この意味で "高速な" アルゴリズムのうち，よく使われるものを幾つか紹介する．

整数の問題では最初に四則演算のアルゴリズムが問題になる．四則演算は，数十万桁の多倍精度計算であっても，高速に計算される．洗練されたアルゴリズムとして高速フーリエ変換 (fast Fourier transformation, FFT) 等の技法があるが，四則演算のアルゴリズムはハードウェアに依存する面が大きいので，ここでは省略する．

> ここでの "高速なアルゴリズム" という言葉に対応する専門用語は，多項式時間アルゴリズム (polynomial time algorithm) である．これは，問題のスケール（例えば因数分解しようとする整数の桁数）ℓ を定め，それを大きくしていくとき，アルゴリズムで必要なステップ数が ℓ の多項式で上からおさえられることを意味する．

しかし，"必要なステップ数" はハードウェアに依存するので，厳密にはチューリング機械 (Turing machine) というコンピュータの原理的モデルでのステップ数に還元して評価することになる．

最大公約数

2 つの正の整数 a, b の最大公約数はユークリッドの互除法 (Euclidean algorithm) により求めることができる．

ユークリッド互除法は，

- $b|a$ ならば，$\gcd(a,b) = b$
- $b|a$ でないならば，a を b で割って $a = qb+r$, $0 < r < b$ を満たす r （割った余り）を求めると，$\gcd(a,b) = \gcd(b,r)$ なので $a := b, b := r$ と代入して新たに a, b を設定して $\gcd(a,b)$ を求める．

というステップを繰り返す．

ステップを繰り返すたびに a, b は小さい正の整数に変わっていくので，いずれは $b|a$ となり終了する．なお，ステップを 2 度繰り返すと a の値は $1/2$ 以下になるので，大きな桁の数に対しても必要なステップ数は少なく，高速である．

> 大きな数の（±1 でない）約数を見つけることは，困難である．しかし，2 つの大きな数の公約数を見つけることはユークリッド互除法により簡単にできる．高校までは，公約数は素因数分解を手がかりに考えてきたが，ユークリッド互除法では素因数分解を経由しないで最大公約数を求めている．高校までの感覚との違いは，「素数判定アルゴリズム」にも見られる．現在，与えられた整数が素数かどうかを判定する高速なアルゴリズムが知られているが，それらにより「素数でない」という判定ができたとしても，それは「約数を具体的に見つける」ことによるのではない．「素数でない」という判定がなされても，±1 でない約数が存在することがわかるだけで，具体的な約数を見つけることはできない．

ユークリッド互除法の逆

$\gcd(a,b) = d$ として，1次方程式，

$$ax + by = d$$

の整数解 x_0, y_0 を求める問題を考える．$a = qb + r$ として b, r に対しての整数解，

$$bx_1 + ry_1 = d$$

が求められれば，

$$d = bx_1 + ry_1 = bx_1 + (a - qb)y_1$$
$$= ay_1 + b(x_1 - qy_1)$$

なので，元の方程式の整数解 $x_0 = y_1, y_0 = x_1 - qy_1$ が求められることを利用する．

原理的には，ユークリッド互除法を行って d を求めてから，ステップをさかのぼって解を求めていくことになるが，実際に用いるアルゴリズムでは，ユークリッド互除法を行いながら，最後の解から最初の解を求める式を変形していくことになる．

a, m が互いに素であるとすると，

$$ax + my = 1$$

を満たす x, y を求めることができる．この式を変形すると，

$$ax \equiv 1 \mod m$$

となるので，a が m と互いに素ならば，$\mod m$ での a の逆数（$\mathbb{Z}/m\mathbb{Z}$ での逆元）が存在し，かつ，それを計算して求められることがわかる．

$(\mathbb{Z}/m\mathbb{Z})^*$ とオイラー関数 φ

1 から $m-1$ までの整数のうち，m と互いに素な整数の集合を $(\mathbb{Z}/m\mathbb{Z})^*$ で表すことにすると，

- $a, b \in (\mathbb{Z}/m\mathbb{Z})^*$ ならば $ab \in (\mathbb{Z}/m\mathbb{Z})^*$
- $a \in (\mathbb{Z}/m\mathbb{Z})^*$ ならば a の逆元 a^{-1} が存在する

がいえる．よって，$(\mathbb{Z}/m\mathbb{Z})^*$ は積を演算として群になる．

集合 $(\mathbb{Z}/m\mathbb{Z})^*$ の要素の個数，つまり，$1, 2, \ldots, m-1$ のうち m と互いに素なものの個数を，$\varphi(m)$ で表し，この関数 φ をオイラー関数 (Euler function) と呼ぶ．

例 $m = 12$ とすると，

$$(\mathbb{Z}/m\mathbb{Z})^* = \{1, 5, 7, 11\}$$

であり，演算表は次のようになる．

	1	5	7	11
1	1	5	7	11
5	5	1	11	7
7	7	11	1	5
11	11	7	5	1

したがって，
$$1^{-1} = 1,\ 5^{-1} = 5,\ 7^{-1} = 7, 11^{-1} = 11$$
となる．また，$\varphi(12) = 4$ である．

p, q を 2 つの素数として，$n = pq$ とすると，
$$\varphi(n) = (p-1)(q-1) = n - (p+q) + 1$$

> p, q は，n が与えられても，その約数 $p, q\ (n = pq)$ を見つけることが現実的に不可能なほど大きな素数とする．

このとき，n を知っていても，p, q を求められないので，n のオイラー関数の値 $\varphi(n)$ を計算することはできない．なぜならば，もし，現実的な時間で $\varphi(n)$ を計算することができると，
$$\varphi(n) = n - (p+q) + 1$$
なので，$p+q$ の値も計算できることになる．しかし，pq と $p+q$ の値を両方知っているならば，2 次方程式を解くことにより，p, q を求めることができてしまうからである．

この，「因数分解がわからないとオイラー関数の値がわからない」ということが，8.3.2 項で述べる RSA 公開鍵暗号の安全性の根拠となる．

中国式剰余定理

定理 8.2.1 $m_1, \ldots, m_k$ は互いに素な正の整数，$a_i, b_i\ (i = 1, 2, \ldots, k)$ は整数として，k 個の 1 次合同方程式，
$$a_i x \equiv b_i \mod m_i \quad (i = 1, 2, \ldots, k)$$
は，それぞれ整数解 x_i を持つとする．このとき，連立合同 1 次方程式，
$$\begin{cases} a_1 x &\equiv& b_1 \mod m_1 \\ &\vdots& \\ a_k x &\equiv& b_k \mod m_k \end{cases}$$
を同時に満たす整数解 x が存在する．

M_i を m_i 以外の $m_1, \ldots, m_k$ の積，N_i を m_i を法としての M_i の逆元とすると（M_i は m_i と互いに素なので逆元が求められる），
$$x = x_1 N_1 M_1 + \cdots + x_k N_k M_k$$
は整数解の 1 つであり，他の整数解は，これに，$m_1 m_2 \cdots m_k$ の整数倍を加えた形で得られる．

繰返し二乗法

m, n が大きな正の整数のとき，$a^n \mod m$ を求めたい．一見，$n-1$ 回の積の計算が必要に見えるが，繰返し二乗法 (repeated squaring method) を用いると，はるかに少ない回数の計算ですませることができる．

まず, n の 2 進法による展開,

$$\delta_0 + \delta_1 2^1 + \delta_2 2^2 + \cdots + \delta_k 2^k \quad (\delta_j = 1, 0)$$

を求めておく. つぎに, $a_0 = a$ とおいて, 漸化式,

$$a_j \equiv (a_{j-1})^2 \bmod m \quad (j = 1, 2, \cdots, k)$$

の計算を k 回行い,

$$a_0, \ldots, a_k$$

を求める. このとき, $a^n \bmod m$ は,

$$\begin{aligned} a^n &= a^{\delta_0} \left(a^{2^1}\right)^{\delta_1} \left(a^{2^2}\right)^{\delta_2} \cdots \left(a^{2^k}\right)^{\delta_k} \\ &\equiv a_0^{\delta_0} a_1^{\delta_1} a_2^{\delta_2} \cdots a_k^{\delta_k} \bmod m \end{aligned}$$

であり, $\delta_j = 1$ となる a_j の積を $\bmod m$ で計算することにより, 求められる.

8.2.3 フェルマーの小定理と離散対数

p を素数とするとき, 次のフェルマーの小定理 (Fermat's Little Theorem) が成り立つ (これは, $a^k + b^k = c^k$ の整数解についての "フェルマーの大定理" に対比しての "小定理" である).

定理 8.2.2 p は 0 でない素数とする. このとき,
- $\mathbb{Z}/p\mathbb{Z}$ では, $a \neq 0$ に対して,

$$a^{p-1} = 1$$

- 合同式で表現すると, 整数 a が m の倍数でないならば,

$$a^{p-1} \equiv 1 \bmod p$$

が成り立つ.

p を素数, $a \in (\mathbb{Z}/p\mathbb{Z})^*$ として数列,

$$a^1, a^2, \ldots$$

を考えると, $a^{p-1} = 1$ なので, そこから先は周期的な繰返しになる. ただし, $p-1$ より早く $a^k = 1$ になる可能性もある (極端な例だが, $a = 1$ ならば $a^1 = 1$, $a = -1 (= p-1)$ ならば, $a^2 = 1$). しかし,

$$a^1, a^2, \ldots, a^{p-1}$$

が互いに異なり, a^{p-1} で初めて 1 となるような $a \in (\mathbb{Z}/p\mathbb{Z})^*$ が存在することが知られている. このような, a を $(\mathbb{Z}/m\mathbb{Z})^*$ の, もしくは, $\bmod p$ での**原始根** (primitive root) という.

a が $(\mathbb{Z}/p\mathbb{Z})^*$ の原始根であるとき, $n \in \{0, 1, \ldots, p-1\}$ に a^n を対応させる写像 (a を底とする "指数関数") は, 加法群 $\mathbb{Z}/(p-1)\mathbb{Z}$ から乗法群 $(\mathbb{Z}/p\mathbb{Z})^*$ への同型写像

になる．この逆関数を計算する問題，つまり，素数 p と $(\mathbb{Z}/p\mathbb{Z})^*$ の原始根 a，および，$b \in (\mathbb{Z}/p\mathbb{Z})^*$ が与えられたとして，
$$a^k = b$$
を満たす $k \in (\mathbb{Z}/p\mathbb{Z})^*$ を求める，つまり b の a を底とする**離散対数** (discrete logarithm) を計算する問題を**離散対数問題** (discrete logarithm problem) という．現在のところ，大きな素数 p に対して現実的な時間で離散対数を計算するアルゴリズムは知られていない．

正の整数 m が素数でないケースも含めて，フェルマーの小定理はオイラーにより次のように一般化されている．

定理 8.2.3 m を正の整数とする．
- $a \in (\mathbb{Z}/m\mathbb{Z})^*$ とするとき，$a^{\varphi(m)} = 1$
- 合同式で表すと，a が m と互いに素ならば，$a^{\varphi(m)} \equiv 1 \mod m$

が成り立つ．

8.3 暗号の理論

送信者 Alice(A) が受信者 Bob(B) に，ある通信路で秘密の通信を行うとする．この通信路が安全なものではなく，盗聴者 Eve(E) が通信を傍受している可能性がある場合，A と B が「2 人だけの秘密の言葉」を持っているのでない限り，安全のためには暗号を用いることが必要になる．

暗号は数千年の歴史を持つ．例えば，極めて単純な暗号だが，（英文の場合では）$a, b, \ldots, z$ を何文字かずらして暗号文を作る方式，**シーザー暗号** (Caesar cipher) がある．正確には，まず，アルファベット $a, b, \ldots, z$ と 0 から 25 までの数を対応させておき，A は j を鍵として式 $C = P + j \mod 26$ により暗号文に変換し，B は式 $P = C - j \mod 26$ により解読をする．例えば，"ibm" に対応する暗号文は，$j = -1$ のときには "hal"，$j = 3$ のときは "lep" である．アルファベットが大文字やその他の記号を含む場合も，それらに 0 から $n-1$ までの数を対応させておくと，同様の暗号を考えることができる．

シーザー暗号の改良として，1 つひとつの文字を変換するのではなく，例えば 5 文字ずつのブロックに 0 から $n^5 - 1$ までの整数を対応させておき mod n^5 で計算する，$C = P + j$ のようなあまりにも単純な式でなくもっと複雑な式を用いる，変換をするごとに j の値を自動的に変える特殊な機械を用いるなど，さまざまな工夫がなされ，暗号と暗号解読の戦いが続いてきた．

ただし，理論的に解読が不可能な暗号方式は簡単に作れる．これはバーナム暗号 (Vernam cipher) と呼ばれ，
- 送信したい文章全体をビット列で表し，
- そのビット列と同じ長さの別のビット列をランダムに作成して（擬似乱数生成という），これを鍵として A, B 両者が共有し，

- これら 2 つのビット列を，各ビットごとに mod 2 で加えて（この演算を排他的論理和（XOR）という）できるビット列を暗号文とし，
- 一度用いた鍵は捨ててしまう．

という方式である．しかし，バーナム暗号では，文章と同じ長さの鍵が必要になり，しかも鍵を使い捨てにするという欠点を持つ．

これらの暗号方式は，**従来型暗号** (conventional criptosystem)，**古典暗号** (classical criptosystem) と呼ばれ，

(1) A と B は同一の鍵を共有している．
(2) この鍵は，危険な通信路を用いない安全な手段で渡されている．

ということを前提としている．これまでの社会状況では，従来の暗号のような鍵を事前に共有するという前提は，大きな問題ではなかった．しかし，インターネットの普及に伴って，見知らぬ同士の A と B が暗号通信をする必要が出てくると，共通の鍵を共有するという前提は困難な要求となってきた．これを解決するために，従来は必須と考えられてきた，(1), (2) の制限を外すアプローチがなされ，

1. A と B が共通の鍵を用いることを前提とせず，そのうちの 1 つを公開してしまうことのできる暗号方式
2. 危険な通信路で鍵を安全に共有する方法

が開発された．これらは，それぞれ，**公開鍵暗号方式** (public key cryptosystem)，**鍵交換法** (key exchange method) と呼ばれる．

ここでは，それらへの初等整数論の応用として，**ディフィー-ヘルマンの鍵交換法** (Diffie-Hellman key exchange method) と **RSA 公開鍵暗号方式** (RSA public key cryptosystem) を紹介する．

まず，用語の準備をしておく．

- 通常の文を**平文** (plain text) という．平文は，"ひらぶん"と読む．ここでは，平文はあらかじめ指定された正の整数 n より小さい負でない整数とする（つまり，$\mathbb{Z}/n\mathbb{Z}$ の要素とする）．
- **暗号鍵** (enciphering key) と呼ばれるパラメータを用いて平文から**暗号文** (ciphertext) を作る操作を**暗号化** (encipher) という．
- **復号化鍵** (deciphering key) と呼ばれるパラメータを用いて暗号文を平文に戻す操作を**復号化** (decipher) という．
- 復号化鍵を知らずに，暗号文から平文や復号化鍵を知ろうする試みを**暗号解読** (code-breaking) という．
- 暗号化鍵と復号化鍵が同じか，一方からもう一方がわかる暗号方式に，**共通鍵暗号方式** (common key criptosystem)，**対称暗号方式** (symmetrical cryptosystem)，**秘密鍵暗号方式** (secret key cryptosystem) などがある．

8.3.1 ディフィー-ヘルマンの鍵交換法

ディフィー-ヘルマンの鍵交換方式は，離散対数問題の困難性に依拠した方式である．

ここでは，法 n として素数 p を取り， $\mod p$ で考える．また，あらかじめ，原始根 g が指定されていて，A, B および盗聴者 E はこれらを知っているとする．
1. A, B はそれぞれ秘密に正の整数 α, β を選ぶ．
2. A は $g^\alpha \mod p$ の値を計算して B に送信し，B は $g^\beta \mod p$ の値を計算して A に送信する（盗聴者 E も，これらの値を傍受することができる）．
3. A は $\left(g^\beta\right)^\alpha \mod p$ を計算し，B は $\left(g^\alpha\right)^\beta \mod p$ を計算する．

この結果，A, B は共通の数値 $g^{\alpha\beta} \mod p$ を共有することができる．

しかし，盗聴者 E は $g^\alpha \mod p$ と $g^\beta \mod p$ を知っていても，α, β 自体を知らないので，$g^{\alpha\beta} \mod p$ を計算する手段を持たない．

もちろん，g, p および $g^\alpha \mod p$ の値から α を現実的な時間で計算するアルゴリズムが見つかれば，E は α を知ることができるが，これは離散対数問題であり，現在のところ，現実的な時間で計算する手段は知られていない．

8.3.2 RSA 公開鍵暗号方式

RSA 公開鍵暗号方式では，ユーザーはそれぞれ，以下のようにして自分の公開鍵 (public key) と秘密鍵 (secret key) を作り，公開鍵は公開してしまう．B に秘密の通信を送ろうとする A は，B の公開鍵を調べ，その鍵を用いて暗号文を作成し，それを送る．

受信者 B による公開鍵の作成

- B は 2 つの素数 p_B, q_B を選び，$n_B = p_B q_B$ を計算する．ここで，p_B, q_B は n_B の素因数分解が現実的な時間では難しいように，大きな桁の素数を選ぶ．
- B は n_B と互いに素な整数 e_B を選び，n_B と e_B を公開鍵とする．
- B は，$d_B e_B = 1 \mod \varphi(n_B)$ を満たす整数 d_B を（ユークリッド互除法の逆を用いて）計算して求め，これを秘密鍵とする．

暗号化と復号化

- 送信者 A は B の公開鍵 n_B, e_B を用いて，
- 平文 P から暗号文 $C \equiv P^{e_B} \mod n_B$ を計算して B に送信する．
- 受信者 B は，$C^{d_B} \mod n_B$ を計算する．

このとき，d_B の定義から，

$$d_B e_B = 1 + k\varphi(n_B)$$

を満たす整数 k が存在し，

$$C^{d_B} = (P^{e_B})^{d_B} = P^{1+k\varphi(n_B)}$$
$$= P \cdot \left(P^{\varphi(n_B)}\right)^k$$

となる．ここで，オイラーの定理から，

$$P^{\varphi(n_B)} \equiv 1 \mod n_B$$

なので，

$$C^{d_B} \equiv P \cdot 1^k \mod n_B$$
$$= P$$

となり，受信者 B は平文 P を復元することができる．

- 鍵の作成のプロセスで，大きな素数 p, q を作ることが必要になる．これは，ランダムに選んだ正の整数から素数判定法で素数を選ぶことで行う．
- e_B として避けなければならない整数もあるが，省略．
- 「n_B を知っていても，$\varphi(n_B)$ の値は n_B の素因数分解がわからないと計算できず，したがって，e_B から d_B も計算できない」ということが安全性の根拠になる．

この節で述べたディフィー-ヘルマン鍵交換方式以上に高い安全性を持つ暗号化・復号化を高速に行えるアルゴリズムが，Roma II 大学の Accardi 研究室と東京理科大学の大矢研究室によって開発されている．

第9章 微分方程式と差分方程式

物体の運動，分子の運動などの物理現象の多くは微分方程式(differential equation)で記述される．

微分方程式とは，ある変数（時間など）t の関数 x があったとき，x と x の導関数 $\frac{dx}{dt}, \frac{d^2x}{dt^2}$ などを含んだ方程式のことである．1 変数のみの導関数しか含まない微分方程式を常微分方程式(ordinary differential equation)といい，x が t の関数として表されているとき，x の t に関する 1 次の導関数 $\frac{dx}{dt}$ のみしか含まない微分方程式を 1 階の常微分方程式という．微分方程式に含まれている導関数のうち，最も高い次数を微分方程式の階数(order)という．すなわち，常微分方程式の中に含まれる最も高次の導関数が n 次の導関数 $\frac{d^n x}{dt^n}$ であれば，その微分方程式は n 階の常微分方程式であるという．それに対して，$t_1, t_2, \ldots$ というように独立な変数が複数個あり，$\frac{\partial x}{\partial t_1}, \frac{\partial x}{\partial t_2}, \frac{\partial^2 x}{\partial t_1 \partial t_2}$ などの偏導関数を含む微分方程式を偏微分方程式(partial differential equation)という．ここでは，基本的な常微分方程式の解法について説明する．

なお，t が系の時間を表すとき，時間に伴って変化する系を力学系(dynamical system)といい，こうした力学系の振る舞いの多くも微分方程式によって記述される．微分方程式は，その解の 1 つは求められても一般解を解析的に求めるのが難しいことが多い．時間に関して連続な方程式を時間に関して離散化したものを差分方程式(difference equation)という．この差分方程式を，コンピュータを用いて解を逐次計算し，数値的に解を求めることがある．ただし，差分化という操作を行うと，時間が連続な場合，高次元系にならないと起こらない複雑な挙動が 1 次元の単純な差分方程式でも起こる場合がある．すなわち，初期条件のわずかな違いによって全く異なった状態に推移するといったカオス(chaos)的な振る舞いをすることがあるのである．

9.1 1階の常微分方程式

まず，1 階の常微分方程式の基本的な解法について説明する．

9.1.1 変数分離形の常微分方程式

最も簡単な微分方程式は以下の形で与えられる変数分離形の微分方程式である．$f(t), g(x)$ をそれぞれ t, x の関数とするとき，

$$f(t)dt + g(x)dx = 0$$

この微分方程式の解法を考えてみよう．

$$f(t)dt + g(x)dx = 0$$
$$\Rightarrow g(x)dx = -f(t)dt$$
$$\Rightarrow \int g(x)dx = \int f(t)dt + C$$

ここで，C は任意定数である．

この微分方程式が「変数分離形」と呼ばれるのは，上記のように t と x に関する積分がそれぞれ独立に扱えるからである．

与えられた微分方程式を満たす t の関数 x を微分方程式の解という．例えば，変数分離形の微分方程式で $g(x) = 1$ の場合の微分方程式の解 x は，

$$x = \int f(t)dt + C \quad (C \text{ は任意定数})$$

で表される．このように，任意定数を含む微分方程式の解を**一般解**(general solution) という．任意定数 C は，$t = 1$ のとき $x = 2$ のような微分方程式に関する条件（**初期条件**(initial condition)，または，**境界条件**(boundary condition)）によって具体的な値が決定される．このような解を**特殊解**(particular solution) という．

例題 $t = 1$ のとき，$x = 2$ である．$\frac{dx}{dt} = 3t^2 + 1$ の解を求めよ．

解 C を任意定数とすると，

$$x = \int (3t^2 + 1)dt + C = t^3 + t + C$$

$t = 1$ のとき $x = 2$ なので，

$$2 = 1 + 1 + C \quad \therefore C = 0$$

したがって，求める解は $x = t^3 + t$.

ほとんどの微分方程式は上記のような変数分離はできない．例えば，変数分離ができない微分方程式として次のようなものがある．

9.1.2 同次形の常微分方程式

$\frac{dx}{dt} = f\left(\frac{x}{t}\right)$ の形の微分方程式を同次形の常微分方程式という．この微分方程式は，このままでは x と t の変数に関して独立に積分を取ることができない．そこで，$\frac{x}{t} = z$ とおいて，$\frac{dz}{dt}$ の微分方程式に置き換えることを考える．$x = zt$ より，この両辺を t で微分すると，

$$\frac{dx}{dt} = \frac{dz}{dt}t + z$$

となる．したがって，

$$\frac{dz}{dt}t + z = f(z) \Rightarrow \frac{dz}{dt} = \frac{f(z) - z}{t}$$

こうして変数分離形の微分方程式が1つできる．これを解いて，

$$\int \frac{1}{f(z)-z}dz = \int \frac{1}{t}dt + C \Rightarrow \int \frac{1}{f(z)-z}dz = \log|t| + C \quad (C \text{ は積分定数})$$

となる．左辺を計算して，$z = g(t)$ 形にすると，元の方程式の解 x が $x = tg(t)$ と求められる．

例題 $t = 1$ のとき，$x = 0$ である．$t^2 \frac{dx}{dt} = x^2 + tx + 4t^2 (t > 0)$ の解を求めよ．

両辺を t^2 で割ると，
$$\frac{dx}{dt} = \frac{x^2}{t^2} + \frac{x}{t} + 4$$

$\frac{x}{t} = z$ とおくと，
$$\frac{dz}{dt}t + z = z^2 + z + 4$$

よって，$f(z) = z^2 + z + 4$, $\int \frac{1}{z^2+\alpha^2}dz = \frac{1}{\alpha}\tan^{-1}\frac{z}{\alpha} (\alpha \neq 0)$ であるから，
$$\int \frac{1}{f(z)-z}dz = \int \frac{1}{(z^2+z+4)-z}dz = \int \frac{1}{z^2+4}dz = \frac{1}{2}\tan^{-1}\frac{z}{2}$$

$t > 0$ に注意すると，
$$\frac{1}{2}\tan^{-1}\frac{z}{2} = \log t + C \quad (C \text{ は任意定数})$$
$$\Rightarrow \frac{1}{2}\tan^{-1}\frac{x}{2t} = \log t + C \quad (C \text{ は任意定数})$$

条件，$t = 1$ のとき $x = 0$ より，$C = 0$．よって，求める解は，
$$x = 2t\tan(2\log t)$$

次に，以下のような線形常微分方程式の解法を考えてみよう．

9.1.3 線形常微分方程式

$$\frac{dx}{dt} = p(t)x + f(t)$$

と表される微分方程式を**線形常微分方程式**(linear ordinary differential equation)という．線形微分方程式は $f(t) = 0$ でない限り，x と t に関して独立に積分することができない．また，同次形の微分方程式のように簡単な変数変換をしても変数分離形にならないが，両辺に $e^{-\int p(t)dt}$ を掛けて積の微分公式を用いると変数分離形に変形することができる．つまり，両辺に $e^{-\int p(t)dt}$ を掛けると，

$$e^{-\int p(t)dt}\frac{dx}{dt} = e^{-\int p(t)dt}(p(t)x + f(t))$$
$$\Rightarrow e^{-\int p(t)dt}\frac{dx}{dt} = e^{-\int p(t)dt}p(t)x + e^{-\int p(t)dt}f(t)$$
$$\Rightarrow e^{-\int p(t)dt}\frac{dx}{dt} - p(t)e^{-\int p(t)dt}x = e^{-\int p(t)dt}f(t)$$
$$\Rightarrow e^{-\int p(t)dt}\frac{dx}{dt} + \frac{d}{dt}\left(e^{-\int p(t)dt}\right)x = e^{-\int p(t)dt}f(t)$$
$$\Rightarrow \frac{d}{dt}\left(e^{-\int p(t)dt}x\right) = e^{-\int p(t)dt}f(t)$$

これは変数分離形であり，C を任意定数とすると，次のようになる．

$$e^{-\int p(t)dt}x = \int e^{-\int p(t)dt}f(t)dt + C \Longrightarrow x = e^{\int p(t)dt}\left(\int e^{-\int p(t)dt}f(t)dt + C\right)$$

例題 $t=0$ のとき,$x=1$ である.次の微分方程式の解を求めよ.

$$\frac{dx}{dt} = -\frac{2}{2t+1}x + \frac{1}{t^2+t+1}$$

解 この場合 $p(t) = -\frac{2}{2t+1}, f(t) = \frac{1}{t^2+t+1}$ である.したがって,

$$-\int p(t)\,dt = \int \frac{2}{2t+1}dt = \log(2t+1) \Rightarrow \int p(t)\,dt = -\log(2t+1) = \log\frac{1}{2t+1}$$

したがって,

$$e^{-\int p(t)dt} = e^{\log(2t+1)} = 2t+1 \Rightarrow e^{\int p(t)dt} = \frac{1}{2t+1}$$

より,

$$\int e^{-\int p(t)dt}f(t)\,dt = \int (2t+1)\cdot\frac{1}{t^2+t+1}dt = \int \frac{2t+1}{t^2+t+1}dt = \log(t^2+t+1)$$

よって,C を任意定数とすると,

$$x = e^{\int p(t)dt}\left(\int e^{-\int p(t)dt}f(t)\,dt + C\right) = \frac{1}{2t+1}\left(\log(t^2+t+1) + C\right)$$

$t=0$ のとき,$x=1$ より,

$$1 = \log 1 + C \Rightarrow C = 1$$

これより,求める解は,

$$x = \frac{1}{2t+1}\left(\log(t^2+t+1) + 1\right)$$

9.1.4 ベルヌーイ型の常微分方程式

$$\frac{dx}{dt} = p(t)x + f(t)x^k \quad (k \neq 1, 0)$$

と表される微分方程式をベルヌーイ型の常微分方程式(Bernoulli's ordinary differential equation) という.この方程式はそのままでは解くことができないが,以下のように,両辺を x^k で割って,$x^{1-k} = y$ と変数変換をすると y に関する線形微分方程式に変形することができる.両辺を x^k で割ると,

$$x^{-k}\frac{dx}{dt} = p(t)x^{1-k} + f(t)$$

$x^{1-k} = y$ とおくと,

$$\frac{dy}{dt} = \frac{d}{dt}\left(x^{1-k}\right) = (1-k)x^{-k}\frac{dx}{dt}$$

であるから,

$$x^{-k}\frac{dx}{dt} = \frac{1}{1-k}\frac{dy}{dt}$$

である.したがって,

$$\frac{1}{1-k}\frac{dy}{dt} = p(t)y + f(t)$$

$$\frac{dy}{dt} = (1-k)p(t)y + (1-k)f(t)$$

いま，$(1-k)p(t) = \hat{p}(t), (1-k)f(t) = \hat{f}(t)$ とおけば，

$$\frac{dy}{dt} = \hat{p}(t)y + \hat{f}(t)$$

という線形微分方程式が得られる．

例題 $t=0$ のとき，$x=1$ である．次の微分方程式の解を求めよ．

$$\frac{dx}{dt} = \frac{1}{2t+1}x - \frac{1}{2(t^2+t+1)}x^3 \quad (t \geqq 0)$$

両辺を x^3 で割ると，

$$x^{-3}\frac{dx}{dt} = \frac{1}{2t+1}x^{-2} - \frac{1}{2(t^2+t+1)}$$

$y = x^{-2}$ とおくと，

$$\frac{dy}{dt} = \frac{d}{dt}(x^{-2}) = -2x^{-3}\frac{dx}{dt}$$

であるので，

$$x^{-3}\frac{dx}{dt} = -\frac{1}{2}\frac{dy}{dt}$$

したがって，

$$-\frac{1}{2}\frac{dy}{dt} = \frac{1}{2t+1}y - \frac{1}{2(t^2+t+1)}$$

両辺に -2 をかけると，

$$\frac{dy}{dt} = -\frac{2}{2t+1}y + \frac{1}{t^2+t+1}$$

$t=0$ のとき $x=1$ より $t=0$ のとき，$y=1$．

したがって，この微分方程式は 9.1.3 項の例題と同じ線形微分方程式なので，

$$y = \frac{1}{2t+1}\left(\log\left(t^2+t+1\right)+1\right)$$

$$y = x^{-2}$$

より，求める解は，

$$x = \sqrt{\frac{2t+1}{\log(t^2+t+1)+1}}$$

9.1.5 リッカチ型の常微分方程式

$$\frac{dx}{dt} = p(t)x^2 + q(t)x + f(t)$$

と表される微分方程式を**リッカチ型の常微分方程式**(Riccati type ordinary differential equation) という．この方程式は 1 つの解 $x_0(t)$ を見つけることができれば，$x = x_0 + y$ という変換によって y に関するベルヌーイ型の方程式に変形することができるといった特徴を持つ．いま，$x_0(t)$ がこの微分方程式の解であるとする．このとき，$x = x_0 + y$ とおく．

$$(左辺) = \frac{dx_0}{dt} + \frac{dy}{dt}$$
$$(右辺) = p(t)(x_0+y)^2 + q(t)(x_0+y) + f(t)$$
$$= p(t)\left\{(x_0)^2 + y^2 + 2x_0 y\right\} + q(t)(x_0+y) + f(t)$$
$$= p(t)y^2 + \{2p(t)x_0 + q(t)\}y + \left\{p(t)(x_0)^2 + q(t)x_0 + f(t)\right\}$$

したがって,
$$\frac{dx_0}{dt} + \frac{dy}{dt} = p(t)y^2 + \{2p(t)x_0 + q(t)\}y + \left\{p(t)(x_0)^2 + q(t)x_0 + f(t)\right\}$$

$x_0(t)$ がこの微分方程式の解だから,
$$-\frac{dx_0}{dt} + p(t)(x_0)^2 + q(t)x_0 + f(t) = 0$$

よって,
$$\frac{dy}{dt} = p(t)y^2 + (2p(t)x_0 + q(t))y = (2p(t)x_0 + q(t))y + p(t)y^2$$

$\hat{p}(t) = 2p(t)x_0 + q(t), \hat{q}(t) = p(t)$ とおくと,
$$\frac{dy}{dt} = \hat{p}(t)y + \hat{q}(t)y^2$$

となり,これは $k=2$ のベルヌーイ型の微分方程式である.

例題 $t=0$ のとき,$x=1$ である.次の微分方程式の解を求めよ.

$$\frac{dx}{dt} = x^2 - 7x + 12$$

解 この微分方程式は $p(t)=1$, $q(t)=-7$, $f(t)=12$ とするリッカチ型の微分方程式である. $x^2-7x+12 = (x-4)(x-3)$ より $x=4,3$ は特殊解である.そこで,$x_0(t)=4$, $x=x_0(t)+y$ とおくと,
$$\frac{dy}{dt} = y + y^2$$

を満たす.両辺を y^2 で割ると,
$$\frac{1}{y^2}\frac{dy}{dt} = \frac{1}{y} + 1$$

$\frac{1}{y} = u$ とおくと,$\frac{du}{dt} = -\frac{1}{y^2}\frac{dy}{dt}$ より,
$$-\frac{du}{dt} = u + 1$$

したがって,この微分方程式を解くと,$u = Ce^{-t} - 1$.ただし,C は任意定数である.$u=1/y$, $x=y+4$ に注意して x に関して整理すると,
$$x = \frac{4Ce^{-t} - 3}{Ce^{-t} - 1}$$

$t=0$ のとき,$x=1$ であるので,$C=2/3$.求める解は,
$$x = \frac{8e^{-t} - 9}{2e^{-t} - 3}$$

9.2 高階の定数係数の線形常微分方程式

高階の線形常微分方程式の解法を考えてみよう．一般の線形常微分方程式は，

$$\frac{d^n x}{dt^n} + p_{n-1}(t)\frac{d^{n-1} x}{d t^{n-1}} + \cdots + p_0(t)x = f(t)$$

と書ける．$f(t) = 0$ のとき**斉次**，$f(t) \neq 0$ のとき**非斉次**という．特に，$p_k(t) =$ 定数 $(k = 0, 1, \ldots, n-1)$ で表される線形常微分方程式を**定数係数の常微分方程式**という．つまり，定数係数の線形常微分方程式は $p_i\,(i = 1, \ldots, n-1)$ を定数として，

$$\frac{d^n x}{dt^n} + p_{n-1}(t)\frac{d^{n-1} x}{d t^{n-1}} + \cdots + p_0 x = f(t)$$
$$\Rightarrow \left(\frac{d^n}{dt^n} + p_{n-1}\frac{d^{n-1}}{d t^{n-1}} + \cdots + p_0 \right) x = f(t)$$

で与えられる．$s = d/dt$ とおくと，

$$\left(s^n + p_{n-1}s^{n-1} + \cdots + p_0 \right) x = f(t)$$

となる．したがって，$g(s) = s^n + p_{n-1}s^{n-1} + \cdots + p_0$ とおけば，上記の微分方程式は，

$$g(s)x = f(t)$$

と表される．x_1, x_2 をこの微分方程式の解，C_1, C_2 を互いに異なる，ある定数とすると，

$$g(s)(C_1 x_1 + C_2 x_2) = C_1 g(s) x_1 + C_2 g(s) x_2 = (C_1 + C_2)f(t)$$

したがって，$C_1 + C_2 = 1$ のとき $C_1 x_1 + C_2 x_2$ も解となる．このことを**解のアファイン性**という．また，微分方程式が斉次方程式であれば，任意の定数 c_1, c_2 に関して $c_1 x_1 + c_2 x_2$ も解となる．このことを**解の線形性**という．

9.2.1 定数係数の斉次線形常微分方程式の解法

定数係数の斉次線形常微分方程式は**微分多項式**(differential polynomial)，

$$g(s)x = 0$$

で与えられる．

まず，2 階の定数係数の斉次線形常微分方程式 $\left(s^2 + p_1 s + p_0\right)x = 0$ の解法を 2 つの場合に分けて考えよう．

(i) $g(s) = 0$ が重根を持つ場合：$(s - p_0)^2 x = 0$ の両辺に $e^{-p_0 t}$ を掛けると，

$$e^{-p_0 t}(s - p_0)^2 x = 0 \Rightarrow e^{-p_0 t}\left(s^2 - 2p_0 s + p_0^2\right)x = 0$$
$$\Rightarrow s^2(x)e^{-p_0 t} - 2s(x)p_0 e^{-p_0 t} + x p_0^2 e^{-p_0 t} = 0$$
$$\Rightarrow s^2(x)e^{-p_0 t} + 2s(x)s\left(e^{-p_0 t}\right) + x s^2\left(e^{-p_0 t}\right) = 0$$
$$\Rightarrow s^2\left(x e^{-p_0 t}\right) = 0$$

したがって，C_0, C_1 をある任意定数とすると，

$$xe^{-p_0 t} = C_1 t + C_0 \Rightarrow x = (C_1 t + C_0) e^{p_0 t}$$

一般に，微分方程式，

$$(s-p)^n x = 0 \quad (\text{ただし，} p \text{ は定数，} n \text{ は自然数}) \cdots ①$$

の解 x は，①式の両辺に e^{-pt} を掛けたとき，

$$e^{-pt}(s-p)^n x = 0 \iff s^n \left(e^{-pt} x\right) = 0$$

となるから，$C_i \, (i = 0, \ldots, n-1)$ をある任意定数とすると，

$$x = \left(C_{n-1} t^{n-1} + C_{n-2} t^{n-2} + \cdots + C_1 t + C_0\right) e^{pt} \cdots ②$$

で与えられる．

(ii) $g(s) = 0$ が互いに異なる解を持つ場合：$(s - p_1)(s - p_2) x = 0$ に対して，$x = e^{st}$ とおく．このとき，$e^{st} \neq 0$ より，

$$(s - p_1)(s - p_2) = 0$$

したがって，

$$s = p_1, p_2 \Rightarrow x = e^{p_1 t}, e^{p_2 t}$$

C_0, C_1 を任意定数とすると，

$$(s - p_1)(s - p_2)\left(C_0 e^{p_1 t} + C_1 e^{p_2 t}\right)$$
$$= C_0 (s - p_1)(s - p_2) e^{p_1 t} + C_1 (s - p_1)(s - p_2) e^{p_2 t} = 0$$

より，$C_0 e^{p_1 t} + C_1 e^{p_2 t}$ も解となる．したがって，求める解 x は，

$$x = C_0 e^{p_1 t} + C_1 e^{p_2 t}$$

と表される．一般に，

$$g_1(s) g_2(s) x = 0$$
$$g_1(s) x_1 = 0, g_2(s) x_2 = 0 \cdots ③$$

のとき，解 x は $x = x_1 + x_2$ と表される．

次に，高階の斉次線形常微分方程式 $\left(s^n + p_{n-1} s^{n-1} + \cdots + p_0\right) x = 0$ の解法を考えよう．

$g(s)$ が互いに異なる複素数 $s_1, s_2, \ldots, s_l$ によって，以下のように因数分解されたとする．

$$g(s) = s^n + p_{n-1} s^{n-1} + \cdots + p$$
$$= (s - s_1)^{r_1} (s - s_2)^{r_2} \cdots (s - s_l)^{r_l}$$

ただし，

$$\sum_{i=1}^{l} r_i = r_1 + r_2 + \cdots + r_l = n$$

すなわち，

とおくと,
$$g_i(s) = (s - s_i)_i^r$$

$$g_1(s) \cdot g_2(s) \cdot \cdots \cdot g_l(s) x = 0$$

である. このとき,
$$g_1(s)\{g_2(s) \cdot \cdots \cdot g_l(s)\} x = 0$$
$$g_1(s) x_1 = 0, (g_2(s) \cdot \cdots \cdot g_l(s)) x_{(2,\ldots,l)} = 0$$

であるとすれば, 求める解 x は③式より,
$$x = x_1 + x_{(2,\ldots,l)}$$

同様に,
$$g_2(s)\{g_2(s) \cdot \cdots \cdot g_l(s)\} x = 0$$
$$g_2(s) x_2 = 0, (g_3(s) \cdot \cdots \cdot g_l(s)) x_{(3,\ldots,l)} = 0$$

であるとすれば,
$$x_{(2,\ldots,l)} = x_2 + x_{(3,\ldots,l)}$$

この操作を繰り返していくと,
$$x_{(i,\ldots,l)} = x_i + x_{(i+1,\ldots,l)} \ (i = 2, \ldots, l-1)$$

が成り立つので,
$$x = x_1 + x_{(2,\ldots,l)}$$
$$= x_1 + x_2 + x_{(3,\ldots,l)}$$
$$= x_1 + x_2 + \cdots + x_l$$

②式より,
$$x_i = \left(C_{r_i-1}^{(i)} t^{r_i-1} + C_{r_i-2}^{(i)} t^{r_i-2} + \cdots + C_1^{(i)} t + c_0^{(i)} \right) e^{pt}$$

よって,
$$x = \sum_{i=1}^{l} x_i = \sum_{i=1}^{l} \left(C_{r_i-1}^{(i)} t^{r_i-1} + C_{r_i-2}^{(i)} t^{r_i-2} + \cdots + C_1^{(i)} t + C_0^{(i)} \right) e^{pt}$$

となる. ここで $g(s) = 0$ を微分方程式の**特性方程式**(characteristic equation) という.

例題 次の微分方程式を解け.
(1) $\frac{d^2x}{dt^2} - 6\frac{dx}{dt} + 9x = 0$
(2) $\frac{d^2x}{dt^2} + \frac{dx}{dt} - 6x = 0$
(3) $\frac{d^3x}{dt^3} - 5\frac{d^2x}{dt^2} + 7\frac{dx}{dt} - 3x = 0$

解
(1) 特性方程式 $y^2 - 6y + 9 = (y-3)^2 = 0$
特性方程式の解は 3 (重解) なので,

$$x = (C_1 t + C_0) e^{3t} \quad (C_0, C_1 は任意定数)$$

(2) 特性方程式 $y^2 + y - 6 = (y+3)(y-2) = 0$
特性方程式の解は 2 と -3 なので,
$$x = C_0 e^{2t} + C_1 e^{-3t} \quad (C_0, C_1 は任意定数)$$

(3) 特性方程式 $y^3 - 5y^2 + 7y - 3 = (y-1)^2 (y-3) = 0$
特性方程式の解は 1 (重解) と 3 なので,
$$x = (C_1 t + C_0) e^t + C_2 e^{3t} \quad (C_0, C_1, C_2 は任意定数)$$

9.2.2 定数係数の非斉次線形常微分方程式の解法

定数係数の非斉次線形常微分方程式は,
$$g(s) x = f(t), f(t) \neq 0$$
で与えられる.任意の $f(t)$ に関して,この微分方程式の一般解を求めるのは困難な場合が多いので,ここでは,特に,$f(t)$ が多項式と指数関数 × 多項式として与えられる場合において 1 つの解の求め方を説明する.

(i) $f(t)$=多項式の場合:
$$(s^n + p_{n-1} s^{n-1} + \cdots + p_0) x = a_m t^m + a_{m-1} t^{m-1} + \cdots + a_0$$
の両辺を p_0 で割ると,
$$\left[1 - \left\{ -\frac{1}{p_0} s^n - \frac{p_{n-1}}{p_0} s^{n-1} - \cdots - \frac{p_1}{p_0} s \right\} \right] x$$
$$= \frac{a_m}{p_0} t^m + \frac{a_{m-1}}{p_0} t^{m-1} + \cdots + \frac{a_0}{p_0}$$
いま,$h(s) = -\frac{1}{p_0} s^n - \frac{p_{n-1}}{p_0} s^{n-1} - \cdots - \frac{p_1}{p_0} s$,$b_i = \frac{a_i}{p_0} (i=0,1,\ldots,m)$ とおくと,
$$\{1 - h(s)\} x = b_m t^m + b_{m-1} t^{m-1} + \cdots + b_0$$
$$\Rightarrow x = \frac{1}{1 - h(s)} \left(b_m t^m + b_{m-1} t^{m-1} + \cdots + b_0 \right)$$
ところで,
$$\frac{1}{1 - h(s)} = 1 + h(s) + h(s)^2 + \cdots + h(s)^m + \cdots$$
であるから,
$$x = \frac{1}{1 - h(s)} \left(b_m t^m + b_{m-1} t^{m-1} + \cdots + b_0 \right)$$
$$= \left(1 + h(s) + h(s)^2 + \cdots + h(s)^m + \cdots \right) \left(b_m t^m + b_{m-1} t^{m-1} + \cdots + b_0 \right)$$
$$= \left(1 + h(s) + h(s)^2 + \cdots + h(s)^m \right) \left(b_m t^m + b_{m-1} t^{m-1} + \cdots + b_0 \right)$$
$$\because h(s)^{m+1} (t^m) = 0$$
すなわち,

$$x = \left(1 + h(s) + h(s)^2 + \cdots + h(s)^m\right)\left(b_m t^m + b_{m-1} t^{m-1} + \cdots + b_0\right)$$

(ii) $f(t)=$指数関数多項式の場合：

$$\left(s^n + p_{n-1}s^{n-1} + \cdots + p_0\right) x = e^{qt}\left(a_m t^m + a_{m-1} t^{m-1} + \cdots + a_0\right)$$

の両辺に e^{-qt} を掛けると，

$$e^{-qt}\left(s^n + p_{n-1}s^{n-1} + \cdots + p_0\right) x = a_m t^m + a_{m-1} t^{m-1} + \cdots + a_0$$

さらに，

$$(s+q)^n \left(e^{-qt} x\right) = e^{-qt} s^n (x) \quad (n=1, 2, \ldots) \cdots ④$$

より，

$$e^{-qt}\left(s^n + p_{n-1}s^{n-1} + \cdots + p_0\right) x$$
$$= e^{-qt} s^n(x) + p_{n-1} e^{-qt} s^{n-1}(x) + \cdots + p_1 e^{-qt} s(x) + p_0 e^{-qt} x$$
$$= (s+q)^n \left(e^{-qt} x\right) + p_{n-1}(s+q)^{n-1}\left(e^{-qt} x\right) + \cdots + p_1(s+q)\left(e^{-qt} x\right) + p_0 e^{-qt} x$$
$$= \left\{(s+q)^n + p_{n-1}(s+q)^{n-1} + \cdots + p_1(s+q) + p_0\right\}\left(e^{-qt} x\right)$$

したがって，

$$\left\{(s+q)^n + p_{n-1}(s+q)^{n-1} + \cdots + p_1(s+q) + p_0\right\}\left(e^{-qt} x\right)$$
$$= a_m t^m + a_{m-1} t^{m-1} + \cdots + a_0$$

ここで，

$$(s+q)^n + p_{n-1}(s+q)^{n-1} + \cdots + p_1(s+q) + p_0$$
$$\equiv s^n + c_{n-1} s^{n-1} + \cdots + c_1 s + c_0, \quad e^{-qt} x \equiv z$$

とおけば，

$$\left(s^n + c_{n-1} s^{n-1} + \cdots + c_1 s + c_0\right) z = a_m t^m + a_{m-1} t^{m-1} + \cdots + a_0$$

となる．これは，$f(t)=$多項式の場合の微分方程式である．

例題 次の微分方程式の解を求めよ．
(1) $\frac{d^2 x}{dt^2} + 2\frac{dx}{dt} - x = -3t^2 + 2t + 1$
(2) $\frac{d^2 x}{dt^2} - 2x = -e^t\left(3t^3 + 2t^2 + t + 1\right)$

解 以下では，$s = d/dt$ とおく．
(1) $(s^2 + 2s - 1)x = -3t^2 + 2t + 1$ より $\{1 - (s^2 + 2s)\}x = 3t^2 - 2t - 1$．よって，解の1つは，
$$x = \frac{3t^2 - 2t - 1}{1 - (s^2 + 2s)}$$
$$= \left\{1 + (s^2 + 2s) + (s^2 + 2s)^2\right\}(3t^2 - 2t - 1) \quad \left((s^2 + 2s)^3(3t^2 - 2t - 1) = 0\right)$$

173

$$= \left(1 + 2s + 5s^2 + 4s^3 + s^4\right)\left(3t^2 - 2t - 1\right)$$
$$= \left(3t^2 - 2t - 1\right) + 2\left(6t - 2\right) + 5 \cdot 6$$
$$= 3t^2 + 10t + 25$$

(2) $\left(s^2 - 2\right)x = -e^t \left(3t^3 + 2t^2 + t + 1\right)$

両辺に e^{-t} を掛けて,
$$e^{-t}\left(s^2 - 2\right)x = -\left(3t^3 + 2t^2 + t + 1\right)$$

④式より,
$$e^{-t}\left(s^2 - 2\right)x = \left\{(s+1)^2 - 2\right\}\left(e^{-t}x\right) = \left(s^2 + 2s - 1\right)\left(e^{-t}x\right)$$

が成り立つので,
$$\left(s^2 + 2s - 1\right)\left(e^{-t}x\right) = -\left(3t^3 + 2t^2 + t + 1\right)$$

両辺に -1 をかけて,
$$\left\{1 - \left(s^2 + 2s\right)\right\}\left(e^{-t}x\right) = 3t^3 + 2t^2 + t + 1$$

$$e^{-t}x = \frac{3t^3 + 2t^2 + t + 1}{1 - (s^2 + 2s)}$$
$$= \left\{1 + \left(s^2 + 2s\right) + \left(s^2 + 2s\right)^2 + \left(s^2 + 2s\right)^3\right\}\left(3t^3 + 2t^2 + t + 1\right)$$
$$\quad \left(\because \left(s^2 + 2s\right)^4 \left(3t^3 + 2t^2 + t + 1\right) = 0\right)$$
$$= \left(1 + 2s + 5s^2 + 12s^3\right)\left(3t^3 + 2t^2 + t + 1\right) \quad (\because s^4 t^3 = 0)$$
$$= \left(3t^3 + 2t^2 + t + 1\right) + 2\left(9t^2 + 4t + 1\right) + 5\left(18t + 4\right) + 12 \cdot 18$$
$$= 3t^3 + 20t^2 + 99t + 239$$

よって,解の 1 つは,
$$x = \left(3t^3 + 20t^2 + 99t + 239\right)e^t$$

9.3 差分方程式

前節で述べた微分方程式は時間に関して連続な連続力学系であるが,この微分方程式の時間を離散化するという時間間隔を取ると,時間に関して不連続な力学系(離散力学系)が得られる.この離散力学系の中には,時刻における解が漸化式,
$$x_{n+1} = f\left(x_n\right) \quad (n \in N, x_n, x_{n+1} \in D)$$
ただし,f は D から D への写像

を満足する場合がある.このような漸化式を**差分方程式**(difference equation) という.このとき,時刻 0 での解 x を x_0 とおくと,
$$x_n = f\left(x_{n-1}\right) = f\left(f\left(x_{n-2}\right)\right) = f^2\left(x_{n-2}\right) = f^2\left(f\left(x_{n-3}\right)\right) = f^3\left(x_{n-3}\right) = \cdots$$
$$= f^n\left(x_0\right)$$
となる (x_0 を**初期値**(initial value) という).すなわち,時刻 n での解 x_n は初期値 x_0 に f という関数を n 回繰り返し及ぼすことによって決定される.

以下は，$f:[0,1] \to [0,1]$ から構成される代表的な差分方程式である．
(1) ロジスティック写像(logistic map)
$$x_{n+1} = L_a(x_n) = ax_n(1-x_n) \quad (0 \leqq a \leqq 4)$$
(2) 2 進変換(Bernoulli shift)
$$x_{n+1} = B_a(x_n) = \left\{ \begin{array}{ll} 2ax_n & (0 \leqq x_n < 0.5) \\ a(2x_n - 1) & (0.5 \leqq x_n \leqq 1) \end{array} \right. \quad (0 \leqq a \leqq 1) \right\}$$
(3) テント写像(tent map)
$$x_{n+1} = T_a(x_n) = a(1 - |2x_n - 1|)$$

> (1) のロジスティック写像の基になる微分方程式は，
> $$\frac{dx}{dt} = ax(1-x)$$
> である．この方程式は変数分離法により解析的に解ける．しかし，それを差分化した例 (1) の差分方程式の解は厳密には求まらず，複雑な振る舞いを示す．この複雑な振る舞いの研究が数学的には"カオス力学系"という名のもとで行われている．カオスを記述する量として例えばリアプノフ指数，コルモゴロフ・シナイエントロピー，エントロピー型カオス尺度などがある．これらに関しては次の著書に説明がある：
> P. Billingsley. *Probability and measure*. Vol. 939. Wiley, 2012；M. Ohya and I. Volovich. *Mathematical Foundation of Quantum Information and Computation and its Applications to Nano- and Bio-Systems*. Springer-Verlag, 2011.
> ここでは詳しくは述べないが，このカオスの研究も様々な応用を持つ大切なものである．

第10章 応用解析

10.1 特殊関数
10.1.1 ガンマ関数とベータ関数
ガンマ関数と階乗

正の実数 s に対して広義積分,
$$\int_0^\infty e^{-x} x^{s-1} dx$$
は収束する.この値を $\Gamma(s)$ で表し, $s>0$ に $\Gamma(s)$ を対応させるすべての実数 s の関数としてガンマ関数 (gamma function) $\Gamma(s)$ を定義する.

部分積分を行うと,
$$\lim_{b\to\infty} \int_0^b e^{-x} x^s dx = \lim_{b\to\infty} \left\{ \left[-e^{-x} x^s\right]_0^b - \int_0^b (-e^x) \cdot s x^{s-1} dx \right\}$$
$$= \lim_{b\to\infty} s \int_0^b e^{-x} x^{s-1} dx$$
となるので,漸化式,
$$\Gamma(s+1) = s\Gamma(s) \quad (s>0)$$
が得られる.また,
$$\Gamma(1) = 1$$
なので,
$$\Gamma(n+1) = n! \quad (n=0,1,2,\ldots)$$
となり, $\Gamma(s+1)$ は,非負整数 n の階乗,
$$n! = n \cdot (n-1) \cdot \cdots \cdot 2 \cdot 1$$
(ただし, $0!=1$ と定めている) を補間した関数となる.

例 $\Gamma\left(\frac{1}{2}\right)$ の値は,
$$\Gamma\left(\frac{1}{2}\right) = \lim_{b\to\infty} \int_0^b e^{-x} \frac{dx}{\sqrt{x}}$$
$$= \lim_{b\to\infty} 2 \int_0^{\sqrt{b}} e^{-t^2} dt$$
$$= \int_{-\infty}^\infty e^{-x^2} dx$$
$$= \sqrt{\pi}$$

ガンマ関数の公式

ガンマ関数 $\Gamma(s)$ について，以下の同等な定義が与えられている．

$$\Gamma(s) = \lim_{n \to \infty} \frac{n! n^s}{s(s+1)\cdots(s+n)} \quad \text{(ガウスの表示)}$$

$$\Gamma(s) = \frac{1}{s} \prod_{n=1}^{\infty} \frac{\left(1 + \frac{1}{n}\right)^s}{1 + \frac{s}{n}} \quad \text{(オイラーの無限積表示)}$$

$$\frac{1}{\Gamma(s)} = s e^{Cs} \prod_{n=1}^{\infty} \left(1 + \frac{s}{n}\right) e^{-\frac{s}{n}} \quad \text{(ワイエルシュトラウスの無限積表示)}$$

ここで，定数 C はオイラーの定数，

$$C = \lim_{n \to \infty} \left(1 + \frac{1}{2} + \frac{1}{3} + \cdots + \frac{1}{n} - \log n\right)$$

である．

ガンマ関数は，変数 s を複素数の範囲に拡張して定義することができ，特に s が負の実数のとき，整数 $0, -1, -2, \ldots$ を除いて有限の値を取る．

スターリングの公式

階乗 $n!$ は簡単な式で定義されているが，n が大きくなるときの $n!$ の大きさの評価（例えば，$n = 6000$ のとき $n!$ は何桁の数になるか等の評価）をしようとすると，意外に困難であり，次のスターリングの公式 (Stirling's formula) を用いて評価することが多い．

$$\Gamma(s) \sim \frac{s^s \sqrt{2\pi}}{e^s \sqrt{s}}$$

ここで，記号 $\sim$ は s が大きくなるとき左辺と右辺の比の値が 1 に収束することを意味している．スターリングの公式は，より精密な形では，例えば s^{-3} の項まで考慮して，

$$\Gamma(s) \sim \frac{s^s \sqrt{2\pi}}{e^s \sqrt{s}} \left[1 + \frac{1}{12s} + \frac{1}{288s^2} - \frac{139}{51840 s^3}\right]$$

といった形で表されるが，いずれの場合でも，比の値の収束は改善されるが両辺の差は収束しない．

ベータ関数

正の数 p, q に対して定積分（p, q のいずれかが 1 より小さいときは広義積分），

$$B(p, q) = \int_0^1 x^{p-1}(1-x)^{q-1} dx \quad (p > 0, q > 0)$$

を対応させる関数をベータ関数 (beta function) という．ベータ関数はガンマ関数を用いて，

$$B(p, q) = \frac{\Gamma(p)\Gamma(q)}{\Gamma(p+q)}$$

と表すことができる．

10.1.2 直交多項式

区間 $[a,b]$ で負の値を取らない関数 $w(x)$ が与えられたとき，

$$(f,g) = \int_a^b f(x)g(x)w(x)dx$$

を，f, g の内積といい，

$$(f,g) = 0$$

のとき，f と g は（重み $w(x)$ で）**直交する**(orthogonal) という．

n 次多項式 $P_n(x)$ $(n = 0, 1, 2, \ldots)$ が，

$$\int_a^b P_n(x)P_m(x)w(x)dx = 0 \quad (n \neq m)$$

を満たすとき，（重み $w(x)$ での）**直交多項式系**(system of orthogonal polynomials) であるという．また，

$$F(x,t) = \sum_{n=0}^{\infty} P_n(x)t^n$$

を満たす関数 $F(x,t)$ を，$P_0(x), P_1(x), P_2(x), \ldots$ の**母関数**(generating function) という．

以下に示す直交多項式系，
- エルミート多項式 (Hermite polynomial)
- ルジャンドル多項式 (Legendre polynomial)
- チェビシェフ多項式 (Chebyshev polynomial)
- ラゲール多項式 (Laguerre polynomial)

では，添え字 n は多項式の次数に対応し，
- 高階微分を含む定義式
- 直交関係
- 漸化式
- それらの多項式の満たす微分方程式
- 母関数

の形でまとめてある．

これらの直交多項式では，定義式を簡単な形にするか，直交関係で"長さ"を 1 に規格化するかなどの選択により，定数倍の違いが生じてくるので注意．

エルミート多項式

- 定義

$$H_n(x) = (-1)^n e^{x^2} \frac{d^n}{dx^n} e^{-x^2}$$

$$H_0(x) = 1, \quad H_1(x) = 2x, \quad H_2(x) = 4x^2 - 2$$

- 直交関係　$w(x) = e^{-x^2}$

$$\int_{-\infty}^{\infty} H_n(x) H_m(x) e^{-x^2} dx = \begin{cases} 0 & (n \neq m) \\ 2^n n! \sqrt{\pi} & (n = m) \end{cases}$$

- 漸化式

$$H_{n+1}(x) = 2x H_n(x) - 2n H_{n-1}(x) \quad (n = 1, 2, \ldots)$$
$$H'_n(x) = 2n H_{n-1}(x) \quad (n = 1, 2, \ldots)$$

- 微分方程式

$$\frac{d^2}{dx^2} H_n(x) - 2x \frac{d}{dx} H_n(x) + 2n H_n(x) = 0 \quad (n = 0, 1, \ldots)$$

- 母関数

$$e^{2xt - t^2} = \sum_{n=0}^{\infty} H_n(x) \frac{t^n}{n!}$$

ルジャンドル多項式

- 定義

$$P_n(x) = \frac{1}{2^n n!} \frac{d^n}{dx^n} (x^2 - 1)^n$$
$$P_0(x) = 1, \ P_1(x) = x, \ P_2(x) = \frac{3}{2} x^2 - \frac{1}{2}, \ldots$$

- 直交関係　$w(x) = 1$

$$\int_{-1}^{1} P_n(x) P_m(x) dx = \begin{cases} 0 & (n \neq m) \\ \frac{2}{2n+1} & (n = m) \end{cases}$$

- 漸化式

$$(n+1) P_{n+1}(x) = (2n+1) x P_n(x) - n P_{n-1}(x) \quad (n = 1, 2, \ldots)$$
$$(x^2 - 1) P'_n(x) = n x P_n(x) - n P_{n-1}(x) \quad (n = 1, 2, \ldots)$$

- 微分方程式

$$(1 - x^2) \frac{d^2}{dx^2} P_n(x) - 2x \frac{d}{dx} P_n(x) + n(n+1) P_n(x) = 0$$

- 母関数

$$\frac{1}{\sqrt{1 - 2xt + t^2}} = \sum_{n=0}^{\infty} P_n(x) t^n$$

チェビシェフ多項式

- 定義
$$T_n(x) = \frac{(-1)^n}{(2n-1)(2n-3)\cdots 3\cdot 1}\sqrt{1-x^2}\frac{d^n}{dx^n}(1-x^2)^{n-\frac{1}{2}}$$
$$= \cos(n\cos^{-1}x)$$
$$T_0(x) = 1,\ T_1(x) = x,\ T_2(x) = 2x^2 - 1,\ldots$$

- 直交関係　$w(x) = \frac{1}{\sqrt{1-x^2}}$
$$\int_{-1}^{1}\frac{T_n(x)T_m(x)}{\sqrt{1-x^2}}dx = \begin{cases} 0 & (m\neq n) \\ \frac{\pi}{2} & (m = n \neq 0) \\ \pi & (m = n = 0) \end{cases}$$

- 漸化式
$$T_{n+1}(x) = 2xT_n(x) - T_{n-1}(x) \quad (n=1,2,\ldots)$$
$$(1-x^2)T_n'(x) = nT_{n-1}(x) - nxT_n(x) \quad (n=1,2,\ldots)$$

- 微分方程式
$$(1-x^2)\frac{d^2}{dx^2}T_n(x) - x\frac{d}{dx}T_n(x) + n^2 T_n(x) = 0$$

- 母関数
$$\frac{1-t^2}{1-2xt+t^2} = T_0(x) + 2\sum_{n=1}^{\infty}T_n(x)t^n$$

ラゲール多項式

- 定義
$$L_n^{(\alpha)}(x) = \frac{e^x x^{-\alpha}}{n!}\frac{d^n}{dx^n}\left(e^{-x}x^{n+\alpha}\right)$$
$$L_0^{(\alpha)}(x) = 1, L_1^{(\alpha)}(x) = \alpha+1-x, L_2^{(\alpha)}(x) = \frac{1}{2}\{(\alpha+1)(\alpha+2)-2(\alpha+2)x+x^2\},\ldots$$

- 直交関係　$w(x) = e^{-x}x^{\alpha}$
$$\int_0^{\infty}L_m^{(\alpha)}(x)L_n^{(\alpha)}(x)e^{-x}x^{\alpha}dx = \begin{cases} 0 & (m\neq n) \\ \frac{\Gamma(n+1+\alpha)}{n!} & (m=n) \end{cases}$$

- 漸化式
$$nL_n^{(\alpha)}(x) = (-x + 2n + \alpha - 1)L_{n-1}^{(\alpha)}(x) - (n + \alpha - 1)L_{n-2}^{(\alpha)}(x) \quad (n = 2, 3, \ldots)$$
$$x\frac{d}{dx}L_n^{(\alpha)}(x) = nL_n^{(\alpha)}(x) + (n + \alpha)L_{n-1}^{(\alpha)}(x) \quad (n = 1, 2, \ldots)$$

- 微分方程式
$$x\frac{d^2}{dx^2}L_n^{(\alpha)} + (\alpha + 1 - x)\frac{d}{dx}L_n^{(\alpha)} + nL_n^{(\alpha)} = 0$$

- 母関数
$$\frac{\exp\left(-\frac{xt}{1-t}\right)}{(1-t)^{\alpha+1}} = \sum_{n=0}^{\infty} L_n^{(\alpha)}(x)t^n$$

10.1.3 楕円関数

楕円関数 (elliptic function) は歴史的には楕円の弧の長さを表す定積分に関連して登場した関数であるため「楕円」という名を冠しているが，実際にはそのような限定された応用をはるかに超えた壮大な大系「楕円関数論」が構築されている．楕円関数に限らず，特殊関数の多くは複素関数論を前提として扱う．

ここでは，いくつかの例と公式を紹介するにとどめる．定数 $k(0 < k < 1)$ を固定して，"楕円積分",
$$x = \int_0^y \frac{dz}{\sqrt{(1-z^2)(1-k^2z^2)}}$$
を考え，この逆関数，つまり y を x の関数と見なして定めた関数を，
$$y = \operatorname{sn} x$$
で表す．特に $k \to 0$ のときは，$y = \sin x$ となる．これを利用して定義域を実数全体に周期的に広げることができる．
$$\operatorname{cn}^2 x = 1 - \operatorname{sn}^2 x, \qquad \operatorname{dn}^2 x = 1 - k^2\operatorname{sn}^2 x$$
と定めると，$k \to 1$ に対して $\operatorname{cn} x = \cos x$, $\operatorname{dn} x = 1$ であり，微分の公式，
$$\frac{d}{dx}\operatorname{sn} x = \operatorname{cn} x \cdot \operatorname{dn} x$$
$$\frac{d}{dx}\operatorname{cn} x = -\operatorname{sn} x \cdot \operatorname{dn} x$$
$$\frac{d}{dx}\operatorname{dn} x = -k^2\operatorname{sn} x \cdot \operatorname{cn} x$$
および，"加法定理",
$$\operatorname{sn}(\alpha + \beta) = \frac{\operatorname{sn}\alpha \operatorname{cn}\beta \operatorname{dn}\beta + \operatorname{sn}\beta \operatorname{cn}\alpha \operatorname{dn}\alpha}{1 - k^2 \operatorname{sn}^2\alpha \operatorname{sn}^2\beta}$$
$$\operatorname{cn}(\alpha + \beta) = \frac{\operatorname{cn}\alpha \operatorname{cn}\beta - \operatorname{sn}\alpha \operatorname{sn}\beta \operatorname{dn}\alpha \operatorname{dn}\beta}{1 - k^2 \operatorname{sn}^2\alpha \operatorname{sn}^2\beta}$$

$$\mathrm{dn}(\alpha+\beta) = \frac{\mathrm{dn}\,\alpha\,\mathrm{dn}\,\beta - k^2\,\mathrm{sn}\,\alpha\,\mathrm{sn}\,\beta\,\mathrm{cn}\,\alpha\,\mathrm{cn}\,\beta}{1 - k^2\,\mathrm{sn}^2\alpha\,\mathrm{sn}^2\beta}$$

が成立する．

これらの関数は定数 k から決まる周期 (これを $4K$ とおく) を持つが，複素関数として定義域を複素数まで拡張すると，虚数軸方向にも別の周期 (これを $2iK'$ とおく) を持ち，2重周期関数，

$$\mathrm{sn}(z + m \cdot 4K + n \cdot 2iK') = \mathrm{sn}\,z \quad (n, m \in \mathbb{Z})$$

となる．

一般に，$P_n(z)$ を n 次多項式とするとき，

$$w^2 - P_n(z) = 0$$

で得られる複素2次元平面上の "曲線" を **楕円曲線** (elliptic curve) という．特に $n=3$ または $n=4$ のとき，z の多項式を係数とする w の有理式を z で不定積分したものを **楕円積分** (elliptic integral) という．楕円積分，

$$\int \frac{dz}{\sqrt{(1-z^2)(1-k^2z^2)}}$$

$$\int \sqrt{\frac{1-k^2x^2}{1-x^2}}\,dx$$

$$\int \frac{dz}{(1-a^2)(1-z^2)(1-k^2z^2)}$$

を，順に **第1種楕円積分** (elliptic integral of the first kind)，**第2種楕円積分** (elliptic integral of the second kind)，**第3種楕円積分** (elliptic integral of the third kind) という．

楕円積分は，適切な座標変換により，これらの楕円積分と初等関数の和として表される．これらの楕円積分から定まる楕円関数は，いずれも2重周期性を持つことが特徴となる．

10.1.4 ベッセル関数

ν を実定数として，ベッセルの微分方程式，

$$\frac{d^2y}{dz^2} + \frac{1}{z} + \left(1 - \frac{\nu^2}{z^2}\right)y = 0$$

の解の1つとして，**第1種のベッセル関数** (Bessel function of the first kind) (第1種円柱関数)，

$$J_\nu(z) = \sum_{k=0}^{\infty} \frac{(-1)^k}{k!\,\Gamma(\nu+k+1)} \left(\frac{z}{2}\right)^{\nu+2k}$$

があり，一般解は，

$$c_1 J_\nu(z) + c_2 J_{-\nu}(z)$$

の形になる．

$$N_\nu(z) = \frac{\cos\nu\pi J_\nu(z) - J_{-\nu}(z)}{\sin\nu\pi}$$

を，ノイマン関数 (Neumann function)，あるいは第2種のベッセル関数 (Bessel function of the second kind) という．

ベッセルの微分方程式は，2次元の偏微分方程式，

$$\frac{\partial^2 u}{\partial x^2} + \frac{\partial^2 u}{\partial y^2} + \lambda u = 0$$

を，極座標，

$$x = r\cos\theta$$
$$y = r\sin\theta$$

に変換した偏微分方程式，

$$\frac{\partial^2 u}{\partial r^2} + \frac{1}{r}\frac{\partial u}{\partial r} + \frac{1}{r^2}\frac{\partial^2 u}{\partial \theta^2} + \lambda u = 0$$

において，変数分離法を適用することにより得られる．

3次元の偏微分方程式，

$$\frac{\partial^2 u}{\partial x^2} + \frac{\partial^2 u}{\partial y^2} + \frac{\partial^2 u}{\partial z^2} = 0$$

を極座標に変数変換すると，ルジャンドルの陪関数を経由してルジャンドル関数が得られるが，これらは直交関数系になる．

第1種ベッセル関数の間にも直交関係を定めてベッセル関数による展開を考えることが可能である．

0.2 複素関数

0.2.1 正則関数

複素関数の表記

複素関数論では，独立変数が複素数である関数 $w = f(z)$ を対象とする（従属変数 w も複素数となる）．複素関数，

$$w = f(z)$$

において，複素数 z は，$z = x + iy$ と表すことができるので，

$$w = f(x, y)$$

と表記することもある．さらに，従属変数 w も $w = u + vi$ の形で考えると，2つの従属変数 u, v が，それぞれ2つの独立（実）変数 x, y の関数となる．

$$u = u(x, y)$$
$$v = v(x, y)$$

したがって，

$$f(x, y) = u(x, y) + v(x, y)i$$

と表される．

例 $f(z) = z^5$, $z(t) = e^{it} (0 \leq t \leq 2\pi)$ とするとき,

$$\int_\gamma f(z)dz = \int_0^{2\pi} e^{5it} \cdot ie^{it} dt$$
$$= i\left[\frac{e^{6it}}{6i}\right]_0^{2\pi i}$$
$$= 0$$

例 $f(z) = \frac{1}{z}$, $z(t) = e^{it} (0 \leq t \leq 2\pi)$ とするとき,

$$\int_\gamma f(z)dz = \int_0^{2\pi} \frac{1}{e^{it}} ie^{it} dt$$
$$= i\int_0^{2\pi} dt$$
$$= 2\pi i$$

上の 2 つの例で,$f(z) = z^5$ の定義域は $\mathbb{C}$ 全体であるが,$f(z) = \frac{1}{z}$ は曲線 $\gamma(t)$ が囲む円の中に $f(z)$ が定義されない点 $z = 0$ を含むことに注意.

コーシーの積分公式

定理 10.2.2 $w = f(z)$ は領域 G で正則で,$\gamma(t)$ は領域 G の中で連続的に変形させて 1 点に縮めることができるとする.このとき,

$$\int_\gamma f(z)dz = 0$$

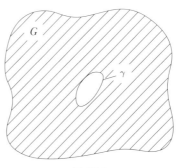

図 10.2

が成り立つ.

領域 G は,その境界が有限個の微分可能な曲線 $\gamma_1, \gamma_2, \ldots, \gamma_k$ に分割され,各曲線 $\gamma_j(t)$ は,t が増加する方向に曲線に沿って動くとき領域の内部が常に左手方向にあるように t に依存しているとする.このとき,領域 G の境界を ∂G で表し,

$$\int_{\partial G} = \int_{\gamma_1} + \int_{\gamma_2} + \cdots + \int_{\gamma_k}$$

と定める．以後，このような，その形が極端に複雑ではない領域のみを考えることにする．

上の結果は，次のコーシーの積分定理 (Cauchy's integral theorem) に一般化される．

定理 10.2.3 f は領域 G で（境界も含めて）正則であるとする．このとき
$$\int_{\partial G} f(z)dz = 0$$

例

$G = \{z = x + iy \in \mathbb{C} \mid \frac{1}{4} \leq x^2 + y^2 \leq 9\}$

とすると，その境界は曲線，

$$\gamma_1 : z(t) = 3e^{it} \quad (0 \leq t \leq 2\pi)$$
$$\gamma_2 : z(t) = \frac{1}{2}e^{-it} \quad (0 \leq t \leq 2\pi)$$

で構成され，

$$\int_{\partial G} = \int_{\gamma_1} + \int_{\gamma_2}$$

となる．

$$f(z) = \frac{1}{z}$$

はこの領域で正則なので，上の定理により，

$$\int_{\partial G} f(z)dz = 0$$

実際に計算して求めると，確かに，

$$\int_{\partial G} \frac{1}{z} dz = \int_{\gamma_1} \frac{1}{z} dz + \int_{\gamma_2} \frac{1}{z} dz$$
$$= \int_0^{2\pi} \frac{1}{3e^{it}} \cdot 3ie^{it} dt + \int_0^{2\pi} \frac{1}{\frac{1}{2}e^{-it}} \cdot \frac{1}{2}(-i)e^{-it} dt$$
$$= i \int_0^{2\pi} dt - i \int_0^{2\pi} dt = 0$$

となっている．

例

$$\gamma_1 : z(t) = 1 + (t-1)i \quad (0 \leq t \leq 2)$$
$$\gamma_2 : z(t) = (1-t) + i \quad (0 \leq t \leq 2)$$
$$\gamma_3 : z(t) = -1 + (1-t)i \quad (0 \leq t \leq 2)$$
$$\gamma_4 : z(t) = (t-1) - i \quad (0 \leq t \leq 2)$$

として，

$$\int_{\gamma_1} \frac{1}{z} dz + \int_{\gamma_2} \frac{1}{z} dz + \int_{\gamma_3} \frac{1}{z} dz + \int_{\gamma_4} \frac{1}{z} dz$$

を計算したいとする．これらの線積分を直接計算することもできるが，かなりわずらわしい．

ここで，これらの線分が囲む正方形の領域を考えると，$f(z) = \frac{1}{z}$ は原点で定義されないが，この正方形から原点を中心として半径 r の円（ただし，$r < 1$）の内部を取り除いた領域 G では，その境界も含めて正則になる．よって，

$$\int_{\partial G} \frac{1}{z} dz = 0$$

であり，

$$\gamma_5 : z(t) = re^{-it} \quad (0 \leq t \leq 2\pi)$$

とすると，

$$0 = \int_{\gamma_1} \frac{1}{z} dz + \int_{\gamma_2} \frac{1}{z} dz + \int_{\gamma_3} \frac{1}{z} dz + \int_{\gamma_4} \frac{1}{z} dz + \int_{\gamma_5} \frac{1}{z} dz$$

となるので，要求された線積分を計算する代わりに，

$$-\int_{\gamma_5} \frac{1}{z} dz$$

の値を求めればよいが，この値は簡単に求めることができ，

$$-\int_{\gamma_5} \frac{1}{z} dz = -\int_0^{2\pi} \frac{1}{e^{-it}} (-i) e^{-it} dt$$
$$= i \int_0^{2\pi} dt = 2\pi i$$

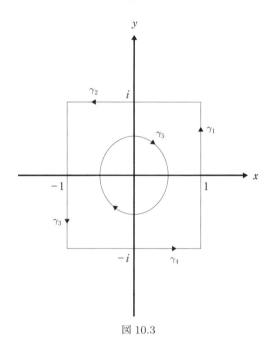

図 10.3

この例でわかるように，線積分の計算では，被積分関数の正則性に注意を払いながら曲線を置き換えることにより，計算が簡単になることがある．

次の定理の等式の右辺の線積分には，G の境界での f の値しか用いられない．これは，G の内部の f の値が境界での値だけで完全に決定されることを意味しており，"正

10.2 複素関数

則である" ということが大変に強い制約を与えることを示している.

定理 10.2.4 $f(z)$ が領域 G の境界も含めて正則ならば,
$$f(z) = \frac{1}{2\pi i} \int_{\partial G} \frac{f(\zeta)}{\zeta - z} d\zeta \quad (z \in G)$$
が成り立つ.

この定理の公式を**コーシーの積分公式** (Cauchy's integral formula) という.

右辺の被積分関数において ζ をパラメータ, z を独立変数と考えると, これは,
$$\frac{a}{b - z}$$
という形であり, この単純な形の関数の係数 a, b を ζ に依存させて重ね合わせる (積分する) ことで, $f(z)$ が表現できることを意味している. そのため, 場合によっては, f に何らかの操作をする代わりに, $\frac{a}{b-z}$ にその操作を行ってから重ね合わせる (積分する) という手法が可能になる. 次の定理は, $\frac{a}{b-z}$ を k 回微分した形を取っていることに注意.

テーラー展開

定理 10.2.5 f が G で正則ならば, f は何回でも複素微分可能であり, その k 回微分 $f^{(k)}(z)$ は,
$$f^{(k)}(z) = \frac{k!}{2\pi i} \int_{\partial G} \frac{f(\zeta)}{(\zeta - z)^{k+1}} d\zeta \quad (z \in G)$$
となる.

$z_0 \in G$ が G の境界の点ではないとき, z_0 と ∂G の距離を d とすると, $|z - z_0| < d$ において $f(z)$ はベキ級数 (テーラー級数),
$$f(z) = \sum_{n=0}^{\infty} a_n (z - z_0)^n$$
$$a_n = \frac{f^{(n)}(z_0)}{n!}$$
に展開される. これを**テーラー展開**(Taylor expansion) という.

領域 G の各点においてテーラー展開可能である関数を**解析関数** (analytic function) という. 上の定理により, 正則関数は解析関数である. 逆に, 解析関数は正則関数であることも知られている.

10.2.3 ローラン展開

定理 10.2.6 $0 \leq R_1 < R_2$ とし, f は円環領域 $R_1 < |z - z_0| < R_2$ で正則であるとする. このとき, $f(z)$ は,
$$f(z) = \sum_{m=1}^{\infty} \frac{a_{-m}}{(z - z_0)^m} + \sum_{n=0}^{\infty} a_n (z - z_0)^n$$
の形に展開され,

$$a_k = \frac{1}{2\pi i} \int_{|\zeta-z_0|=r} \frac{f(\zeta)}{(\zeta-z_0)^{k+1}} d\zeta \quad (k = \cdots -2, -1, 0, 1, 2, \cdots)$$

となる．ここで，r は $R_1 < r < R_2$ を満たす任意の実数．

この展開を**ローラン展開** (Laurent expansion) という．

f が z_0 で正則でなく，$0(=R_1) < z_0 < R_2$ で正則となるような正の数 R_2 が存在するとき，z_0 は f の**孤立特異点** (isolated singularity) であるという．さらに，

- $a_{-k} \neq 0$, であり，かつ，k より大きいすべての番号 ℓ について $a_{-\ell} = 0$ となる $k > 0$ が存在するとき，z_0 は f の **k 位の極** (pole) であるという．
- $a_{-k} \neq 0$ となる項が無限個存在するとき，z_0 は f の**真性特異点** (essential singularity) であるという．

留数

ローラン展開の -1 次の係数，

$$a_{-1} = \frac{1}{2\pi i} \int_{|\zeta-z_0|=r} f(\zeta) d\zeta$$

を f の z_0 における**留数** (residue) といい，

$$\mathrm{Res}(f, z_0)$$

で表す．

例 $f(z) = \frac{e^z}{z^2}$ の，$z_0 = 0$ におけるローラン展開は，

$$f(z) = \frac{1}{z^2}\left(1 + \frac{z}{1!} + \frac{z^2}{2!} + \frac{z^3}{3!} + \cdots + \frac{z^k}{k!} + \cdots\right)$$
$$= \frac{1}{z^2} + \frac{1}{z} + \frac{1}{2!} + \frac{z}{3!} + \cdots + \frac{z^{k-2}}{k!} + \cdots$$

となる．つまり，

$$\cdots a_{-4} = a_{-3} = 0, \quad a_{-2} = 1, \quad a_{-1} = 1, \quad a_k = \frac{1}{(k+2)!}(k=0,1,2,\cdots)$$

である．したがって，$z_0 = 0$ は 2 位の極であり，留数 $\mathrm{Res}(f, 0)$ は 1 である．

定理 10.2.7 f が z_0 で k 位の極を持つとき，

$$\mathrm{Res}(f, z_0) = \frac{1}{(k-1)!} \lim_{z \to z_0} \frac{d^{k-1}}{dz^{k-1}}\left\{(z-z_0)^k f(z)\right\}$$

が成り立つ．

定理 10.2.8 (留数定理)

$a_1, \ldots, a_m \in G$ で $f(z)$ は G（境界も含む）から m 個の点 $a_1, \ldots, a_m$ を取り除いた領域で正則であるとする．このとき，

$$\int_{\partial G} f(z) dz = 2\pi i \sum_{j=1}^{m} \mathrm{Res}(f, a_j)$$

が成り立つ．

0.3 ラプラス変換
0.3.1 定義と基本性質

実数または複素数 s に対して，広義積分,
$$\int_0^\infty e^{-st}f(t)dt = \lim_{b\to\infty}\int_0^b e^{-st}f(t)dt$$
が存在するとき，s に対してこの値を対応させる関数 $F(s)$ を考え，これを f のラプラス変換 (Laplace transform)，または，ラプラス積分 (Laplace integral) といい，$\mathcal{L}(f(t))(s)$ または，$(\mathcal{L}f)(s)$ で表す．

ラプラス変換の基本性質

- 線形性　$F(s), G(s)$ を，それぞれ $f(t), g(t)$ のラプラス変換，α, β を定数とするとき，$\alpha f(t) + \beta g(t)$ のラプラス変換は，
$$\mathcal{L}(\alpha f(t) + \beta g(t))(s) = \alpha F(s) + \beta G(s)$$

- 相似法則　c を正の定数とするとき，t に $f(ct)$ を対応させる関数のラプラス変換は，
$$\mathcal{L}(f(ct))(s) = \frac{1}{c}F\left(\frac{s}{c}\right)$$

- 移動法則　λ を正の定数，$f(t)$ のラプラス変換を $F(s)$ とするとき，
$$\mathcal{L}(f(t-\lambda))(s) = e^{-\lambda s}F(s)$$
$$\mathcal{L}(f(t+\lambda))(s) = e^{\lambda s}\left\{F(s) - \int_0^\lambda e^{-st}f(t)dt\right\}$$
また，定数 c に対して，
$$\mathcal{L}\left(e^{ct}f(t)\right)(s) = F(s-c)$$

- 積分法則　$f(t)$ のラプラス変換を $F(s)$ とするとき，$f(t)$ の原始関数 $\int_0^t f(\tau)d\tau$ のラプラス変換は，
$$\mathcal{L}\left(\int_0^t f(\tau)d\tau\right) = \frac{1}{s}F(s) \quad (s > 0)$$
逆に，$f(t)$ のラプラス変換 $F(s)$ の原始関数 $\int_s^\infty F(\sigma)d\sigma$ については，
$$\int_s^\infty F(\sigma)d\sigma = \mathcal{L}\left(\frac{f(t)}{t}\right)(s)$$
が成り立つ．ここで，"原始関数" は "定積分の下端" を動かした形をしていることに注意．

- 微分法則　$f(t)$ のラプラス変換を $F(s)$ とするとき，$f(t)$ の導関数 $f'(t)$ のラプラス変換は，

$$\mathcal{L}\left(f'(t)\right)(s) = sF(s) - f(+0) \quad (s > 0)$$

ここで，$f(+0)$ は s が正の値を取りながら 0 に近づくときの極限を表す．

逆に，$f(t)$ のラプラス変換 $F(s)$ の導関数については，

$$\frac{d}{ds}F(s) = \mathcal{L}(-tf(t))(s)$$

が成り立つ．

 上の積分法則，微分法則では，s が正の値のときに制限して述べられていることに注意．

合成積とラプラス変換

- 合成積
  広義積分，
  $$\int_0^\infty f(t-\tau)g(\tau)d\tau \quad (t \geq 0)$$
  を $f(t)$ と $g(t)$ の合成積(convolution)といい，$f * g$ で表す．合成積 $f * g$ は可換であり，
  $$f * g = g * f$$
  が成り立つ．

- 合成積のラプラス変換　$f(t), g(t)$ のラプラス変換を $F(s), G(s)$ とするとき，
  $$\mathcal{L}(f * g)(s) = F(s)G(s)$$
  が成り立つ．

- ラプラス逆変換　関数 $F(s)$ に対して，ラプラス変換をすると $F(s)$ が得られる関数 $f(t)$ が存在する場合，それは（正確には，その不連続点における値を除いて）一致する．$F(s)$ に，この関数 $f(t)$ を対応させる変換をラプラス逆変換といい，$f = \mathcal{L}^{-1}(F)$ と表す．

0.3.2 簡単な関数のラプラス変換と逆変換

$f(t)$	$F(s)$
1	$\dfrac{1}{s}$
t	$\dfrac{1}{s^2}$
t^n	$\dfrac{n!}{s^{n+1}}$
$e^{\lambda t}$	$\dfrac{1}{s-\lambda}$
$\sin \lambda t$	$\dfrac{\lambda}{s^2+\lambda^2}$
$\cos \lambda t$	$\dfrac{s}{s^2+\lambda^2}$

0.4 フーリエ解析

0.4.1 フーリエ級数

単振動の重ね合わせ

$y = \sin x$ の形の波形を持った音は，音叉の音や時報のような，倍音を含まない「単振動(simple harmonic oscillation)」の音であり，その倍音（これらも単振動）は，$y = \sin 2x$ や，$y = \sin 3x$ のように $y = \sin mx$ の形の波形を持つ．また，$\cos mx$ は，$\sin mx$ と同じ高さだが位相の異なる音となる．これらの単振動を重ね合わせることにより，複雑な波形を持った色々な音色の音が生ずる．一般に，

$$y = \sin mx \quad (m = 1, 2, 3, \ldots)$$
$$y = \cos mx \quad (m = 1, 2, 3, \ldots)$$
$$y = 1 \quad (y = \cos mx \text{ の } m = 0 \text{ の場合に対応})$$

に，係数を掛けて重ね合わせた関数，

$$\frac{a_0}{2} + \sum_{n=1}^{\infty} (a_n \cos nx + b_n \sin nx)$$

の形の関数は，周期 2π を持つが，逆に周期 2π を持つ関数を（または，不連続点を許容して周期 2π の周期を持つように換えた関数を），このような単振動の合成の形に展開しようと試みるのがフーリエ級数の着想である．

三角関数の定積分

$\sin mx, \cos mx$, 定数 $y = 1$ は直交関数系となる．つまり，2 つの関数 $f(x), g(x)$ の内積を，

$$\int_{-\pi}^{\pi} f(x)g(x)dx$$

として定義し，$f(x)$ の長さを $f(x)$ と $f(x)$ 自身の内積の平方根，

$$\sqrt{\int_{-\pi}^{\pi} \{f(x)\}^2 \, dx}$$

と定めたとき,互いに直交する関数系になっている.

$$\int_{-\pi}^{\pi} \cos mx \cdot \cos nx \, dx = \begin{cases} 0 & (m \neq n) \\ \pi & (m = n) \end{cases}$$

$$\int_{-\pi}^{\pi} \sin mx \cdot \sin nx \, dx = \begin{cases} 0 & (m \neq n) \\ \pi & (m = n) \end{cases}$$

$$\int_{-\pi}^{\pi} \cos mx \cdot \sin nx \, dx = 0$$

$$\int_{-\pi}^{\pi} 1 \cdot \cos nx \, dx = 0$$

$$\int_{-\pi}^{\pi} 1 \cdot \sin nx \, dx = 0$$

$$\int_{-\pi}^{\pi} 1 \cdot 1 \, dx = 2\pi$$

ここで,$y = \cos nx$, $y = \sin nx$ の "大きさの二乗",

$$\int_{-\pi}^{\pi} \cos^2 mx \, dx, \qquad \int_{-\pi}^{\pi} \sin^2 x \, dx$$

は π であるのに対して,1 の "大きさ" は 2π となっている.このことに注意をして,

$$f(x) = \frac{a_0}{2} + \sum_{n=1}^{\infty} (a_n \cos nx + b_n \sin nx)$$

の両辺と,$y = \cos nx$, $y = \sin nx$, $y = 1$ との内積をそれぞれ(収束を考慮しない形式的な計算だが)計算すると,

$$\int_{-\pi}^{\pi} f(x) \cos nx \, dx = a_n \cdot \pi$$

$$\int_{-\pi}^{\pi} f(x) \sin nx \, dx = b_n \cdot \pi$$

$$\int_{-\pi}^{\pi} f(x) \, dx = a_0 \cdot \pi$$

となる.

そこで,与えられた関数 $y = f(x)$ に対して,

$$a_n = \frac{1}{\pi} \int_{-\pi}^{\pi} f(x) \cos nx \, dx \quad (n = 0, 1, 2, \ldots)$$

$$b_n = \frac{1}{\pi} \int_{-\pi}^{\pi} f(x) \sin nx \, dx \quad (n = 1, 2, \ldots)$$

として係数 a_n, b_n を定めて(a_0 は $\cos nx$ で $n = 0$ の場合に対応している),級数,

$$\frac{a_0}{2} + \sum_{n=1}^{\infty} (a_n \cos nx + b_n \sin nx)$$

を考え，これを $f(x)$ の**フーリエ級数** (Fourier series) と呼ぶ．次の定理が示すように，この級数は多くの場合，収束し，周期 2π を持つ関数 $f(x)$ では，

$$f(x) = \frac{a_0}{2} + \sum_{n=1}^{\infty}(a_n \cos nx + b_n \sin nx)$$

となる．

定理 10.4.1 $f(x)$ が 2π を周期とし，区間 $[0, 2\pi]$ において有限個の不連続点を除いて C^1 級であるならば，各 x に対してフーリエ級数は収束し，不連続点以外では，

$$f(x) = \frac{a_0}{2} + \sum_{n=1}^{\infty}(a_n \cos nx + b_n \sin nx)$$

が成り立つ．また，不連続点では，右辺は，

$$\frac{f(x+0) + f(x-0)}{2}$$

となる．

上の定理で，$f(x+0)$, $f(x-0)$ は，それぞれ f の右側から近づいた極限，左側から近づいた極限を表している．

色々な関数のフーリエ展開

以下の関数，例えば $y = x$ は，まず定義域を制限した関数 $y = x(-\pi \leqq x \leqq \pi)$ を取り，それを $x = n\pi$ で不連続点を持つ周期 2π の周期関数に拡張したものとして考えている．

上から順に，$f(x) = x$, $f(x) = |x|$, $f(x) = x^2$ のフーリエ展開である．

$$x = 2\sin x - \sin 2x + \frac{2}{3}\sin 3x - \frac{2}{4}\sin 4x + \cdots$$

$$|x| = \frac{\pi}{2} - \frac{4}{1^2 \cdot \pi}\cos x - \frac{4}{3^2 \cdot \pi}\cos 3x - \frac{4}{5^2 \cdot \pi}\cos 5x - \cdots$$

$$x^2 = \frac{\pi^2}{3} - \frac{4}{1^2}\cos x + \frac{4}{2^2}\cos 2x - \frac{4}{3^2}\cos 3x + \frac{4}{4^2}\cos 4x - \cdots$$

また，いわゆる**矩形波（方形波）**(square wave),

$$f(x) = \begin{cases} -1 & (-\pi < x < 0) \\ 1 & (0 \leqq x \leqq \pi) \end{cases}$$

のフーリエ展開は，

$$f(x) = \frac{4}{\pi}\sin x + \frac{4}{3\pi}\sin 3x + \frac{4}{5\pi}\sin 3x + \cdots$$

複素型のフーリエ展開

複素数の値を取る関数 $f(x)$ と $g(x)$ の"内積"を，

$$\int_{-\pi}^{\pi} \overline{f(x)} g(x) dx$$

(ここで，$\overline{f(x)}$ は $f(x)$ の複素共役) として定めると，

$$\int_{-\pi}^{\pi} e^{-inx} e^{imx} dx = 0 \quad (n \neq m)$$

となり，関数系 $e^{n\pi i}$ ($n = \ldots, -2, -1, 0, 1, 2, \ldots$) も直交系をなすので，係数を，

$$c_n = \frac{1}{2\pi} \int_{-\pi}^{\pi} f(x) e^{-inx} dx \quad (n = \ldots, -2, -1, 0, 1, 2, \ldots)$$

として，

$$f(x) = \sum_{n=-\infty}^{\infty} c_n e^{inx}$$

の形に展開することが考えられる．これを**複素フーリエ級数** (complex Fourier series) という．

10.4.2 フーリエ変換

定理 10.4.2 $f(t)$ が $-\infty < x < \infty$ で定義され，不連続点はどの閉区間 $[a, b]$ にも有限個しかなく，不連続点を除いた区間では C^1 級となるような複素数値関数であるとする．このとき，複素型のフーリエ展開の類似で，広義積分，

$$c_u = \frac{1}{\sqrt{2\pi}} \int_{-\infty}^{\infty} f(t) e^{-iut} dt$$

を"係数"として，関数系 e^{iux} を u について（広義）積分すると，

$$\frac{f(t+0) + f(t-0)}{2} = \frac{1}{\sqrt{2\pi}} \int_{-\infty}^{\infty} c_u e^{iut} du$$

が成り立つ．

関数 f に対して，u の関数 c_u を対応させる変換を $\mathcal{F}$ で表し，**フーリエ変換**(Fourier transformation) という．つまり，u に c_u を対応させる関数が $\mathcal{F}[f]$ であり，

$$\mathcal{F}[f](u) = c_u = \frac{1}{\sqrt{2\pi}} \int_{-\infty}^{\infty} f(t) e^{-iut} dt$$

となる．

定理 10.4.3
1. フーリエ変換は線形変換である．すなわち，α, β を複素数とするとき，
$$\mathcal{F}[\alpha f + \beta g](u) = \alpha \mathcal{F}[f](u) + \beta \mathcal{F}[g](u)$$
2. $\mathcal{F}[f(t-a)](u) = e^{-iau} \mathcal{F}[f](u)$
3. $\mathcal{F}[f(at)](u) = \frac{1}{a} \mathcal{F}[f]\left(\frac{u}{a}\right) \quad (a > 0)$

例 $f(t) = e^{-\frac{t^2}{2}}$ のフーリエ変換は，$\mathcal{F}[f](u) = e^{-\frac{u^2}{2}}$ であり，$e^{-\frac{t^2}{2}}$ はフーリエ変換で形を変えない関数である．

例 正の実数 W に対して，
$$\varphi(t) = \frac{W}{\pi} \frac{\sin Wt}{Wt}, \quad \left(t = 0 \text{ のときは,} \varphi(t) = \frac{W}{\pi}\right)$$

と定めると，そのフーリエ変換は，
$$\mathcal{F}[\varphi](u) = \begin{cases} \frac{1}{\sqrt{2\pi}} & (|u| < W) \\ 0 & (|u| \leqq W) \end{cases}$$
である．

上の例の $\varphi(t)$ に対して，
$$\varphi_n(t) = \sqrt{\frac{\pi}{W}}\varphi(t - n\pi/W) \quad (n = 0, \pm 1, \pm 2, \ldots)$$
と定め，これらをサンプリング関数 (sampling function) という．

定理 10.4.4 $f(t)$ のフーリエ変換 $\mathcal{F}[f](u)$ が $\mathcal{F}[f](u) = 0$ $(|u| > W)$ を満たすならば（つまり，帯域幅が W であるならば），次の展開式が成立する．
$$f(t) = \sum_{n=-\infty}^{\infty} c_n \cdot \sqrt{\frac{\pi}{W}}\varphi_n(t)$$
ここで，展開の係数 c_n は $c_n = f(n\pi/W)$ として求められる．

上の例では，W の値が大きいと，$\varphi(t)$ のグラフは $t = 0$ の近くで大きな値を取り，$t = 0$ から離れると振動しながら減少していく．一方，そのフーリエ変換は W の値が大きいほど広い帯域に広がっている．つまり，$f(t)$ の "分散" を小さくしようとすると，フーリエ変換の "分散" は大きくなってしまうことがわかる．また，10.4.2 項の最初の例から標準偏差 σ の正規分布のフーリエ変換を求めてみても，このことを確かめることができる．一般に，次の不等式が成り立つことが知られている．
$$\hat{f}(u) = \mathcal{F}[f](u), \quad \langle t \rangle = \int_{-\infty}^{\infty} t\,(f(t))^2\,dt, \quad \langle u \rangle = \int_{-\infty}^{\infty} u\,\left(\hat{f}(t)\right)^2\,du$$
とおくと，$f, \hat{f}$ の "分散"，
$$\sigma^2 = \int_{-\infty}^{\infty} (t - \langle t \rangle)^2\,(f(t))^2\,dt, \quad \hat{\sigma}^2 = \int_{-\infty}^{\infty} (u - \langle u \rangle)^2\,\left(\hat{f}(u)\right)^2\,du$$
について，不等式 $\sigma^2 \cdot \hat{\sigma}^2 \geqq \dfrac{1}{4}$ が成り立つ．

10.5 ベクトル解析

$\mathbb{R}^n$ の各点 $\boldsymbol{x} = (x_1, \ldots, x_n)$ に，その点を始点とするベクトル $\boldsymbol{X}(\boldsymbol{x})$ が定められているとき，$\boldsymbol{X}$ をベクトル場 (vector field) という．

また，$\mathbb{R}^n$ の各点 $\boldsymbol{x} = (x_1, \ldots, x_n)$ に，実数 $\phi(\boldsymbol{x})$ が定められているとき，ϕ をスカラー場 (scalr field) という．

$\mathbb{R}^n$ と同様に $\mathbb{C}^n$ においても，（複素）ベクトル場，（複素）スカラー場を考えることができる．

10.5.1 ベクトル場とスカラー場

グラディエントベクトル場

スカラー場 $\phi(\boldsymbol{x}) = \phi(x_1, \ldots, x_n)$ が与えられたとき，ベクトル場，

第 10 章 応用解析

$$\mathbf{grad}\phi(\boldsymbol{x}) = \left(\frac{\partial \phi}{\partial x_1}, \ldots, \frac{\partial \phi}{\partial x_n}\right)$$

を ϕ のグラディエントベクトル場 (gradient vector field) という．

$\mathbf{grad}\phi$ を $\nabla \phi$ と書くこともある．さらに，

$$\nabla = \left(\frac{\partial}{\partial x_1}, \ldots, \frac{\partial}{\partial x_n}\right)$$

を，関数 ϕ にベクトル場 $\nabla \phi$ を対応させる作用素（演算子）として扱うこともある．この演算子 ∇ をナブラ (nabla) という．

発散

$\mathbb{R}^n$ 上のベクトル場，

$$\boldsymbol{X}(x_1, \ldots, x_n) = (X_1(x_1, \ldots, x_n), \cdots, X_n(x_1, \ldots, x_n))$$

が与えられたとき，スカラー場，

$$\mathrm{div}\boldsymbol{X} = \frac{\partial X_1}{\partial x_1} + \cdots + \frac{\partial X_n}{\partial x_n}$$

を $\boldsymbol{X}$ の**発散** (divergence) という．

$\mathrm{div}\boldsymbol{X}$ を，形式的に ∇ と $\boldsymbol{X}$ の内積のように考えて，

$$\nabla \cdot \boldsymbol{X}$$

と表すこともできる．

$\boldsymbol{X}(\mathbf{x})$ が，$\boldsymbol{x}$ における流体の流量（その点における流速 × 密度）であるとき，$\mathrm{div}\boldsymbol{X}(\boldsymbol{x}$ はその点における流体の圧縮を表す．したがって，圧縮率が零で均一な密度の流体では，$\mathrm{div}\boldsymbol{X}$ は零になる．

ラプラシアン

スカラー場 ϕ のグラディエントベクトル場 $\mathbf{grad}\phi$ の発散，

$$\mathrm{div}\,(\mathbf{grad}\phi) = \mathrm{div}\left(\frac{\partial \phi}{\partial x_1}, \ldots, \frac{\partial \phi}{\partial x_n}\right)$$
$$= \frac{\partial^2 \phi}{\partial x_1^2} + \cdots + \frac{\partial^2 \phi}{\partial x_n^2}$$

を ϕ のラプラシアン (Laplacian) という．これは形式的に演算子 ∇ の内積として，

$$\nabla \cdot \nabla \phi$$

と書くこともでき，また，

$$\nabla^2 = \frac{\partial^2}{\partial x_1^2} + \cdots + \frac{\partial^2}{\partial x_n^2}$$

と定め（これもラプラシアンという），

$$\nabla^2 \phi$$

と表すこともできる．∇^2 を $\triangle$ と書くこともある．

調和関数

$\nabla^2 \phi = 0$ ($\triangle \phi = 0$) を満たす関数を**調和関数** (harmonic function) という．

$n=3$ のとき，$\phi(x_1, y_1, z_1) = \frac{1}{\sqrt{x_1^2 + x_2^2 + x_3^2}}$ は，

$$\frac{\partial \phi}{\partial x_j} = -\frac{x_j}{(x_1^2 + x_2^2 + x_3^2)^{\frac{3}{2}}}, \quad \frac{\partial^2 \phi}{\partial x_j^2} = -\frac{1}{(x_1^2 + x_2^2 + x_3^2)^{\frac{3}{2}}} + \frac{3x_j^2}{(x_1^2 + x_2^2 + x_3^2)^{\frac{5}{2}}}$$

であり，

$$\frac{\partial^2 \phi}{\partial x_1^2} + \frac{\partial^2 \phi}{\partial x_2^2} + \frac{\partial^2 \phi}{\partial x_3^2} = -\frac{3}{(x_1^2 + x_2^2 + x_3^2)^{\frac{3}{2}}} + \frac{3x_1^2 + 3x_2^2 + 3x_3^2}{(x_1^2 + x_2^2 + x_3^2)^{\frac{5}{2}}} = 0$$

となるので，調和関数である．

0.5.2 偏微分方程式

$f(x, y, z)$ が調和関数であるという条件は，

$$\frac{\partial^2 f}{\partial x^2} + \frac{\partial^2 f}{\partial y^2} + \frac{\partial^2 f}{\partial z^2} = 0$$

と書けるが，この式を未知の関数 f の満たす方程式と見ると，これは偏微分の記号を含む方程式となっている．このように，偏微分を含む方程式を満たす未知関数を求める方程式を**偏微分方程式** (partial differential equation) という．

偏微分方程式では，特に 2 階偏微分を含む"線形な"偏微分方程式が重要であり，それらは，**楕円型** (elliptic type), **双曲型** (hyperbolic type)．**放物型** (parabolic type) の 3 タイプに分類され，それぞれ，代表的な偏微分方程式として，

$$\text{ラプラス方程式} \quad \frac{\partial^2 u}{\partial x_1^2} + \cdots + \frac{\partial^2 u}{\partial x_n^2} = 0$$

$$\text{波動方程式} \quad \frac{\partial^2 u}{\partial x_1^2} + \cdots + \frac{\partial^2 u}{\partial x_n^2} = \frac{1}{c^2}\frac{\partial^2 u}{\partial t^2}$$

$$\text{熱方程式} \quad \frac{\partial^2 u}{\partial x_1^2} + \cdots + \frac{\partial^2 u}{\partial x_n^2} = \frac{1}{k}\frac{\partial u}{\partial t}$$

がある．

ラプラス方程式

ラプラス方程式 (Laplace equation), **ポテンシャル方程式** (potential equation) は調和関数を解とする方程式 $\triangle u = 0$ である．

$u(x, y, z) = \frac{1}{\sqrt{x^2 + y^2 + z^2}}$ は $n=3$ のラプラス方程式，

$$\frac{\partial^2 u}{\partial x^2} + \frac{\partial^2 u}{\partial y^2} + \frac{\partial^2 u}{\partial z^2} = 0$$

の解になり，調和関数である．

関数 $u(x, y) = \log(x^2 + y^2)$ は $n=2$ のラプラス方程式，

$$\frac{\partial^2 u}{\partial x^2} + \frac{\partial^2 u}{\partial y^2} = 0$$

の解になり，調和関数である．

> **例** $u(x,y), v(x,y)$ がコーシー–リーマンの条件（偏微分方程式），
> $$\frac{\partial u}{\partial x} = \frac{\partial v}{\partial y}, \quad \frac{\partial u}{\partial y} = -\frac{\partial v}{\partial x}$$
> を満たすならば，$u(x,y), v(x,y)$ は両方とも調和関数になる．

波動方程式

n 次元空間の波動を表す**波動方程式** (wave equation) は，空間座標 $x_1, \ldots, x_n$ と時間 t の関数 $u = f(x_1, \ldots, x_n, t)$ を未知関数とする偏微分方程式であり，

$$\frac{\partial^2 u}{\partial x_1^2} + \cdots + \frac{\partial^2 u}{\partial x_n^2} = \frac{1}{c^2} \frac{\partial^2 u}{\partial t^2}$$

の形を取る．

> **例** 3 次元空間での波動方程式，
> $$\frac{\partial^2 u}{\partial x^2} + \frac{\partial^2 u}{\partial y^2} + \frac{\partial^2 u}{\partial z^2} = \frac{1}{c^2} \frac{\partial^2 u}{\partial t^2}$$
> の基本的な解として，
> $$u_1(x, y, z, t) = \cos(p_x x + p_y y + p_z z - ct)$$
> $$u_2(x, y, z, t) = \sin(p_x x + p_y y + p_z z - ct)$$
> がある．ここで，p_x, p_y, p_z は $p_x^2 + p_y^2 + p_z^2 = 1$ を満たす定数．(p_x, p_y, p_z) は波の進む方向を表すベクトル，c は波の進む速さと考えることができる．オイラーの定理を利用して，
> $$u(x, y, z, t) = e^{i(p_x x + p_y y + p_z z - ct)}$$
> と表現することもできる．
>
> p_x, p_y, p_z は $p_x^2 + p_y^2 + p_z^2 = 1$ を満たせば自由に選べる定数なので，これらを変えて幾つかの解を作っておき，それらの解の重ね合わせとして，別の解を作ることができる．さらに，重ね合わせを p_x, p_y, p_z をパラメータとしての積分として実現すると，フーリエ変換で解を表現することになる．

熱方程式

3 次元空間での熱伝導を表す**熱方程式** (heat equation) も，空間座標 x, y, z と時間 t の関数 $u = f(x, y, z, t)$ を未知関数とする偏微分方程式であり，

$$\frac{\partial^2 f}{\partial x^2} + \frac{\partial^2 f}{\partial y^2} + \frac{\partial^2 f}{\partial z^2} = k \frac{\partial f}{\partial t}$$

の形を取る．

> **例** 熱方程式の解として，正規分布の標準偏差が t とともに増加する形の解，
> $$u(x, y, z, t) = \frac{1}{(4\pi kt)^{3/2}} e^{-\frac{x^2+y^2+z^2}{4kt}} \quad (t > 0)$$
> がある．この解で $t \to 0$ としたときの熱の分布は，（いわゆるディラック関数と呼ばれるものであり）1 点に集中していた熱が拡散してゆく様子を示す．

> **例** a を定数として，
> $$u(x, t) = e^{-ka^2 t} \sin(ax)$$

とおくと，$u(x,t)$ は熱方程式の解になる．この場合も，定数 a をさまざまに選んで解を作り，それらの解の重ね合わせ，さらには，それらの極限を取ることにより，初期値問題，境界値問題といった追加の条件を満たす解を構築してゆくことができる．

0.5.3 3次元空間でのベクトル解析

ここで述べるガウスの発散定理は一般に n 次元空間で提示することも可能だが，多様体，リーマン計量などの概念が不可欠になる．ここでは，直観的な記述が可能な3次元空間に限定することにする．

座標は (x_1, x_2, x_3) ではなく，(x, y, z) を用いる．したがって，

$$\mathrm{grad}\phi = \nabla \phi = \left(\frac{\partial \phi}{\partial x}, \frac{\partial \phi}{\partial y}, \frac{\partial \phi}{\partial z}\right)$$

$$\mathrm{div}\boldsymbol{X} = \nabla \cdot \boldsymbol{X} = \frac{\partial X_x}{\partial x} + \frac{\partial X_y}{\partial y} + \frac{\partial X_z}{\partial z}$$

$$\nabla = \left(\frac{\partial}{\partial x}, \frac{\partial}{\partial y}, \frac{\partial}{\partial z}\right)$$

$$\triangle = \nabla^2 = \frac{\partial^2}{\partial x^2} + \frac{\partial^2}{\partial y^2} + \frac{\partial^2}{\partial z^2}$$

となる．

ベクトル積

体積

3次元空間 $\mathbb{R}^3$ の3つのベクトル $\boldsymbol{v_1}, \boldsymbol{v_2}, \boldsymbol{v_3}$ を，列ベクトルとしてこの順に並べた行列の行列式，

$$\det[\boldsymbol{v_1}, \boldsymbol{v_2}, \boldsymbol{v_3}]$$

は，これら3つのベクトルの作る平行六面体の "向きのつけられた" 体積と考えることができる．例えば，単位ベクトル $\boldsymbol{e_1}, \boldsymbol{e_2}, \boldsymbol{e_3}$ に対しては，

$$\det[\boldsymbol{e_1}, \boldsymbol{e_2}, \boldsymbol{e_3}] = 1$$

だが，$\boldsymbol{e_3}$ の向きを反転させて $-\boldsymbol{e_3}$ とすると，

$$\det[\boldsymbol{e_1}, \boldsymbol{e_2}, -\boldsymbol{e_3}] = -1$$

であり，また，$\boldsymbol{e_2}$ と $\boldsymbol{e_3}$ の順序を反転させても，

$$\det[\boldsymbol{e_1}, \boldsymbol{e_3}, \boldsymbol{e_2}] = -1$$

となる．

ベクトル積

3次元空間 $\mathbb{R}^3$ の2つのベクトル $\boldsymbol{v_1}, \boldsymbol{v_2}$ に対して，ベクトル積 (vector product)，または外積 (exterior product) と呼ばれるベクトル $\boldsymbol{v_1} \times \boldsymbol{v_2}$ を，

1. v_1, v_2 の作る平行四辺形の面積を長さとするベクトルであって（したがって，v_1 と v_2 が線形従属な場合は零ベクトル），
2. v_1 と v_2 の両方と直交し（内積が零），
3. v_1 と v_2 が線形独立なとき両者に直交する方向は 2 つあるが，そのうち，v_1, v_2, $v_1 \times v_2$ が正の体積を持つような方向を選ぶ，

として定める．
$v_1 \times v_2$ は，

$$\text{任意のベクトル } u \text{ に対して}, \det[v_1, v_2, u] = (v_1 \times v_2) \cdot u$$

を満たすベクトルとして特徴づけることもできる．

ベクトル積 $v_1 \times v_2$ は v_1, v_2 のそれぞれに対して線形であり，

$$v_1 \times v_2 = -v_2 \times v_1$$

を満たす．

単位ベクトル e_1, e_2, e_3 に対しては，

$$e_1 \times e_2 = e_3, \quad e_2 \times e_3 = e_1, \quad e_3 \times e_1 = e_2$$

$$e_1 \times e_1 = e_2 \times e_2 = e_3 \times e_3 = 0$$

なので，$v_1 = (x_1, y_1, z_1)$, $v_2 = (x_2, y_2, z_2)$ のベクトル積は，

$$(y_1 z_2 - z_1 y_2)e_1 + (z_1 x_2 - x_1 z_2)e_2 + (x_1 y_2 - y_1 x_2)e_3$$

となる．

ベクトル積は 3 次元空間でのみ定義され，一般の n 次元ベクトルに対しては定義されない．

曲面上での積分

3 次元空間 $\mathbb{R}^3$ 内の曲面 S 上に定められたスカラー関数 $f(x, y, z)$ の S 全体での積分を，平面の領域での面積分の類似で，次のように定める．まず，S を分割し，分割された小さな曲面の面積にその 1 点での $f(x, y, z)$ の値を乗じたものの総和を取る．f が適切な条件を満たす場合，この分割を限りなく細かくしていったときの極限が存在するので，これを f の S での**面積分**といい，

$$\iint_S f(x, y, z) dS$$

で表す．

S が 2 つの変数 u, v でパラメータ表示されているとする．つまり，u, v を変数とする関数 $x(u, v), y(u, v), z(u, v)$ と $\mathbb{R}^2$ の領域 D があって，

$$S = \{(x(u, v), y(u, v), z(u, v)) \mid (u, v) \in D\}$$

を満たすとする．さらに，(u, v) と曲面 S 上の点の対応は，1 対 1 で，u, v について偏微分可能であるとする．このとき，$(x(u, v), y(u, v), z(u, v))$ の u 方向，v 方向の方向微分の外積，

$$\left[\frac{\partial x}{\partial u}, \frac{\partial y}{\partial u}, \frac{\partial z}{\partial u}\right] \times \left[\frac{\partial x}{\partial v}, \frac{\partial y}{\partial v}, \frac{\partial z}{\partial v}\right]$$

の長さを J とすると，$f(x,y,z)$ の S での面積分の値は，u, v に変数変換した領域 D での重積分，

$$\iint_D f(x(u,v), y(u,v), z(u,v))|J|dudv$$

として求めることができる．

ガウスの発散定理

曲面 S が領域 V を囲っているとする．S の各点に，その点での S の接平面と直交する長さ 1 のベクトルで外側を向いたベクトルを対応させ，このベクトル場を $\mathbf{n}$ で表す．

定理 10.5.1（ガウスの発散定理）

ベクトル場 $\boldsymbol{X}$ の発散を V 全体で積分した値は，V の表面 S で $\boldsymbol{X}$ と $\mathbf{n}$ の内積を面積分した値に等しい．

$$\iiint_V \mathrm{div}\boldsymbol{X} dxdydz = \iint_S (\boldsymbol{X} \cdot \mathbf{n})dS$$

回転

ベクトル場 $\boldsymbol{X}$ に対して，形式的に ∇ と $\boldsymbol{X}$ の外積を取ったベクトル場，

$$\nabla \times \boldsymbol{X} = \left(\frac{\partial X_z}{\partial y} - \frac{\partial X_y}{\partial z}\right)\boldsymbol{e_1} + \left(\frac{\partial X_x}{\partial z} - \frac{\partial X_z}{\partial x}\right)\boldsymbol{e_2} + \left(\frac{\partial X_y}{\partial x} - \frac{\partial X_x}{\partial y}\right)\boldsymbol{e_3}$$

を $\boldsymbol{X}$ の**回転** (rotation) といい，$\mathrm{rot}\boldsymbol{X}$ で表す．

$\mathrm{rot}\boldsymbol{X} = \boldsymbol{0}$ を満たす $\boldsymbol{X}$ を，**非回転的** (irrotational)，**層状** (lamellar) なベクトル場という．

湧き出しがなく（発散が零のベクトル場），かつ，非回転的なベクトル場は，各点の近くで調和関数のグラディエントベクトル場として表すことが可能である．

ベクトル場の回転と関連して，「ストークスの定理」と呼ばれる定理があるが，ここでは触れない．これらの定理は，一般の n 次元の場合も含めて，微分形式と外微分を用いて表現すると概念的に理解しやすい．

第11章
確率過程（マルコフ過程からポアソン過程）

　自然現象や社会現象の多くは偶然性に支配され，時間とともに変化していく．このような偶然（確率）現象を数学的に記述していくのが確率過程である．この章では，物理学や工学への応用においても重要となる確率過程であるマルコフ過程を主に取り扱う．さらに，代表的なマルコフ過程であるランダム・ウォークとブラウン運動，他のタイプの確率過程であるポアソン過程についても説明する．

11.1 マルコフ過程とエルゴード仮説

　マルコフ過程は，未来の状態を決定する確率的規則が，現在の時点に至るまでの過去のすべての状態を知っているかどうかには依存せず，現在の時点のみに左右されるといった特徴を持つ確率過程である．

　（微視的）状態 N 個からなる状態集合を $\mathcal{S} = \{\sigma_1, \sigma_2, \ldots, \sigma_N\}$ とする．$t=0$ で $\sigma_j \in \mathcal{S}$ にあった状態が変化していくとする．

$$\sigma_j \to \sigma_j^{(1)} \to \sigma_j^{(2)} \to \cdots \to \sigma_j^{(n)}$$

この n 個 $\sigma_j^{(1)} \sim \sigma_j^{(n)}$ のうちで σ_i に等しくなるものの個数を $f(i, j; n)$ とおく．このとき，

$$\lim_{n\to\infty} \frac{1}{n} f(i, j; n) = \frac{1}{N}$$

となることを**エルゴード仮説** (ergodic hypothesis) という．この仮説は時間が経つにつれて，状態の推移の仕方が推移する前の状態に依存しなくなっていき，時間平均が相平均（この場合は N 個の状態の1つが起こる確率）に一致するということを意味している．例えば，サイコロの場合は $N=6$ である．

　$(\Omega, \mathfrak{F}, \mu)$ を確率空間とする．Ω はある集合，$\mathfrak{F}$ は σ-集合体，μ は確率測度である（確率論の基礎を扱う第4章参照）．$\xi : \Omega \to \mathbb{R}$ が確率変数であるとは，

$$\{\omega \in \Omega \,|\, \xi(\omega) < a\} \in \mathfrak{F} \quad (\forall a \in \mathbb{R})$$

を満たす関数のことをいうが，確率変数 ξ が時間に関する変数 t を含み，ξ_t で表されるとき，$\{\xi_t(\omega) \,|\, t \in \mathcal{T}\}$ を**確率過程** (stochastic process) という．通常，$\mathcal{T}$ は $\mathbb{R}$ の部分集合であり，$\mathcal{T} = \{0, 1, 2, \ldots\}$ または $\mathcal{T} = \mathbb{Z}$ のとき**離散時間の確率過程** (discrete time stochastic process)，$\mathcal{T} = [0, \infty)$ または $\mathcal{T} = \mathbb{R}$ のとき**連続時間の確率過程** (continuous time stochastic process) と呼ばれている．

　以下では，$\xi_t(\omega)$ を $\mathbb{R}$ ではなく $\mathcal{S} = \{\sigma_1, \sigma_2, \ldots, \sigma_N\}$ 上に値を取る確率変数（すなわち，$\{\omega \in \Omega \,|\, \xi_t(\omega) = \sigma\} \in \mathfrak{F} \ (\sigma \in \mathcal{S})$）とする．このとき，時刻 t_j で状態が

σ_{i_j} $(j = 1, 2, \ldots, n)$ となる確率は,
$$P(\sigma_{i_1}, t_1; \sigma_{i_2}, t_2; \cdots; \sigma_{i_n}, t_n) \equiv \mu(\{\omega \in \Omega \mid \xi_{t_1}(\omega) = \sigma_{i_1}, \ldots, \xi_{t_n}(\omega) = \sigma_{i_n}\})$$
で定義される．また，条件付き確率の定義より次式が成り立つ：
$$P(\sigma_{i_n}, t_n \mid \sigma_{i_1}, t_1; \cdots; \sigma_{i_{n-1}}, t_{n-1}) = \frac{P(\sigma_{i_1}, t_1; \cdots; \sigma_{i_n}, t_n)}{P(\sigma_{i_1}, t_1; \cdots; \sigma_{i_{n-1}}, t_{n-1})}$$

$\{\xi_t(\omega) \mid t \in \mathcal{T}\}$ が（1次）マルコフ過程 (Markov process) であるとは，時刻 $t_1 < t_2 < \cdots < t_n$ に対して，
$$P(\sigma_{i_n}, t_n \mid \sigma_{i_1}, t_1; \cdots; \sigma_{i_{n-1}}, t_{n-1}) = P(\sigma_{i_1}, t_n \mid \sigma_{i_{n-1}}, t_{n-1})$$
$$(t_1 < t_2 < \cdots < t_{n-1} < t_n)$$
を満たす場合をいう．厳密には上の定義は 1 次マルコフ過程というが，本書では，この最も有用なマルコフ過程のみを扱うので，これを単にマルコフ過程という．

状態が次のように推移することを考える：

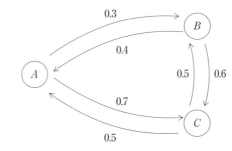

図 11.1 （数字は便宜上の値）

ただし，数字は遷移する確率を表す．このとき，状態集合は $S = \{A, B, C\}$ である．ここで，
$$\Omega = S \times S \times S \times S \times S \times S = S^6$$
$$\mathfrak{F} = 2^\Omega \quad (\Omega \text{ の部分集合の全体で，ベキ集合といわれる})$$
とし，$\omega = (\omega_0, \ldots, \omega_5) \in \Omega$ に対して，
$$\xi_t(\omega) = \omega_t$$
とすると，ξ_t は確率変数である．つまり ω_t は時刻 t における状態を表し，$\omega \in \Omega$ は状態の遷移を表している．例えば，時刻 $t = 0$ から $t = 5$ までに状態が，
$$A \to B \to A \to C \to B \to A$$
と遷移したとすると，$\omega = (A, B, A, C, B, A)$ である．また，
$$A \to B \to A \to C \to B$$
と遷移したという条件の下で A に遷移する確率は，
$$P(\xi_5(\omega) = A \mid \xi_0(\omega) = A, \ldots, \xi_4(\omega) = B)$$
で表されるが，B から A に遷移する確率は過去には依存しないので，
$$P(\xi_5(\omega) = A \mid \xi_0(\omega) = A, \ldots, \xi_4(\omega) = B) = P(\xi_5(\omega) = A \mid \xi_4(\omega) = B)$$
となる．このような性質を持つ確率過程をマルコフ過程という．

第 11 章 確率過程（マルコフ過程からポアソン過程）

マルコフ過程は次の重要な等式を満たす．

定理 11.1.1 （チャップマン–コルモゴロフの等式）
以下の等式，
$$P(\sigma, t \,|\, \sigma_0, t_0) = \sum_{\rho \in \mathcal{S}} P(\sigma, t \,|\, \rho, \tau) P(\rho, \tau \,|\, \sigma_0, t_0)$$
が満たされる．

定理 11.1.1 の証明 $\bigcup_{\rho \in \mathcal{S}} \{\omega \in \Omega \,|\, \xi_t(\omega) = \rho\} = \Omega$ より，
$$P(\sigma, t \,|\, \sigma_0, t_0) = \sum_{\rho \in \mathcal{S}} P(\sigma, t; \rho, \tau \,|\, \sigma_0, t_0)$$
条件付き確率の定義より，
$$\sum_{\rho \in \mathcal{S}} P(\sigma, t; \rho, \tau \,|\, \sigma_0, t_0) = \sum_{\rho \in \mathcal{S}} P(\sigma, t \,|\, \rho, \tau; \sigma_0, t_0) P(\rho, \tau \,|\, \sigma_0, t_0)$$
マルコフ性より，
$$\sum_{\rho \in \mathcal{S}} P(\sigma, t \,|\, \rho, \tau; \sigma_0, t_0) P(\rho, \tau \,|\, \sigma_0, t_0) = \sum_{\rho \in \mathcal{S}} P(\sigma, t \,|\, \rho, \tau) P(\rho, \tau \,|\, \sigma_0, t_0)$$
したがって，
$$P(\sigma, t \,|\, \sigma_0, t_0) = \sum_{\rho \in \mathcal{S}} P(\sigma, t \,|\, \rho, \tau) P(\rho, \tau \,|\, \sigma_0, t_0) \blacksquare$$

系 11.1.1 $\{\xi_t(\omega); t \in \mathcal{T}\}$ をマルコフ過程とするとき，次式が成り立つ．
$$P(\sigma_{i_1}, t_1; \sigma_{i_2}, t_2; \cdots; \sigma_{i_n}, t_n) = P(\sigma_{i_n}, t_n \,|\, \sigma_{i_{n-1}}, t_{n-1}) P(\sigma_{i_2}, t_2 \,|\, \sigma_{i_1}, t_1) \cdots P(\sigma_{i_1}, t_1)$$

系 11.1.1 の証明 数学的帰納法による．$n = 1$ のときは明らか．$n = 2$ においても，
$$P(\sigma_{i_2}, t_2 \,|\, \sigma_{i_1}, t_1) P(\sigma_{i_1}, t_1) = \frac{P(\sigma_{i_2}, t_2; \sigma_{i_1}, t_1)}{P(\sigma_{i_1}, t_1)} \cdot P(\sigma_{i_1}, t_1) = P(\sigma_{i_2}, t_2; \sigma_{i_1}, t_1)$$
であるので成立する．$n - 1$ まで成立すると仮定したとき，
$$P(\sigma_{i_n}, t_n \,|\, \sigma_{i_{n-1}}, t_{n-1}) P(\sigma_{i_{n-1}}, t_{n-1} \,|\, \sigma_{i_{n-2}}, t_{n-2}) \cdots P(\sigma_{i_1}, t_1)$$
$$= P(\sigma_{i_n}, t_n \,|\, \sigma_{i_{n-1}}, t_{n-1}) P(\sigma_{i_1}, t_1; \cdots; \sigma_{i_n}, t_n)$$
$$= P(\sigma_{i_n}, t_n \,|\, \sigma_{i_1}, t_1; \cdots; \sigma_{i_{n-1}}, t_{n-1}) P(\sigma_{i_1}, t_1; \cdots; \sigma_{i_n}, t_n)$$
$$= \frac{P(\sigma_{i_1}, t_1; \cdots; \sigma_{i_n}, t_n)}{P(\sigma_{i_1}, t_1; \cdots; \sigma_{i_n}, t_n)} \cdot P(\sigma_{i_1}, t_1; \cdots; \sigma_{i_n}, t_n)$$
$$= P(\sigma_{i_1}, t_1; \cdots; \sigma_{i_n}, t_n)$$
となり，n においても成立することがわかる．∎

11.2 定常な推移確率を持つマルコフ連鎖

マルコフ過程のうち，$\mathcal{T} = \{0, 1, 2, \ldots\}$ である離散時間のマルコフ過程はマルコフ

連鎖 (Markov chain) と呼ばれている.

マルコフ連鎖 $\{\xi_t(\omega); t \in \mathcal{T}\}$ において,
$$P(\sigma, t \,|\, \sigma_0, t_0) = P(\sigma, t+\tau \,|\, \sigma_0, t_0+\tau) \quad (\forall \tau \in \mathcal{T})$$
の関係が成り立つ推移確率は**定常推移確率** (stationary transiton probability) であるという. このとき,
$$P(\sigma_i, t \,|\, \sigma_j, t_0) = P(\sigma_i, t-t_0 \,|\, \sigma_j, 0) \ \left(\equiv p^{(t)}(i\,|\,j) \ \text{と書く}\right)$$

以下では, 定常推移確率を持つマルコフ連鎖とエルゴード仮説およびエントロピーとの関係 (H 定理) を考える.

$p(i\,|\,j) \equiv p^{(1)}(i\,|\,j)$ とおくと, チャップマン–コルモゴロフの等式より,
$$p^{(2)}(i\,|\,j) = \sum_{k=1}^{N} p(i\,|\,k)\,p(k\,|\,j)$$
であるが, より一般に,
$$p^{(n)}(i\,|\,j) = \sum_{k=1}^{N} p^{(n-1)}(i\,|\,k)\,p(k\,|\,j) = \sum_{k=1}^{N} p(i\,|\,k)\,p^{(n-1)}(k\,|\,j) \cdots ①$$
が求まる. なお, 肩の添字は時刻を表し,
$$p^{(0)} = \begin{pmatrix} p_1^{(0)} \\ \vdots \\ p_n^{(0)} \end{pmatrix}, \quad p_j^{(0)} \equiv p \quad (\sigma_j, t=0)$$
$$p^{(m)} = \begin{pmatrix} p_1^{(m)} \\ \vdots \\ p_n^{(m)} \end{pmatrix}, \quad p_i^{(m)} \equiv p(\sigma_i, t=m) \quad (m \in \mathbb{N} \cup \{0\})$$
である. また, $T \equiv (p(i\,|\,j))$ とおくと, $p^{(1)} = T p^{(0)}$ となる.

マルコフ連鎖におけるチャップマン–コルモゴロフの等式は,
$$p^{(n)}(i\,|\,j) = \sum_{k=1}^{N} p^{(l)}(i\,|\,k)\,p^{(n-l)}(k\,|\,j)$$
$$= \sum_{k=1}^{N} p^{(n-l)}(i\,|\,k)\,p^{(l)}(k\,|\,j) \quad (l, n \in \mathbb{N}, n \geq l) \cdots ②$$
で表される.

定理 11.2.1 $q^{(n)}(i\,|\,j) \equiv \frac{1}{n}\sum_{t=1}^{n} p^{(t)}(i\,|\,j)$ (時刻 n までに $\sigma_j \to \sigma_i$ となる平均確率) とおく. このとき任意の i, j に対して $p^{(\infty)}(i\,|\,j) \equiv \lim_{n \to \infty} q^{(n)}(i\,|\,j)$ が存在して, 次の等式を満たす.
$$p^{(\infty)}(i\,|\,j) = \sum_{k=1}^{N} p(i\,|\,k)\,p^{(\infty)}(k\,|\,j) = \sum_{k=1}^{N} p^{(\infty)}(i\,|\,k)\,p(k\,|\,j)$$
$$= \sum_{k=1}^{N} p^{(\infty)}(i\,|\,k)\,p^{(\infty)}(k\,|\,j)$$

第 11 章 確率過程（マルコフ過程からポアソン過程）

定理 11.2.1 の証明　$0 \leq p^{(n)}(i\,|\,j) \leq 1$ であるので $0 \leq q^{(n)}(i\,|\,j) \leq 1$. よって，列 $\{q^{(n)}(i\,|\,j)\}$ において部分列 $\{q^{(n')}(i\,|\,j)\}$ が存在して $p^{(\infty)}(i\,|\,j) \equiv \lim_{n' \to \infty} q^{(n')}(i\,|\,j)$ となる．したがって，$p^{(\infty)}(i\,|\,j) \equiv \lim_{n \to \infty} q^{(n)}(i\,|\,j)$ が存在することを示すためには，他の部分列 $\{q^{(n'')}(i\,|\,j)\}$ があって $r^{(\infty)}(i\,|\,j) = \lim_{n'' \to \infty} q^{(n'')}(i\,|\,j)$ であるとき，$r^{(\infty)}(i\,|\,j) = p^{(\infty)}(i\,|\,j)$ となることを示せばよい．

(i)　$p^{(\infty)}(i\,|\,j) = \sum\limits_{k=1}^{N} p(j\,|\,k)\, p^{(\infty)}(k\,|\,j)$ の証明：

$$\sum_{k=1}^{N} p(i\,|\,k)\, q^{(n)}(k\,|\,j) = \frac{1}{n} \sum_{k=1}^{N} \sum_{m=1}^{n} p(i\,|\,k)\, p^{(m)}(k\,|\,j) = \frac{1}{n} \sum_{m=1}^{n} p^{(m+1)}(i\,|\,j)$$

であるから，

$$\sum_{k=1}^{N} p(i\,|\,k)\, q^{(n)}(k\,|\,j) - q^{(n)}(i\,|\,j) = \frac{1}{n} \sum_{m=1}^{n} \left(p^{(m+1)}(i\,|\,j) - p^{(m)}(i\,|\,j)\right)$$

$$= \frac{1}{n} \left(p^{(n+1)}(i\,|\,j) - p^{(1)}(i\,|\,j)\right) \cdots ③$$

であるので，③式で $n = n'$ として $n' \to \infty$ を取ると，

$$\sum_{k=1}^{N} p(i\,|\,k)\, p^{(\infty)}(k\,|\,j) - p^{(\infty)}(i\,|\,j) = 0$$

となり，次式を得る．

$$p^{(\infty)}(i\,|\,j) = \sum_{k=1}^{N} p(i\,|\,k)\, p^{(\infty)}(k\,|\,j)$$

(ii)　$p^{(\infty)}(i\,|\,j) = \sum\limits_{k=1}^{N} p^{(\infty)}(i\,|\,k)\, p(k\,|\,j)$ の証明：(i) と同様にして，

$$\sum_{k=1}^{N} q^{(n)}(i\,|\,k)\, p(k\,|\,j) - q^{(n)}(i\,|\,j) = \frac{1}{n} \left(p^{(n+1)}(i\,|\,j) - p^{(1)}(i\,|\,j)\right) \cdots ④$$

が成立する．④式で $n = n' \to \infty$ を取ると，

$$p^{(\infty)}(i\,|\,j) = \sum_{k=1}^{N} p^{(\infty)}(i\,|\,k)\, p(k\,|\,j)$$

(iii)　$p^{(\infty)}(i\,|\,j) = \sum\limits_{k=1}^{N} p^{(\infty)}(i\,|\,k)\, p^{(\infty)}(k\,|\,j)$ の証明：（「任意の i, j に対して $p^{(\infty)}(i\,|\,j) = \lim_{n \to \infty} q^{(n)}(i\,|\,j)$ が存在する」の証明を含む）(i), (ii) および①式より，

$$p^{(\infty)}(i\,|\,j) = \sum_{k=1}^{N} p^{(l)}(i\,|\,k)\, p^{(\infty)}(k\,|\,j) = \sum_{k=1}^{N} p^{(\infty)}(i\,|\,k)\, p^{(l)}(k\,|\,j) \quad (\forall l \in \mathbb{N})$$

$$\cdots ⑤$$

したがって，

$$\sum_{k=1}^{N} p^{(\infty)}(i\,|\,k)\, q^{(n)}(k\,|\,j) = p^{(\infty)}(i\,|\,j) \cdots ⑥$$

が成立する．ここで再び $n = n' \to \infty$ とすると，

$$\sum_{k=1}^{N} p^{(\infty)}(i\,|\,k)\, p^{(\infty)}(k\,|\,j) = p^{(\infty)}(i\,|\,j)$$

を得る．また $n = n'' \to \infty$ を取ると，

$$\sum_{k=1}^{N} p^{(\infty)}(i\,|\,k)\, r^{(\infty)}(k\,|\,j) = p^{(\infty)}(i\,|\,j) \cdots ⑦$$

となる．ところで③式において，$n = n'' \to \infty$ とすると，

$$r^{(\infty)}(i\,|\,j) = \sum_{k=1}^{N} p(i\,|\,k)\, r^{(\infty)}(k\,|\,j)$$

となる．ここで，⑥式を導出したときと同様にして，

$$\sum_{k=1}^{N} q^{(n)}(i\,|\,k)\, r^{(\infty)}(k\,|\,j) = r^{(\infty)}(i\,|\,j)$$

さらに，$n = n' \to \infty$ とすると，

$$\sum_{k=1}^{N} p^{(\infty)}(i\,|\,k)\, r^{(\infty)}(k\,|\,j) = r^{(\infty)}(i\,|\,j) \cdots ⑧$$

を得る．ゆえに⑦，⑧式より $p^{(\infty)}(i\,|\,j) = r^{(\infty)}(i\,|\,j)$ であるので，任意の i, j に対して $p^{(\infty)}(i\,|\,j) = \lim_{n\to\infty} q^{(n)}(i\,|\,j)$ が存在して，

$$p^{(\infty)}(i\,|\,j) = \sum_{k=1}^{N} p^{(\infty)}(i\,|\,k)\, p^{(\infty)}(k\,|\,j) \quad ■$$

定理 11.2.2（エルゴード定理）
(1) 任意の i, j に対して $n_0 \in \mathbb{N}$ が存在して，$p^{(n_0)}(i\,|\,j) > 0$ であれば，$p_i = \sum_{j=1}^{N} p(i\,|\,j)\, p_j$ を満たす $p = (p_1, \ldots, p_n)^t$ が存在する．
(2) (1) の下で，$\sum_{j=1}^{N} p(i\,|\,j) = 1$ であれば $p_i = 1/N$ $(i = 1, \ldots, N)$．

定理 11.2.2 の証明
(1) の証明：ある i に対して，$p^{(\infty)}(i\,|\,j) = \min_k p^{(\infty)}(i\,|\,k)$ とおく．⑤式より，

$$p^{(\infty)}(i\,|\,j) = \sum_{k=1}^{n} p^{(\infty)}(i\,|\,k)\, p^{(n_0)}(k\,|\,j) \quad (n_0 \in \mathbb{N})$$

となる．また $\sum_{k=1}^{n} p^{(n_0)}(k\,|\,j) = 1$ であるから，

$$\sum_{k=1}^{n} \left(p^{(\infty)}(i\,|\,j) - p^{(\infty)}(i\,|\,k) \right) p^{(n_0)}(k\,|\,j) = 0 \cdots ⑨$$

を得る．さらに任意の k に対して，

$$p^{(n_0)}(k\,|\,j) > 0, \quad p^{(\infty)}(i\,|\,j) - p^{(\infty)}(i\,|\,k) \leqq 0$$

より，⑨式を満たすためには，

$$p^{(\infty)}(i\,|\,j) = p^{(\infty)}(i\,|\,k) \quad (\forall k)$$

となるので，これを p_i とおく．定義より，

$$p^{(n)}(i\,|\,j) = \sum_{k=1}^{N} p^{(\infty)}(i\,|\,k)\, p^{(n-1)}(k\,|\,j)$$

であるので，$n \to \infty$ と取ると，

$$p_i = \sum_{k=1}^{N} p(i\,|\,k)\, p_k \quad (p = Tp)$$

を得る．

(2) の証明：

$$\sum_{j=1}^{N} p^{(n)}(i\,|\,j) = \sum_{j=1}^{N} \sum_{k=1}^{N} p^{(n-1)}(i\,|\,k)\, p(k\,|\,j)$$

$$= \sum_{k=1}^{N} \left(\sum_{j=1}^{N} p(k\,|\,j) \right) p^{(n-1)}(i\,|\,k)$$

$$= \sum_{k=1}^{N} p^{(n-1)}(i\,|\,k) = \cdots = \sum_{l=1}^{N} p(j\,|\,l) = 1$$

したがって，任意の n に対して，

$$\sum_{j=1}^{N} p^{(n)}(i\,|\,j) = 1$$

が成り立つ．そこで，$n \to \infty$ としても成り立つので，

$$\sum_{j=1}^{N} p^{(\infty)}(i\,|\,j) = 1$$

すなわち，$p^{(\infty)}(i\,|\,j) = p_i$ であったから，$\sum_{j=1}^{N} p_i = 1$．よって $Np_i = 1$ が成り立つ．ゆえに，

$$p_i = \frac{1}{N} \quad (i = 1, \ldots, N) \blacksquare$$

この定理は定常な推移確率を持つマルコフ連鎖においてすべての状態を通過する確率が 0 でないならば，時間が経過するにつれて状態の推移の仕方が過去の状態に依存せず，等確率分布に近づいていくことを意味している．

定理 11.2.3 (**H** 定理)

$p^{(n)}$ を時刻 n での状態ベクトル（確率ベクトル）とすると，
$$S\left(p^{(n+1)}\right) \geqq S\left(p^{(n)}\right)$$

定理 11.2.3 の証明 $p_i^{(n+1)} = \sum_{j=1}^{N} p(i\,|\,j)\, p_j^{(n)}$ より，エントロピーは，

$$S(p) = \sum_{i=1}^{N} \eta(p_i), \quad \eta(p_i) \equiv -p_i \log p_i$$

であるから，

$$\begin{aligned}
S\left(p^{(n+1)}\right) &= \sum_{i=1}^{N} \eta\left(p_i^{(n+1)}\right) = \sum_{i=1}^{N} \eta\left(\sum_{j=1}^{N} p(i\,|\,j)\, p_j^{(n)}\right) \\
&\geq \sum_{i=1}^{N} \left(\sum_{j=1}^{N} p(i\,|\,j)\right) \eta\left(p_i^{(n)}\right) \\
&= \sum_{i=1}^{N} \eta\left(p_i^{(n)}\right) = S\left(p^{(n)}\right)
\end{aligned}$$

となる．■

エントロピー $S\left(p^{(n)}\right)$ は時刻 n での系の不確定さを表す量である．この定理は状態の推移がマルコフ連鎖に従う場合，時間が経つにつれて系が混沌としていくことを示している．しかし，この定理を一般的に（すなわち，純粋な力学的立場から）証明することは難しい．

1.3 ランダム・ウォーク

状態の数が有限なマルコフ連鎖を **有限マルコフ連鎖** (finite Markov chain) というが，ランダム・ウォークは定常な推移確率を持つ有限マルコフ連鎖の代表的なモデルである．以下では，確率過程 $\{\xi_t(\omega) ; t \in \mathcal{T}\}$ を状態集合 $\mathcal{S} = \{\sigma_1, \sigma_2, \ldots, \sigma_N\}$ 上の定常な推移確率を持つ有限マルコフ連鎖とする．このとき，推移確率 $p(i\,|\,j)$ を (i,j) 成分に持ち，かつ，定常な推移確率行列，

$$T = (p(i\,|\,j)) = \begin{pmatrix} p(1\,|\,1) & p(1\,|\,2) & \cdots & p(1\,|\,N) \\ p(2\,|\,1) & p(2\,|\,2) & \cdots & p(2\,|\,N) \\ \cdots & \cdots & \cdots & \cdots \\ p(N\,|\,1) & p(N\,|\,2) & \cdots & p(N\,|\,N) \end{pmatrix}$$

に対して，次の条件を満たす確率過程を **ランダム・ウォーク** (random walk) という．

$$p(i\,|\,j) = \begin{cases} a_j & (i = j+1) \\ b_j & (i = j-1) \\ c_j & (i = j) \\ 0 & (i \neq j \pm 1, i \neq j) \end{cases}, \quad a_j + b_j + c_j = 1 \quad (j = 2, 3, \ldots, N-1)$$

したがって，推移確率行列は次のように表される．

第 11 章 確率過程（マルコフ過程からポアソン過程）

$$T = (p(i \mid j)) = \begin{pmatrix} c_1 & b_2 & 0 & \cdots & 0 & 0 & 0 \\ a_1 & c_2 & b_3 & \cdots & 0 & 0 & 0 \\ 0 & a_2 & c_3 & \cdots & 0 & 0 & 0 \\ \vdots & \vdots & \vdots & \ddots & \vdots & \vdots & \vdots \\ 0 & 0 & 0 & \cdots & c_{N-2} & b_{N-1} & 0 \\ 0 & 0 & 0 & \cdots & a_{N-2} & c_{N-1} & b_N \\ 0 & 0 & 0 & \cdots & 0 & a_{N-1} & c_N \end{pmatrix}$$

有限なランダム・ウォークは状態 σ_1 と σ_N（c_1 と c_N）の値によって特徴づけられる．

以下の図 11.2 は状態 σ_1 の推移の様子であり，矢印のある方向に推移する．

状態 σ_1 が**吸収壁** (absorbing barrier) $\iff c_1 = 1$

状態 σ_1 が**反射壁** (reflecting barrier) $\iff c_1 = 0$

状態 σ_1 が**弾性壁** (elastic barrier) $\iff 0 < c_1 < 1$

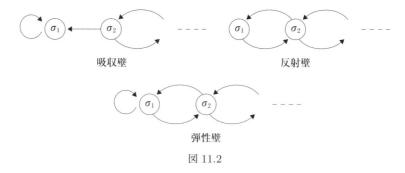

図 11.2

例 サイコロ 1 つと 1, 2, 3 のみの数字が書かれた数直線がある．

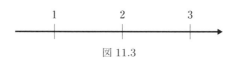

図 11.3

サイコロの目が 2 以下ならば左に 1 つ，5 以上ならば右に 1 つ進み，それ以外ならばその場所を動かないものとする．ただし，地点 1 にいるときは 2 以下の目が出ても動かず 5 以上の目が出るまで何回もサイコロを振り，地点 3 ではサイコロの目に関係なく動かないものとする．このとき，n 回サイコロを振ったときの位置を確率変数 ξ_n で表すとすれば，確率過程 $\{\xi_n(\omega) \mid n \in \mathbb{N}\}$ は状態集合 $\mathcal{S} = \{1, 2, 3\}$（すなわち，$\sigma_1 = 1, \sigma_2 = 2, \sigma_3 = 3$）上のランダム・ウォークである．このランダム・ウォークは図 11.4 のように状態 σ_1 が弾性壁，状態 σ_3 が吸収壁である．

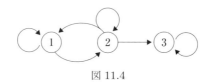

図 11.4

この推移確率行列 T を求めてみよう:状態 1 において,サイコロの目が 5 以上なら状態 2 に推移するので,その確率は $p(2\,|\,1) = \frac{1}{3}$. それ以外は 1 にとどまるので,$p(1\,|\,1) = \frac{2}{3}$. 状態 2, 3 についても同様に考えると,

$$p(1\,|\,2) = \frac{1}{3}, \quad p(2\,|\,2) = \frac{1}{3}, \quad p(3\,|\,2) = \frac{1}{3}$$
$$p(1\,|\,3) = 0, \quad p(2\,|\,3) = 0, \quad p(3\,|\,3) = 1$$

となるので,推移確率行列 T は,

$$T = \begin{pmatrix} 2/3 & 1/3 & 0 \\ 1/3 & 1/3 & 0 \\ 0 & 1/3 & 1 \end{pmatrix}$$

1.4 ブラウン運動

ランダム・ウォークが離散時間に関して定常な推移確率を持つマルコフ過程であるのに対して,ブラウン運動 (Brownian motion) は連続時間に関して定常な推移確率を持つマルコフ過程である.ブラウン運動とは水中に浮遊している花粉などの微粒子が広がっていくときなどの不規則な運動を記述するもので,この運動が**拡散方程式** (diffusion equation) と呼ばれる偏微分方程式で記述される確率過程であることを最初に示したのはアインシュタインである.

確率変数 ξ が,平均 m, 分散 σ^2 の確率密度関数,

$$p(x) = \frac{1}{\sqrt{2\pi}\sigma} \exp\left\{-\frac{(x-m)^2}{2\sigma^2}\right\} \quad (\sigma > 0)$$

を持つとき,確率変数 ξ を**ガウス型確率変数** (Gaussian random variable) と呼ぶ.確率の章で述べたように,その確率分布は正規分布 $N(m, \sigma^2)$ である.確率過程 $\{\xi_t(\omega)\,|\,t \in [0, \infty)\}$ に対して,任意の時刻 $t_1 < t_2 \leqq t_3 < t_4$ において確率変数 $\xi_{t_2} - \xi_{t_1}, \xi_{t_4} - \xi_{t_3}$ がそれぞれ正規分布 $N(0, c(t_2-t_1))$, $N(0, c(t_4-t_3))$ $(c > 0)$ に従う独立なガウス型確率変数であるとき,$\{\xi_t(\omega)\,|\,t \in [0, \infty)\}$ を**ブラウン運動** (Brownian motion) という.

以下では,ブラウン運動が定常な推移確率を持つマルコフ過程であることを簡単に説明しよう.ξ_{t_i} $(i = 1, 2, \ldots, n)$ を互いに独立に正規分布 $N(m_i, \sigma_i^2)$ に従う確率変数であるとすれば,確率変数 $\sum_{i=1}^{n} c_i \xi_{t_i} + d$ $(c_i, d \in \mathbb{R})$ は正規分布 $N\left(\sum_{i=1}^{n} c_i m_i + d, \sum_{i=1}^{n} c_i^2 \sigma_i^2\right)$ に従う.この性質のことを正規分布の**再生性** (reproducibility) という.

したがって,任意の $t_1 < t_2 < \cdots < t_{n-1} < t_n$ に対して,

$$\xi_{t_n} - \xi_{t_1} = (\xi_{t_n} - \xi_{t_{n-1}}) + \cdots + (\xi_{t_2} - \xi_{t_1})$$

なので,$\xi_{t_n} - \xi_{t_1}$ は平均が 0, 分散が $c(t_n - t_{n-1}) + \cdots + c(t_2 - t_1) = c(t_n - t_1)$ のガウス型確率変数になる.それゆえ,$\xi_{t_0} = 0, t_0 = 0$ とおくと,$(\xi_{t_1}, \ldots, \xi_{t_n})$ の密度関数は,

$$p(x_{t_1}, \ldots, x_{t_n}) = \prod_{k=1}^{n} \frac{1}{\sqrt{2\pi c(t_k - t_{k-1})}} \exp\left\{-\frac{(x_{t_k} - x_{t_{k-1}})^2}{2c(t_k - t_{k-1})}\right\}$$

となり，$p(x_{t_n}|x_{t_{n-1}},\ldots,x_{t_1}) = p(x_{t_n}|x_{t_{n-1}})$ が導出される．よって，この確率過程 $\{\xi_t(\omega) \,|\, t \in [0,\infty)\}$ がマルコフ過程であることがわかる．

また，ブラウン運動の性質から任意の時刻 t, u に対して，確率変数 $\xi_t - \xi_u$ は密度関数 $N(0, c(u-t))$ を持つこともわかる．このことは，時間間隔を等しく取れば，その推移確率は推移する前の時間に関係なく等しいことを意味している．すなわち，次式が成り立つ．

$$p(\sigma, t \,|\, \sigma_0, t_0) = p(\sigma, t + \tau \,|\, \sigma_0, t_0 + \tau) \quad (\forall \tau \in S)$$

以上より，ブラウン運動は定常な推移確率を持つマルコフ過程となる．

推移確率 $p(i \,|\, j)$ が条件，

$$p(i \,|\, j) = \begin{cases} 1/2 & (i = j+1) \\ 1/2 & (i = j-1) \\ 0 & (i \neq j \pm 1) \end{cases} \quad (i, j = 0, \pm 1, \pm 2, \ldots)$$

を満たすランダム・ウォークがある．このランダム・ウォークから，

$$\frac{\partial p}{\partial t} = \frac{1}{2} \frac{\partial^2 p}{\partial x^2} \cdots (*)$$

が導ける．ただし，$p(x, t)$ を時刻 t における確率変数 x の密度関数である．

このランダム・ウォークを**対称なランダム・ウォーク** (symmetric random walk) という．この対称なランダム・ウォークはブラウン運動を離散時間に近似したものと考えられる．なお，$(*)$式は，アインシュタインが導出した拡散方程式，

$$\frac{\partial p}{\partial t} = D \frac{\partial^2 p}{\partial x^2}$$

の $D = \frac{1}{2}$ の場合である．

11.5 ポアソン過程

確率変数の列 $\{\xi_k \,|\, k \in \mathbb{N}\}$ を，

$$\xi_1 > 0, \ \xi_i > \xi_j \ (i > j), \ \lim_{n \to \infty} \xi_n = \infty$$

を満たすものとする．この集合に対して，$t \geq 0$ において $\xi_k \leq t$ となる $\xi_k \in \{\xi_k\}$ の個数を $N(t)$ とおく．このとき，$N(t)$ は (1) $N(t) \geq 0$, (2) $N(0) = 0$, (3) $N(t_1) \leq N(t_2)$ $(t_1 < t_2)$, (4) $N(t)$ の定義域は $[0, \infty]$，を満足し，$\{N(t) \,|\, t \geq 0\}$ は確率過程となる．この $\{N(t) \,|\, t \geq 0\}$ を**計数過程** (counting process) と呼び，この過程 $\{N(t) \,|\, t \geq 0\}$ は，横軸に時刻 t を取り，縦軸に $N(t)$ を取って図を描くと $t_{i+1} - t_i$ $(i = 0, 1, \ldots)$ の時間間隔によって形状の異なる階段型の関数となる．$N(t)$ の期待値が t に関して微分可能なとき，計数過程の基本的特性を表す量として，時刻 t での**強度** (intensity) と呼ばれる量 $\lambda(t)$ がある：

$$\lambda(t) \equiv \frac{dE(N(t))}{dt} = \lim_{h \to 0} \frac{E(N(t+h)) - E(N(t))}{h}.$$

さらに，この $\{N(t)\,|\,t\geq 0\}$ が以下の条件を満たすときポアソン過程 (Poisson process) という：

(1) $0<t_1<t_2<\cdots<t_n$ に対して，$N(t_1), N(t_2)-N(t_1),\ldots,N(t_n)-N(t_{n-1})$，は独立な確率変数である．

(2) $0<t_1<t_2<\cdots<t_n$ と $h>0$ に対して，$N(t_1+h)-N(h), N(t_2+h)-N(h),\ldots,N(t_n+h)-N(h)$ の同時確率分布と $N(t_1), N(t_2),\ldots,N(t_n)$ の同時確率分布は等しい．

(3) $P(N(h)\geq 1)=\lambda h+o(h),\,P(N(h)\geq 2)=o(h)$

ポアソン過程はマルコフ過程の特殊な場合であり，上の定数 λ はポアソン過程の生起率と呼ばれていて，これは上記の強度 $\lambda(t)$ と $\lambda(t)=\lambda t$ の関係がある．

この過程がポアソン過程と呼ばれる理由は，

$$P(N(t)=k)=e^{-\lambda t}\frac{(\lambda t)^k}{k!}$$

となり，$N(t)$ の分布が平均 λt のポアソン分布になるからである．また，ポアソン過程では，「確率変数 $N(t_1)$ は平均 λt_1 のポアソン分布に従い，確率変数 $N(t_j)-N(t_{j-1})$ $(j=2,3,\ldots)$ は平均 $\lambda(t_j-t_{j-1})$ のポアソン分布に従う」ことが知られており，この条件は $\{N(t)\,|\,t\geq 0\}$ がポアソン過程であるための必要十分条件にもなっている．

ポアソン過程の例として，魚釣りをしたときの釣れた魚の数，窓口で待っている客の人数，放射性物質が放出する粒子の個数などが挙げられる．

例題 ポアソン過程 $\{N(t)\,|\,t\geq 0\}$ がある．$P(N(t)=n)=P_n(t)$ とするとき，以下を求めてみよう．

(1) $\frac{d}{dt}(P_0(t))=-\lambda P_0(t)$

(2) $\frac{d}{dt}(P_n(t))=-\lambda P_n(t)+\lambda P_{n-1}(t)\quad(n=1,2,\ldots)$

解

(1) $P_0(t)=P(N(t)=0)=e^{-\lambda t}$ であるので，$\frac{d}{dt}P_0(t)=-\lambda e^{-\lambda t}$．

(2) $\frac{d}{dt}P_n(t)=\frac{d}{dt}\left(e^{-\lambda t}\frac{(\lambda t)^n}{n!}\right)=(-\lambda e^{-\lambda t})\frac{(\lambda t)^n}{n!}+e^{-\lambda t}\left(\frac{n}{n!}\cdot(\lambda t)^{n-1}\cdot\lambda\right)$

$=-\lambda e^{-\lambda t}\frac{(\lambda t)^n}{n!}+\lambda\frac{(\lambda t)^{n-1}}{(n-1)!}=-\lambda P_n(t)+\lambda P_{n-1}(t)$

第12章 算法とコンピュータ

現代社会においてコンピュータは交通，金融などの社会インフラの制御から普段なにげなく使っている携帯電話まで，様々な場面で活用されている．本章では，こうしたコンピュータの代表としてパソコン（personal computer, PC などとも呼ばれる）がどういった仕組みで動いているかを学び，また，具体的に計算を行わせてみる．世の中にあるコンピュータは若干の違いこそあれパソコンと同じ仕組みで動いている．

12.1 ハードウェアとソフトウェア

コンピュータはハードウェアとソフトウェアの集合体である．まず，これらの構成要素を詳しく見ていく．

12.1.1 ハードウェア

コンピュータは，(1) 中央処理装置，(2) 記憶装置，(3) 入出力ポートの 3 つの部分から構成され，それぞれを実現する物理的な装置のことをハードウェア (hardware) と呼ぶ．

(1) 中央処理装置 (Central Processing Unit, CPU)：コンピュータにおいて中心的な処理装置として働く電子回路のことであり，周辺機器の制御やプログラム（動作命令）の実行に伴う演算処理を行う．通常，演算器，命令や情報を格納するレジスタ，および周辺回路をまとめたハードウェアであるプロセッサにより実現される．

(2) 記憶装置 (memory unit)：コンピュータが処理すべきデータを一時的に保持するのに使う装置，電子媒体などを総称して記憶装置と呼ぶ．メモリやストレージとも呼ばれる．コンピュータ上ではプログラムもデータとして記憶装置に保持されており，必要な時に適時 CPU 上のレジスタに読み込まれて処理される．

(3) 入出力ポート (Input/Output Port; I/O とも言う)：コンピュータにおいて，外部に接続する機器との情報（数字や文字または図形などを構成するデータや動作命令）の入出力に使用するインタフェースを指す．例えば，キーボード，マウスやプリンタなどと情報をやりとりするのに使われる．

12.1.2 ソフトウェア

コンピュータが制御や演算などの仕事をするように，一連の規則に則って定められた命令の組のことをプログラム (program) という．広義にはコンピュータが扱うプログ

ラム以外のデータを含めてソフトウェア (software) と呼ぶ場合もある．ソフトウェアは，主に，1. システムソフトウェア，2. アプリケーションソフトウェアの 2 つに分けられる：

1. システムソフトウェア (system software)：コンピュータ自体が持っている機能を制御するために必要なソフトウェアをシステムソフトウェアまたはオペレーティングシステム (Operating System, OS) という．
2. アプリケーションソフトウェア (application software)：コンピュータを使って様々な仕事を行うときに用いるソフトウェアをアプリケーションソフトウェアという．ワープロや表計算などはアプリケーションソフトウェアである．

一般的に，プログラムはハードウェアである記憶装置の中に機械語として記憶されている．なお機械語とは，中央処理装置が直接処理できる制御命令のことを指す．プログラムの利用時にはその内容が CPU 上のレジスタに読み込まれ，データの移動，計算，制御フローなどの処理がプログラムを記述する機械語による命令に従って処理される．したがって，プログラムは，ハードウェアの状態を変化させる命令列ととらえることができる．

2.2 論理回路

論理回路とは論理演算を行う電子回路のことである．真理値の「真」と「偽」，あるいは二進法の「1」と「0」を電圧の正負や高低などで表現することで，基本論理を基にした演算を行うことができる．この演算を回路の形で表現したものを**論理ゲート** (logical gate) と呼ぶ．そのゲートの基本になるものは以下の 3 つである．

論理	論理式	回路記号	
NOT	$\neg A$	$A \rightarrow$	$\neg A$
OR	$A \vee B$	$A, B \rightarrow$	$A \vee B$
AND	$A \wedge B$	$A, B \rightarrow$	$A \wedge B$

これらを基にして複雑な動作をする回路が構成できる．例えば，二進数 1 桁で構成される数の加算（下の表の演算）は「半加算器」として次のように構成できる．

入力 A	入力 B	桁上げ出力 C	出力 S
0	0	0	0
0	1	0	1
1	0	0	1
1	1	1	0

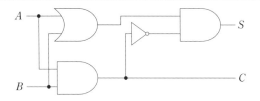

12.3 プログラミング言語

プログラムによる処理の手順を算法 (calculus) やアルゴリズム (algorithm) と呼び，プログラムを作ることをプログラミング (programming)，そのために用いられる人工言語をプログラミング言語 (programming language) と呼ぶ．最終的なプログラムは機械語で記述されるが，これは我々にとっては理解のしにくい数値の固まりである．そこで，アルゴリズムをプログラミングする際には，人間にとって理解のしやすい人工言語を用いて記述するのが一般的である．その後，コンパイル（翻訳）する (compile) ことで最終的なプログラムとなる．また，コンパイルすることなく人工言語をあたかもそのまま実行できるように見せる方式として，インタプリタ (interpreter) と呼ばれる手法がある．プログラミング言語には，コンセプトの違いなどから様々なものが存在する．プログラミング言語の大まかな分類として，用途による分類やプログラミングパラダイム（programming paradigm，プログラマにプログラムの見方を与えるもの）による分類がある．

12.3.1 プログラミングパラダイム

パラダイムには以下のようなものがある．
1. 手続き型プログラミング：「手続き呼出し」の概念に基づく．手続きとは，実行すべき一連の計算ステップを持つものと定義される．
2. オブジェクト指向プログラミング：オブジェクト指向プログラミングにおいて，プログラムとはオブジェクトを作りそれを管理するものである．
3. 関数型プログラミング：関数に引数を作用させて計算を行うスタイル．手続き型プログラミングに比べ数学での表記に似た記述を可能とする．
4. 論理プログラミング：数理論理学における論理をベースにしたプログラミングを行う．

言語によっては 2 つ以上のパラダイムの性格を併せ持つこともある．また，手続きがメソッドの形でしか出現しない言語は一般的にオブジェクト指向と見なされるが，関数型との対比で，ひとくくりに手続き型と表現される場合もある．

各プログラミングパラダイムに属する主なプログラミング言語を次に示す．

パラダイム	プログラミング言語
手続き型	Ada, ALGOL, BASIC, C 言語, C++, COBOL, Fortran, Pascal, Perl, Python

オブジェクト指向	Smalltalk, Java, C#
関数型	Erlang, Haskell, Lisp, Miranda, ML, Scala, Scheme
論理	Prolog

2.3.2 プログラミング言語 Maxima

本書ではプログラミング言語の雰囲気をつかむため，数式処理ソフト Maxima による記述を例として紹介する．Maxima は文法的には ALGOL，意味的には Lisp にそれぞれ類似のプログラム言語を備えている．なお，Maxima は Windows，Mac OS X，Linux など多くのコンピュータシステム上で動作するフリーソフトウェアである．グラフを描画できるようカスタマイズされた wxMaxima というソフトウェアが有名である．詳しい導入法は他書に譲るが，Yahoo!，Google などの検索サイトから "wxMaxima" をキーワードに検索してみるのもよい．

文法規則

Maxima の用いるプログラミング言語における主な文法規則は以下のとおりである．なお，具体的なプログラミング例は次節にてアルゴリズムと合わせて紹介する．

種類	文法	概要
実行命令	命令文;	最後に ; を入れることで命令文と認識される
	(命令文 1, 命令文 2,...);	複数個の命令は括弧でまとめられる
変数への値の代入	変数:値;	値は式として記述しても良い
関数の定義	関数名 (引数名) :=式;	独自の関数を定義することができる
演算（加減乗除）	値 1 + 値 2	和
	値 1 − 値 2	差
	値 1 ∗ 値 2	積
	値 1 / 値 2	除
	値 1 ^ 値 2	べき乗
定義済み関数	sin(), cos(), etc.	主な関数はあらかじめ定義されている
条件分岐	if 条件式 then 条件処理;	条件文の値が真の時，条件処理を実行する
	条件式 a = b	a と b が等しい
	条件式 a # b	a と b が等しくない
	条件式 a < b, a > b	a が b より小さい，a が b より大きい
	条件式 a <= b, a >= b	a が b 以下，a が b 以上
	条件式 1 and 条件式 2	条件式 1 かつ 条件式 2
	条件式 1 or 条件式 2	条件式 1 または 条件式 2

文字列出力関数	print(文字列);	文字列を画面に出力する 文字列は" "でくくる必要がある
三項（条件）演算	if 条件式 then 値 1 else 値 2	条件式の値が真の場合 値 1 を，偽の場合 値 2 を返す
繰り返し	for カウンタ変数：初期値 thru 終値 do 処理;	初期値から始めて，増分を加えて，終値に達するまで処理（実行命令）を反復して行う
	for カウンタ変数：初期値 while 条件文 do 処理;	初期値から始めて，条件文を満たす限り，増分を加えながら処理を繰り返し行う

12.4 アルゴリズムと流れ図

アルゴリズムは流れ図（フローチャート）で表現される場合が多い．流れ図とは，プログラムの中の計算の手順をいくつかの記号を使って図によって表したものである．以下の記号を流れ線（矢印）で結ぶことによって表される．

〈記号一覧〉

記号	名称	意味
（楕円）	端子	流れ図の始めと終わりを表す
（平行四辺形）	入出力	データの入出力に用いる
（長方形）	処理	任意の種類の処理を行う
（ひし形）	判断	条件に従って幾つかの処理に分岐する

入出力記号，処理記号の中に具体的に行う作業を記述し，判断記号の中に条件を記述する．変数への値の代入は代入記号 "→" を用いる．

例 変数 s に 1 から 10 までの値を足し合わせていき，最後に s の値を表示する処理は次のような流れ図を用いて表せる．

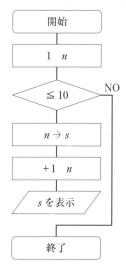

また，これの Maxima によるプログラムは次のようになる．

```
s : 0;
for n : 1 while n ≦ 10 do s : s + n;
print(s);
```

wxMaxima で実際にプログラムを入力してみると次のような画面になる．なお，wxMaxima では正しく命令文を認識させるためには改行を Shift キーを押しながら入力しないといけない．

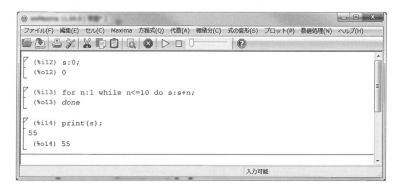

整数の計算

この節では，いくつかの有名な整数の計算に関するアルゴリズムを紹介する．ぜひ，流れ図を描き，プログラミングを実際にしてみてほしい．

最大公約数

2つの整数の最大公約数を求める方法にユークリッドの互除法がある．このアルゴリズムは，まず，2つの整数を X, Y（ただし，$X > Y$）とし，X を Y で割った余りを R

とする．このとき，$R = 0$ であれば，Y が X と Y の最大公約数である．もし，$R \neq 0$ であれば，X に Y を代入し，Y に R を代入して，上記の手順をくり返す．

例 $X = 18, Y = 12$ の最大公約数は次のように求まる．
1. $X = 18, Y = 12 \Longrightarrow R = 6$
2. $X = 12, Y = 6 \Longrightarrow R = 0$

よって，6 が最大公約数となる．

素因数分解

N までの数の素数を求める方法に "エラトステネスのふるい (sieve of Eratosthenes)" と呼ばれているものがあり，そのアルゴリズムは，以下のようなものである．
1. 2 から N までの自然数を考える．
2. 4 から N までの自然数のうち 2 で割り切れるものを取り除く．
3. 3 が残りの数列にあるかを調べる．
4. 6 から N までの自然数のうち 3 で割り切れるものを取り除く．
5. 4 が残りの数列にあるかを調べる．ない場合は，
6. 5 が残りの数列にあるかを調べる．
7. 10 から N までの自然数のうち 5 で割り切れるものを取り除く．

上記の手順を，割る数が 2 から $\sqrt{N}$ までくり返すことによって残った数列が素数である．

wxMaxima でのプログラム例：

```
1   eratosthenes(N) := block([p: 2, L],
2     L: makelist(1, i, 1, N),
3     while(p <= sqrt(N)) do (
4       if(L[p] = 1) then (
5         j: p,
6         while(j + p <= N) do (
7           j: j + p,
8           L[j]: 0
9         )
10      ),
11      p: p + 1
12    ),
13    for i: 2 thru N do
14      if L[i] = 1 then
15        print(i)
16  );
17
18  eratosthenes(10);
```

プログラムの解説：1 行目で利用している block は，block(局所変数, 命令本体) と記述することで命令本体内だけで利用できる局所変数を一緒に定義できる便利な仕組みである．このプログラムでは，変数 $p = 2$ と変数 L（ここでは次の行で長さ N のすべての要素が 1 で構成されるリストとして初期化）を局所変数として利用することを宣言している．変数 L は各数字を消したか消していないかのフラグとして利用している．13 行目から 15 行目は残った数字を表示するプログラムである．18 行目で実際にこの関数を呼び出し，10 以下の素数を求めている．

数列の計算

漸化式 $x_1 = 1, x_2 = 1, \ldots, x_{n+2} = x_{n+1} + x_n$ で与えられる数列をフィボナッチ数列という．一般に漸化式で与えられた数列の第 n 項の値を求めたり，第 n 項までの和を求めるプログラムはくり返し文を使用して作られる．

wxMaxima でのプログラム例：

```
x(n):=if n>2 then x(n-1)+x(n-2) else 1;
print(x(20));
```

12.5 計算の複雑さ

アルゴリズムには，解を求めるのに極端に多くのメモリを使用したり時間のかかるものもあれば，あっという間に解が得られるものもある．こうした違いはアルゴリズムの**複雑さ**に依存している．アルゴリズムの複雑さは時間計算量（計算時間，動作ステップ数のこと）や空間計算量（使用するメモリ量のこと）といった計算資源をどの程度消費するか，という面でとらえることができる．これらはアルゴリズムへの入力データのサイズ n を用いて，ランダウの O 記法により $O(n)$, $O(\log n)$ などと表現したりする．例えば，前の節で紹介したユークリッドの互除法における時間計算量は次のように考えることができる．

入力された 2 つの整数のうち小さいほうの整数を n，その桁数を d とする．このとき，ユークリッドの互除法では $O(d)$ 回の除算で最大公約数が求められ，また，桁数 d は $O(\log n)$ なので，時間計算量は $O(\log n)$ となる．

アルゴリズムは NP や P といった複雑性クラスに分類することができ，どのクラスに属するかによってそのアルゴリズムの計算効率を見積もることができる．クラス NP，クラス P とは次のようなクラスのことである．

クラス P：チューリング機械で多項式時間で解ける問題の集合
クラス NP：解が与えられたとき，多項式時間でその解の真偽を判定できる問題の集合

ここでチューリング機械 (Turing machine) とは，コンピュータの動作に関わる本質部分のみで構成した仮想的なコンピュータのことであり，現在私たちが使っているコンピュータのことだと思って差し支えない．多項式時間とは $O(n^2)$ や $O(n^3)$ などのことであり，$O(2^n)$ といった指数時間オーダーに比べ本質的に小さい時間計算量である．

つまりクラス P に属する問題とは，大げさに言えば，コンピュータにより実用時間内で解ける問題のことである．クラス NP はクラス P に比べより難しい問題のクラスとされているが，現代社会における問題の多くはクラス NP に属している．そのため，クラス P とクラス NP はどの程度違うクラスなのか，あるいは同じなのか，という点が NP $\neq$ P 予想として議論されることもある．

個々の問題に対して，より少ない計算資源で解くアルゴリズムを発見することは重要な課題である．また，アルゴリズムが何らかの複雑性クラスに属すること，あるいは属しないことを証明したり，クラス間の階層構造を解明することも重要であり，**計算複雑性理論** (computational complexity theory) として活発に研究されている．

なお，大矢とロシアの Volovich は量子アルゴリズムとカオス力学を使い，量子コンピュータを使えば NP $=$ P となることを証明した．

第13章 数値計算

数学を実際の問題に応用する場合，厳密な数値を求めるのではなく，近似値としての数値解を求めることが多い．

この場合，まず問題になるのは，何桁までの数値を求めるのかという近似の精度，無限小数や高い桁の有限小数を指定された桁の有限小数に"丸める"四捨五入，切り捨て，切り上げ等の操作，固定された精度の四則演算に伴う計算誤差などについての考察などである．また，コンピュータの内部での数値の取り扱いに伴う様々な問題も関わってくる．これらについては，数値解析の専門書にまかせ，ここでは，近似解を求めるアルゴリズムについてのみ紹介する．

3.1 方程式の数値解

独立変数・従属変数がともに実数の関数 $y = f(x)$ の実数解を1つだけ求めるアルゴリズムとして，2分法とニュートン法がある．

3.1.1 2分法

2分法は中間値の定理に基づく単純な方法であり，$f(a)$ と $f(b)$ の値が異符号になる閉区間 $[a, b]$ の中で方程式 $f(x) = 0$ の解（解が少なくとも1つあることは中間値の定理により保証されている）を1つだけ求める．

前提 連続関数 f と $f(a)f(b) < 0$ を満たす閉区間 $[a, b]$ が与えられている
目的 この区間の中にある近似解を1つだけ求める．
アルゴリズム

1. $a_0 = a$, $b_0 = b$, $k = 0$ とおく．
2. $f(a_k)f(b_k) < 0$ を満たす a_k, b_k が与えられているとき，$c_k = (a_k + b_k)/2$ とおき，
   - $f(a_k)f(c_k) < 0$ のときは $a_{k+1} = a_k$, $b_{k+1} = c_k$
   - $f(b_k)f(c_k) < 0$ のときは $a_{k+1} = c_k$, $b_{k+1} = b_k$

   とおく．$f(c_k) = 0$ が十分な精度で成り立つときは，c_k を近似解として採用して終了．ここで，$|a_k - b_k| = \frac{|a-b|}{2^{k-1}}$ が十分小さいときは，c_k を近似解として採用して終了．
3. $f(a_{k+1})f(b_{k+1}) < 0$ を満たすので，$k := k+1$ としてステップ2へ．

ここで，$k := k+1$ は現在の k の値に1を加えた値を新たに k の値として代入する

2分法は関数 f の特性に依存せず安定したアルゴリズムであり，実用上，十分に高速である．ただし，終了条件の "十分小さいとき" という基準は，重解のようにそこでグラフが接している場合には少しやっかいな面もあるので，目的によっては求めた近似解の候補 c_k での値 $f(c_k)$ の絶対値を検討して終了条件としたほうがよい．

"2分する" ということは必須ではなく，例えば "10等分する" としてもよく，その場合，細分された区間の内で端点が異符号の区間を探すことになる．電卓などで "手動で" 計算するときは，一回ごとに精度が一桁ずつ上がっていくので，むしろ自然な方法であろう．

13.1.2 ニュートン法

ニュートン法 (Newton method) は，微分可能な関数 f の $x = c_k$ での接線 $y - f(c_k) = f'(c_k)(x - c_k)$ が，接点の近くでは良い近似になることに頼り，この接線の x-切片 $x = c_k - f(c_k)/f'(c_k)$ を求めることで，近似解を改良していく方法であり，多くの場合，きわめて高速なアルゴリズムとなる．

前提 微分可能な関数 f と最初の "近似解" c
目的 c の近くの近似解を1つだけ求める
アルゴリズム

1. $c_0 = c$, $k = 0$ とおく．
2. $c_{k+1} = -\dfrac{f(c_k)}{f'(c_k)} + c_k$ とおく．
3. $k := k+1$ としてステップ2へ．ただし，$\left|\dfrac{f(c_{k+1})}{f'(c_{k+1})}\right|$ が十分小さければ終了．

ステップ3では，接線の方程式の解を新しい近似解とすることで，解の改良を行っている．したがって，f のグラフを接線のグラフが近似していないと，改良にならないばかりか，かえって解から遠ざかってしまうこともありうる．通常，ニュートン法はきわめて速く高い精度の解を与えるが，2分法と異なり，うまくいかないケースもあることに注意．最初の "近似解" は近似の精度よりも，"接線がグラフを近似している" という視点から選ぶ必要がある．

13.2 数値積分

定積分 $\int_a^b f(x)dx$ の近似値を計算するアルゴリズムとして，台形公式 (Trapezoidal rule) とシンプソンの公式 (Simpson's rule) がある．台形公式，シンプソンの公式では区間を細分して，それぞれの微小区間で被積分関数のグラフを，

- 台形公式ではグラフの両端を通る線分（1次関数）
- シンプソンの公式ではグラフの両端と中点での値の3点を通る放物線（2次関数）

で近似している．いずれも，与えられた区間 $[a,b]$ を n 等分する個数 n に依存して近似式が決まり，

$$x_j = a + \frac{j}{n}(b-a) \quad (j=0,1,2,\ldots,n)$$

とするとき，以下のようになる．

台形公式

$$\sum_{j=0}^{n-1} \frac{b-a}{2n} \left(f(x_j) + f(x_{j+1}) \right)$$

シンプソンの公式

$$\sum_{j=0}^{n-1} \frac{b-a}{6n} \left(f(x_j) + 4f(\xi_j) + f(x_{j+1}) \right), \quad \xi_j = \frac{x_j + x_{j+1}}{2}$$

シンプソンの公式では n 等分した分点以外にも，それらの中点 ξ_j も用いているので，実質的には $2n$ 等分していることになるが，それを考慮に入れても多くの場合，台形公式よりシンプソンの公式のほうが高い精度の近似値を与える（ただし，例外もある）．

一般に，数値積分は，方程式の近似解と比べて，必要な精度の近似解を計算するために多くのステップを要求する．多変数関数の重積分の近似解となると，さらに精度を上げることは難しくなり，モンテカルロ法 (Monte Carlo method) のような確率的な手法も用いられる．

3.3 常微分方程式

3.3.1 1階連立常微分方程式への変形

常微分方程式の数値解析では，独立変数を時間ととらえると近似の意味をイメージしやすいので，ここでは独立変数として t を，従属変数として x を用いることにする．n 階常微分方程式，

$$\frac{d^n x}{dt^n} = F\left(x, \frac{dx}{dt}, \frac{d^2 x}{dt^2}, \ldots, \frac{d^{n-1} x}{dt^{n-1}}, t \right)$$

は，新たに従属変数 $x_0, x_1, \ldots, x_{n-1}$ を，

$$x_0 = x$$
$$x_1 = \frac{dx}{dt}$$
$$\vdots$$
$$x_{n-1} = \frac{d^{n-1} x}{dt^{n-1}}$$

と定めることにより，1階の連立常微分方程式系，

$$\frac{dx_0}{dt} = x_1$$
$$\frac{dx_1}{dt} = x_2$$

$$\vdots$$
$$\frac{dx_{n-1}}{dt} = F(x_0, x_1, \ldots, x_{n-1}, t)$$

の形に書き直すことができる．そこで，一般に，1 階の連立常微分方程式系,

$$\frac{dx_0}{dt} = F_0(x_0, x_1, \ldots, x_{n-1}, t)$$
$$\frac{dx_1}{dt} = F_1(x_0, x_1, \ldots, x_{n-1}, t)$$
$$\vdots$$
$$\frac{dx_{n-1}}{dt} = F_{n-1}(x_0, x_1, \ldots, x_{n-1}, t)$$

の数値解について調べることにする．

これはまた，時間 t に依存して変化するベクトル $\boldsymbol{x} = (x_0, x_1, \ldots, x_{n-1})$ と，ベクトル $\boldsymbol{x}$ と t を独立変数とするベクトル値関数（ベクトル場），

$$\boldsymbol{F}(\boldsymbol{x}, t) = (F_0(x_0, x_1, \ldots, x_{n-1}, t), \ldots, F_{n-1}(x_0, x_1, \ldots, x_{n-1}, t), t)$$

を導入することにより，ベクトル型の 1 階常微分方程式,

$$\frac{d\boldsymbol{x}}{dt} = \boldsymbol{F}(\boldsymbol{x}, t)$$

の形に書き直すことができる．

この形の微分方程式で，右辺が t に依存せず $\boldsymbol{F}(\boldsymbol{x})$ の形で表されるものを，自律系 (autonomous system) という．

右辺のベクトル場を「風の強さと風向」と思うと，微分方程式の解は風に流されてゆく風船の軌跡としてイメージできる．自律系であることは，風が時間で変化しないことを意味する．

13.3.2 オイラー法とルンゲ–クッタ法

オイラー法 (Euler method) とルンゲ–クッタ法 (Runge-Kutta method) では，小さな正の数 h を選び，t_k における $\boldsymbol{x}(t_k)$ から $t_k + h$ における $\boldsymbol{x}(t_k + h)$ を近似して求める漸化式を与える．

初期値 $\boldsymbol{x}(0)$ から，この漸化式を用いて，$\boldsymbol{x}(t_k)$, $k = 0, 1, 2, \ldots$ を求めてゆく．

オイラー法
- オイラー法の漸化式

$$\boldsymbol{x}(t + h) := \boldsymbol{x}(t) + h\boldsymbol{F}(\boldsymbol{x}(t), t)$$

オイラー法はプログラムを組むのが簡単でわかりやすい近似なので，よく使われる．近似の精度を上げるためには h を小さくする必要があるが，h を小さくすると（例えば $t = 7.0$ の近似解を求めたいとき）漸化式のループの回数は h に逆比例して増えてゆく．そのため，

1. 計算時間が増える.
2. 計算ごとに生じる計算誤差が蓄積するので，有効桁も上げてゆく必要がある.

そこで，多少は漸化式の形が複雑になっても，h をそれほど小さくせずに高い精度が得られる方法が望ましい．ルンゲ–クッタ法はその代表的なものである．

ルンゲ–クッタ法

- ルンゲ–クッタ法の漸化式

k_1, k_2, k_3, k_4 を順に，

$$k_1 := h\bm{F}(\bm{x}(t), t)$$
$$k_2 := h\bm{F}\left(\bm{x}(t) + \frac{1}{2}k_1, t + \frac{1}{2}h\right)$$
$$k_3 := h\bm{F}\left(\bm{x}(t) + \frac{1}{2}k_2, t + \frac{1}{2}h\right)$$
$$k_4 := h\bm{F}(\bm{x}(t) + k_3, t + h)$$

と定め，

$$\bm{x}(t+h) := \bm{x}(t) + \frac{1}{6}(k_1 + 2k_2 + 2k_3 + k_4)$$

これは，4 次のルンゲ–クッタ法と呼ばれるものである．これよりも精度の良い公式もあるが，さらに複雑になる．

3.4 線形代数と数値計算

3.4.1 連立方程式と逆行列

大きな行列の逆行列や，多くの未知数を持つ連立方程式の解を数値的に求める問題では，行列式を用いるクラメルの公式は不適であり，多くの場合，掃き出し法を根拠とするプログラムを組むことになる．掃き出し法は手計算をするときにはわかりやすく簡単なアイデアだが，プログラムを組む場合には，「どの要素を基に他の列や行を消去するか」という手がかりになる要素（ピボット）の選択を気をつける必要があり，多少，やっかいである．

そこで，パッケージソフト（規模によっては関数電卓）や，Mathematica, Maple などの数式処理ソフトを用いることが多い．

3.4.2 固有値と固有ベクトル

固有値は固有多項式の解として定義されるが，固有値の数値計算では固有多項式は用いない．これは，10×10 正方行列で成分の絶対値が 10 以下といった，比較的小規模の行列でも，固有多項式の係数はかなり大きくなってしまい，精度の高い近似解を求めづらいためである．

固有値の近似計算としては，正方行列を 3 重対角行列といった "標準型" を手がかりとして計算する各種の手法があるが，いずれも複雑でわかりづらい．

数値計算に興味があるのでない限り，パッケージソフト（規模によっては関数電卓）や，Mathmatica，Maple 等の数式処理ソフトを用いることになる．

なお，固有値の中でも絶対値が最大のものだけを求めたいならば，適当なベクトル x を基に，$Ax, A^2x, \ldots, A^kx, \ldots$ の大きさと，x の大きさの比の，k 乗根の極限として求めるやり方もある．

第14章 著名な数学者たち

デカルト	1596 ―― 1650	
フェルマー	1607 ―― 1665	
パスカル	1623 ― 1662	
ニュートン	1642 ――― 1727	
ライプニッツ	1646 ――― 1716	
オイラー	1707 ――― 1783	
ラグランジュ	1736 ――― 1813	
ラプラス	1749 ――― 1827	
フーリエ	1768 ――― 1830	
ガウス	1777 ――― 1855	
コーシー	1789 ――― 1857	
アーベル	1802 ― 1829	
ガロア	1811 ― 1832	
リーマン	1826 ―― 1866	
ボルツマン	1844 ――― 1906	
カントール	1845 ――― 1918	
ポアンカレ	1854 ―― 1912	
ヒルベルト	1862 ――― 1943	
ルベーグ	1875 ――― 1941	
フォン・ノイマン	1903 ――― 1957	
コルモゴロフ	1903 ――― 1987	

14.1 デカルト

ルネ・デカルト (René Descartes, 1596 年–1650 年) は，近代哲学の祖と称されるフランスの哲学者であり，「我思う故に我あり」という言葉により，あまりにも有名．代表作は『方法序説』．デカルトにとって，数学の研究は哲学という木の 1 つの枝に過ぎなかったのだろうが（そして，数学として技術的難易度の高い研究は何もないのだが），デカルト座標の導入は数学史の中で革命的に大きな転換点であり，その後の数学史における「代数的な計算」と「幾何的な直感」との統合の端緒となった．デカルト座標は単なる「グラフを表示するためのもの」などではない．確かに，デカルト座標がなくともピタゴラス数という数論の問題は直角三角形と結びつくし，その他にも個別の融合はいくつかあったわ

けだが，デカルト座標という思想に立つと，はるかに壮大な融合が得られるのである．例えば，「コンパスと定規での作図問題」は「有理数から始めて 2 次方程式の解を付け加えていく拡大体の問題」に翻訳されるし，楕円関数と楕円曲線，代数関数，代数曲線，そして代数幾何と，数学のかなりの部分はデカルト座標を端緒としているのである．

デカルト，フェルマー，パスカルは同時代に生き，手紙などで交流があった．デカルトとフェルマーはあまり折り合いが良くなく，特にデカルトはフェルマーを軽んじていた面がある．両者の対比は，デカルトの数学のエレガントさ（未知数や定数の文字表現のうまさや，合同関係の扱いのエレガントさ）に対し，フェルマーの無骨だが職人的な数学者としては屹立する天才的能力，といったところか．

14.2 フェルマー

ピエール・ド・フェルマー（Pierre de Fermat, 1607年–1665年）は，フランス・トゥールーズの法律家．現代のように数学の「専門家」という立場が明確ではなかった当時においても，フェルマーの立場はアマチュアの数学者と呼ぶのがふさわしい．しかし，数学における業績，特に数論における業績は顕著であり，フェルマーは「数論の父」と讃えられる．1995 年にワイルズにより証明された「フェルマーの大定理（最終定理）」はあまりにも有名である．

フェルマー以前のヨーロッパは，数学史の中で見るならば「他の追従を許さぬ水準」と言える程のものではなかったのだが，フェルマーの数論，例えば「4 で割って 1 余る素数は 2 つの平方数の和で表すことができる」といった結果あたりから未知の領域に到達し，ニュートン・ライプニッツの微分法をもって「はるかに追従を許さぬ水準」に躍り出たと評価することができよう．

フェルマーの残した結果は，最終定理以外にもあり，それらは，純粋数学としての価値に限られるものではない．「フェルマーの小定理」の発展形「オイラーの定理」は RSA 公開鍵暗号系の根拠となっているし，また，素因数分解のフェルマー法を基にして，「ファクターベース法」といった素因数分解法が開発され，これも RSA 公開鍵暗号系の強度を評価する際に不可欠なものとなっている．

とは言っても，最終定理は「この余白は証明を書き残すには狭すぎる」という台詞とともに，あまりにも有名であり，フェルマーと言えば「余白」というくらいに知られているのだが，フェルマーがこの定理の正しい証明を得ていなかったことは確実である．しかし，おそらくフェルマーの犯したであろう間違いは，極めて筋の良い間違いであり，その後の数論の発展を方向付けるものであったと想像される．もし，そこに十分な余白があり，フェルマーが誤った証

14.3 パスカル

ブレーズ・パスカル（Blaise Pascal, 1623 年–1662 年）は，フランスの裕福な家庭に神童として生まれた神学者・哲学者・数学者であり，特に遺稿集『パンセ』と「人間は考える葦である」という名言で有名である（ただし，このような学校教育受けの良い言葉の他に「哲学をばかにすることこそ，真に哲学をするということである」という微妙な表現も残しているらしい）．

数学の業績としては「パスカル三角形」，「パスカルの定理」等で有名であり，また，パスカル計算器という歯車式計算器も発明しているのだが，おそらく，数学史における最も重要な貢献は，フェルマーやデカルトとの議論を通じて「確率」という概念への道を開いたことであろう．これは，パスカルが「確率を計算する」という技巧において優れていたということではない．パスカル，デカルト，フェルマー，特にパスカルとフェルマーは往復書簡で，今で言うところの「期待値」についての議論を続けたのだが，「数学として正しい答えを出す」という点に関しては，明らかにフェルマーが優れているようだ．単純な数学的難易度だけを言うならば，これらの天才達が扱ってきたテーマは大学受験問題としてはやさしすぎるほどのものである．しかし，赤玉3個，白玉5個が入っている袋から「無作為に」玉を取り出す，という行為に付随して確率という数値が「存在する」という発想は，決して文句なしに認められるものではなく，自由意思の問題とも絡み，なかなか厄介なのである．

パスカルの最大の関心事は，おそらく，神学であった．したがって自由意思の問題が絡むと，その神学上の重要性がパスカルの思考の重しとなり，フェルマーのように軽快な解析をすることができなかったのであろう．人間が絡まない「確率」についても，ニュートン力学の「決定論」のなかで確率がどのように存在しうるのかということが問題になるのだが，これはパスカルの時代から200年の時を経て「エルゴード仮説」として，ようやく堅固な解釈を得る．パスカルより後の数学史では，フェルマーが得意とする「開き直って答えだけ導く計算」が主流になり，確率論は測度論の枠組みの中で確立されることになる．しかし，現代でも，ゲーム理論などで意思決定に付随する「パラドックス」を正面から分析するならば，パスカルの悩みが解決されたとは言いがたいのである．

パスカルは，本当に関心を持つべきことは神学であり，数学は「気晴らしに過ぎない」と主張した．これも有名な話だが，このような主張をして数学から遠ざかっていたパスカルは，歯の痛みから気をそらすために，一時的に数学の

研究を復活させるのである．つまり，神学では歯の痛みを忘れる没頭は得られず，数学がそれを与えてくれたのである．関心を「持つべき」ものは神学だったのであろうが，パスカルは天性の数学者だったのであろう．

14.4 ニュートン

アイザック・ニュートン（Isaac Newton, 1642 年–1727 年）は，イギリスの小都市グランサムで未熟児として生まれた大数学者である．幼少のときは体が小さく内向的で目立たぬ子だったため，いじめられっ子であったようだが，いじめっ子と喧嘩をして勝ったことをきっかけに，自信を持つようになり成績も良くなったといわれている．

1661 年にケンブリッジ大学トリニティ・カレッジに入学した．ニュートンは，スコラ哲学全盛の当時としては，比較的新しい数学書や自然哲学書を好み，デカルトやガリレオ，コペルニクス，ケプラーといった学者の著書を好んで読んでいたという．ここでニュートンは良き師アイザック・バローに出会う．ルーカス数学講座の初代教授であるバローはニュートンの才能を高く評価し，経済的にも多大な援助を与えた．バローは時間，空間の絶対性を重要視するプラトン主義を奉じた数学者であり，ニュートンの思想にも大きな影響を与えている．彼との出会いによってニュートンの才能は花開き，彼は 1665 年に万有引力，二項定理を発見し，さらに微分積分学を作りあげる．ニュートンのこれらの業績はすべて 25 歳ころまでになされたものである．彼がこうして成果を得た当時のロンドンではペストが大流行しており，ケンブリッジ大学も閉鎖された．そのため，彼は故郷に戻り研究に没頭したといわれている．

万有引力の法則に関しては，ロバート・フックとの優先権争いのいざこざがある．さらに，微積分学の研究においても，ニュートンと独立に微分積分法を発見したライプニッツとの間にも，優先権をめぐって熾烈な争いがあった．ニュートンの発表はライプニッツより遅いのだが，ライプニッツより早く発見していたと主張した．ニュートンはライプニッツが盗んだとの主張を続けて，結局 25 年の長きにわたり法廷闘争を行うことになる．

1669 年にケンブリッジ大学のルーカス教授職に就いた．ルーカス教授時代に，彼の二大著書となる『光学 (Opticks)』の執筆（刊行は 1704 年）および『自然哲学の数学的諸原理（プリンキピア）』の執筆（刊行は 1687 年）がある．この名著を執筆していたころ，ロバート・フックと優先権をめぐりいざこざがあったのである．

なお，壮年期から晩年期には，変分法を創始し，錬金術に没頭する日々を送っている．

14.5 ライプニッツ

ゴットフリート・ヴィルヘルム・ライプニッツ (Gottfried Wilhelm Leibniz, 1646 年–1716 年) は, ドイツのライプツィヒで生まれ, 哲学, 数学, 物理学など幅広い分野で活躍した学者として知られているが, 彼はまた, 政治家であり, 外交官でもあった. 彼は 17 世紀の様々な学問, 例えば, 法学, 政治学, 歴史学, 神学, 哲学, 数学, 経済学, 物理学 (自然哲学), 論理学などの統一を試みた. その業績は法典改革, モナド論, 微積分法, 論理計算の創始, など多岐にわたる. ベルリン科学アカデミーの創設も彼に負うところが大である.

数学の業績としては, 微積分法をアイザック・ニュートンとは独立に発見したことが第一である. 加えて, 現在使われている微分や積分の記号 (法) は彼によるところが大きい. さらに, 論理学における推論は代数計算のように単純で機械的な作業に置き換えることができると主張し, そうした方法を考えていたようである. また, 2 進法を考案したのも彼である.

数学以上に彼の業績は哲学にある. 彼の提唱した「モナド (単子) 論」, 「予定調和説」は特に著名である. 単子論は様々な学問を統一しようとした試みから生まれた一元論の 1 つであり, 精神と物質の二元論からくるデカルト流の存在論とは異なるものであった. モナドとは, 複合体を作る単純な (部分がない) 実体で, 不可分なるものであり, これが宇宙における真の存在者であると彼は考えた. したがって, モナドは単純実体ではあるが, 同時に知覚 (perception) と欲望 (appetite) とを併せ持ち, それゆえに, モナドは世界全体を自己の内部に映し出し, それを包摂するものとなる. そしてこのことは, モナドは全体を内包する単体であることを意味し, 神が作っておいた「予定調和」によって他のモナドと調和的な仕方で共存し自己展開を行うことになる. こうしたライプニッツの哲学はフッサールの現象学やハイデガーなどの実存主義に連なっていくのである.

14.6 オイラー

レオンハルト・オイラー (Leonhard Euler, 1707 年–1783 年) は, おそらく, 数学者のなかで最も多くの論文を書いた数学者であり, また, 疑いもなく, 最も多くの価値ある論文を書いた数学者である. 多産であるのは数学だけでなく, 13 人の子供も作っており, このあたりの共通性もあって, オイラーは音楽の世界での多産型巨匠バッハを連想させる. オイラーは, 子供を膝に乗せてあやしながら数学の研究をすることができるという特殊能力をもっていたよ

うで，また，後に目を酷使しすぎたため失明をするのだが，苦も無く暗算により複雑な式変形をやり遂げ，口述筆記により論文を量産し続けた．記憶力も異常であり，本の内容を写真のように記憶するという能力を持っていた可能性もある．一方，完璧な結果のみを残したガウスとは対照的に，オイラーの主張する結果には妙なものも多く，例えば，ゼータ関数の負の値についての結果は，当時のまともな数学者から見れば「ご乱心」としか言いようのないものであった（後に解析接続の概念が登場し，この結果は正当化されるのだが）．

オイラーの残した結果のうち，力学，流体力学などの分野のものは，オイラーという異常なまでに高い「エネルギー」がニュートンにより開けられた風穴から爆風のように吹き出たという印象のもので，変分法をはじめとする比較的容易な技法を開発して「おいしいところ」を独り占めしてしまったようなもの，と言えそうである．オイラーの天才ぶりは，複素数の扱いと，特に数論において顕著であり，フェルマー以来進歩のなかった数論に再び活力を与え，数学の世界にゼータ関数を登場させ，素数の分布という「数論」と，ゼータ関数という「解析」が深い関係を持つことを示した．

14.7 ラグランジュ

ジョゼフ＝ルイ・ラグランジュ（Joseph-Louis Lagrange, 1736年–1813年）は，イタリアに生まれフランスで活躍した．エコール・ポリテクニークの初代校長で，マリー・アントワネットの数学教師を務めた．ニュートン力学の記述は直交座標系以外では極めて複雑になってしまうのだが，これを一般の曲線座標を用いて簡潔に記述するために，ラグランジュ形式という表現を開発した．ラグランジュ形式の方程式は，最小作用の原理に基づきオイラーの変分法を用いて導かれる方程式であり，ハミルトンによるハミルトン形式の力学と並んで解析力学の基礎方程式となっている．数学での業績は，「ラグランジュの未定係数法」と呼ばれる条件付き極値問題の解法などでよく知られているが，数論における業績も多大であり，「ラグランジュの4平方定理」などの定理が有名である．また，方程式の解の置換を通じて高次方程式がべき根で解けるための条件を研究し，アーベルやガロアの研究につながる道を開いた．

14.8 ラプラス

ピエール＝シモン・ラプラス（Pierre-Simon Laplace, 1749 年–1827 年）は，フランスの数学者・物理学者．前半生は不明な点が多いが，後に政治家としても内務大臣を務めた．主著『天体力学概論』では太陽系の安定性問題の他にも剛体や流体の運動を論じ，それらを通じて，多くの数学的手法を確立しラプラシアン，ラプラス変換などラプラスの名を冠する多くの手法の開発者となった．解析的な数学以外にも，確率論において先駆的研究を行っている．また，国際度量衡委員会の委員としてメートル単位を定めることにも貢献している．

14.9 フーリエ

ジャン・バティスト・ジョゼフ・フーリエ（Jean Baptiste Joseph Fourier, 1768 年–1830 年）は，裕福な家庭の出身ではなく，陸軍幼年学校と修道院という「赤と黒」の道をたどりながら数学の勉強を続けるうちにフランス革命を迎える．フランス革命では政治的危機にも遭遇するが，なんとかそれをしのぎ，革命政府により創設されたエコール・ノルマル・シュプリュールの第一期生となって，後に同校教授に就任する．数学者のモンジュとともにナポレオンに随行してエジプト遠征に加わったが，ナポレオンがモンジュを含むわずかの部下とともに本国に逃げ帰った際にはエジプトに取り残され，休戦協定締結後にようやく帰国がかなうことになる．その後，エジプト遠征の際の手腕が認められ，ナポレオンによりイゼール県知事に任命された．有能な知事として活躍しながら熱伝導の研究を続け，後にフーリエ解析として知られることになる分野の創始者となった．ナポレオンの失脚後はルイ 18 世に忠誠を誓い知事を続けるが，ナポレオンが復活すると再びナポレオンに仕えることになる．そのため，ナポレオンがセントヘレナ島に流された後，ルイ 18 世に嫌われて政治的には失脚するが，アカデミーの強力な推薦によりアカデミーフランセーズの会員となり，ラプラスの後任としてエコール・ポリテクニークの理事長を引き継ぐ．

フーリエの業績と言えば「フーリエ解析」につきるが，フーリエ解析はそれ自身の有用性だけでなく，その収束性に伴う難問により，関数列の収束についての様々な概念を生み出し，また，数千年にわたって本質的には変わることのなかった「計量」の概念の拡張を要求し，ルベーグ積分の登場を促したという点においても，数学史における重要性は際だったものと言えるであろう．

14.10 ガウス

カール・フリードリヒ・ガウス（Carl Fridrich Gauss, 1777 年–1855 年）は，幼少のころから疑いようのない天才ぶりを発揮し，15 歳ころには素数分布定理の成立を予想，20 代前半までで，角の 17 等分がコンパスと定規で作図可能なこと，「平方剰余の相互法則」，「代数学の基本定理」などを証明した．代数学の基本定理を発表した際には，表面上は複素数を用いる表現は避けていたが，数学の世界において複素数が虚構ではなく自然な存在であることを認識していたのは明らかであり，楕円積分から楕円関数へつながる研究においても，それを複素平面上の関数として考えることの利点を最大限に活かしている．

数学においてガウスの名前の付いた用語は，ガウス記号，複素平面（ガウス平面），正規分布（ガウス分布）など多数あり，また，合同式もガウスが用い始めた記法である．また，電磁気学でも多くの結果を得ており，ガウスの定理，磁束密度の単位ガウス [G]，ガウス単位系などにその名を残している．ガウスは曲面の曲率の概念を与え，リーマンによる微分幾何学の創設の先駆者となっているが，ガウスもリーマンと同じく，物理学との関連を深く意識しながら研究していたと思われ，宇宙がユークリッド幾何の世界なのかを実際に計測しようと試みたこともある（らしい）．

14.11 コーシー

オーギュスタン＝ルイ・コーシー（Augustin Louis Cauchy, 1789 年–1857 年）は，それまで数学的直感にたよるところの大きかった微分積分学を，大学で学ぶ「ε-δ 論法による微積分」として再構築した．複素関数論における「コーシーの積分公式」，「コーシーの積分定理」など多くの業績があるが，ガロアが有名になりすぎたため，「ガロアをつぶした敵役」と受け取られる傾向がある．確かに，アーベル，ガロア両者の論文を紛失したのだが，ガロアが黒板消しを投げつけた頭の固い面接官がコーシーだというわけではなさそうである．

14.12 アーベル

ニールス・ヘンリック・アーベル (Niels Henrik Abel, 1802年–1829年) は，1802年にノルウェーのフィンドー (Findö) に生まれ，夭折したガロアと並び称される天才数学者である．1818年ごろ数学の教師ホルンボエの影響で数学に興味を抱くようになった．1823年に積分についての論文を発表．1824年には，後にアーベルの名を数学史に刻む「5次の一般方程式の解法の不可能性を証明する代数方程式に関する論文」を自費出版．この年，生涯を共にするクリスティーヌと婚約する．1825年から3年間，ベルリン，パリ，ベルリンと留学した．そこでクレレの知遇を得て，彼の雑誌に多数の研究論文を発表した．数学者ヤコビやルジャンドルはアーベルの業績を認めていたが，ガウスやコーシーは興味を示さず無視していたようである．上記の方程式に関する論文の他に彼の著名な論文は1827年に発表された「楕円関数に関する研究 第1部」，1828年の「楕円関数に関する研究 第2部」，1829年に完成した「超越関数のあるクラスのある一般的な性質の証明」などがある．留学から帰った1827年からクリスチャニア大学に臨時講師として勤めていたが，1829年の春，結核を患って26歳の若さで世を去った．

14.13 ガロア

エヴァリスト・ガロア (Évariste Galois, 1811年–1832年) は，パリ郊外の町ブール＝ラ＝レーヌに生まれ，21歳で没したフランスの天才数学者である．10代にガロア理論の元となる体論や群論の先駆的な研究を行った．とりわけ，「五次以上の方程式には一般的な代数的に（四則演算と累乗で）解く公式は存在しない」というアーベルの研究（アーベル・ルフィニの定理）と同じ内容を，「群」という新たな数学的構造を作り上げることによって証明した．ここで展開した新たな数学が現在ガロア理論と呼ばれているものであり，その基になった群という概念が現代数学に与えた影響は計り知れないものがある．このガロア理論は抽象代数学のみならず，素粒子の分類，疑似乱数列 (PN)，誤り訂正符号 (ECC) など物理学や情報学など応用の分野でも現在広く使われている．このように20世紀，21世紀科学のあらゆる分野に絶大な影響を与えているガロアの業績の重要性と先見性は，当時世界最高の研究機関であったパリ科学アカデミーや数学王と呼ばれていたガウスでさえも理解できないほどのものであった．彼の業績は死後14年経ってから初めて注目を集めるようになったのである．

ガロアの人生は彼の数学にも引けを取らないほど数奇なものであった．1823年に彼はパリの名門リセ（リセ・ルイ＝ル＝グラン）に入学した．ガロアが入学した当時，そこの校長は保守的であり，生徒達は校長にしばしば反抗していた．ガロアは入学した翌年の第2学年になると学業をおろそかにするようになり，また，健康も優れなかったので，校長からは第2学年をもう一度やり直したほうがよいという意見が出された．しかし予定どおり修辞学級（第1学級）に進んだものの，やはり態度は改まらず，結局2学期から留年することとなった．そこで時間を持て余したガロアは，数学準備級の授業にも出席するようになった．ガロアはルジャンドルが著した初等幾何学の教科書に熱中して2年間の教材を2日間で理解してしまったという．このころにガロアは，数学の才能を開花したと同時に過度の自尊心が芽生えてしまったようである．また1828年に理工科学校（エコール・ポリティク；École Polytechnique）の試験に初めて挑戦し，失敗している．

　この年，ルイ・ポール・エミール・リシャールという優れた教師に出会い，彼の勧めで代数方程式解法に関するジョゼフ＝ルイ・ラグランジュの論文を読み，1829年に最初の論文「循環連分数に関する一定理の証明」を発表している．また，素数次方程式が代数的に解けるための条件についての論文をコーシーに預けフランス学士院に提出するように頼んだが，コーシーは不明瞭という理由で出版を断った（おそらくは紛失）．さらに1829年ガロアの父ニコラがパリで自殺した直後に，彼は再び理工科学校への受験に挑戦したが失敗した．この時の口述試験の際，試験官の質問があまりにもバカバカしかったので頭にきたガロアはその試験官に向かって黒板消しを投げつけたという逸話が残っている．理工科学校への入学試験は2回までしか受けられなかったので，ガロアの入学の望みはこの年で絶たれてしまったのである．

　そこで，ガロアはもう1つの有名な大学・準備学校（École Préparatoire，後の高等師範学校）に入学した．この師範学校時代にも，ガロアは以前コーシーに提出した論文を書き直し，改めてフランス学士院に提出したが，その審査員で論文を預かっていたジョゼフ・フーリエが急死したため，またしても論文は紛失されてしまった．また，師範学校で，ガロアはオーギュスト・シュヴァリエという共和主義者と出会っている．シュヴァリエの影響で共和主義に傾倒していったガロアは，フランス7月革命が起きた時に自分も参加しようと試みた．しかし，校長のジョゼフ・ダニエル・ギニョーはそれを許さなかった．ガロアは急進共和派の秘密結社「民衆の友の会」に加わり，度々校長の言動に反発したため，1831年1月3日に放校処分されることになった．

　政治活動の激化とともにガロアの生活も相当すさんでいたようで，数学の会合で悪態をつき，さらに家庭でも生活態度がひどく，母は家を出ざるを得ない状況だったという．また，ガロアは家族の前で「もし民衆を蜂起させるために誰かの死体が必要なら，僕がなってもいい」と口にしていたという．1831年7月，ガロアは「民衆の友の会」のヴァンサン・デュシャートレとともに，国民軍の制服と王の命を脅かしたナイフを着用してパリ市内をデモし，ポン・ヌフ橋上で逮捕された．12月3日に有罪が確定し，デュシャートレは禁固3か月，ガロアは禁固6か月の刑を宣告された．

この年の暮れより，パリ市内でコレラが流行し，ガロアは刑期を 1 か月残して 1832 年 3 月 16 日，監獄から数百メートル離れたフォートリエ療養所へ仮出所した．そこで，ステファニーという女性と恋をし，失恋を経験する．そのころの絶望に打ちひしがれた心境をつづった手紙を彼はシュヴァリエに送っている．そして 29 日夜から 30 日未明にかけて，「つまらない色女」に引っかかって 2 人の愛国者に決闘を申し込まれたこと，およびポアソンから返却された論文の添削や数学上の発想を断片的に書いた別離の手紙を，「時間がない」という文言とともに，シュヴァリエへ宛てて大急ぎでしたためている．そして 30 日早朝，パリ近郊ジャンティーユ地区グラシエールの沼の付近で決闘は行われた．その結果ガロアは負傷し，その場で放置され，午前 9 時ころになってコシャン病院に運ばれたといわれている．病院に駆けつけ，涙ぐむ弟をみて，ガロアはこう言ったという．「泣かないでくれ．二十歳で死ぬのには，ありったけの勇気が要るのだから」と．これが最後の言葉となり，夕方には腹膜炎を起こし，31 日午前 10 時に息を引き取った．彼の葬儀は 6 月 2 日にモンパルナスの共同墓地で行われ，2000〜3000 人の共和主義者が集まり，「民衆の友の会」の 2 人の会員が弔辞を読み上げたといわれる．

ガロアの死後，シュヴァリエはガロアの遺書に従って，1832 年 "百科評論雑誌" (Revue encyclopédique) にガロアの論文等を掲載し，彼の弟アルフレッドと共にカール・フリードリヒ・ガウスやカール・グスタフ・ヤコブ・ヤコビなどへ論文の写しを送ったようだが，何の返事もなく理解されなかったようである．しかし，何らかの理由でその写しがジョゼフ・リウヴィルの手元に渡ると，リウヴィルはこの論文を理解しようと努め，ついに 1846 年に自身が編集する "純粋・応用数学雑誌" (Journal de mathématique pures et appliquées) にガロアの論文を，自らのコメントを付して，掲載した．

前述した決闘に関しては，忠実な共和党員であった彼を亡き者にするための反動派か秘密警察による陰謀説とガロア自身の演出だという説がある．後者は，ステファニーに失恋したガロアが，絶望もあってか，「民衆の友の会」の会員と一緒に民衆を蜂起させるため，自分自身が犠牲となってその機会を作ることを提案したという説である．ガロアは共和主義者の感情をあおるためにわざと無念を強調した遺書をしたためた．そして，予定どおり決闘を装った工作が行われてガロアは死亡し，あとは葬儀において蜂起するという計画だったという．もちろん真偽のほどはわかっていないのではあるが．

14.14 リーマン

ゲオルク・フリードリヒ・ベルンハルト・リーマン (Georg Friedrich Bernhard Riemann, 1826 年–1866 年) は，解析学，幾何学，数論を改革したドイツの数学者である．当初彼の天才的発想を理解する数学者は少なく，20 世紀になってやっと評価されるようになった．彼の名前がついている数学の概念には，リーマン積分，リーマン面，リーマン曲率，リーマン多様体，リーマン予想など多くある．

牧師の息子として生まれたリーマンは 1847 年に，ゲッティンゲン大学に入学した．彼の数学者としての出発になるのは 1854 年に行った大学教授資格を取るための講演「幾何学の基礎にある仮説について」であった．数式がほとんどないこの講演を聞いた多くの数学者はその重要さが理解できず，数学らしくない内容にあきれ返っていたようであるが，一人老齢に達していたガウスはその内容の新しさに興奮し，その晩はまんじりともできなかったということである．この話の信疑は定かではないが，時代を超越している大きな仕事はほとんどの場合，初めのうちは理解されないようである．この講演に萌芽があるリーマン曲率の概念が以後，リーマン多様体，微分幾何などの重要な研究につながっていく．さらに，このリーマンの幾何学がアインシュタインの一般相対性理論につながるのである．

クレイ数学研究所が挙げているミレニアム懸賞問題の 1 つである「リーマン予想」について述べておこう．リーマンは，ゼータ関数，

$$\zeta(s) = 1 + \frac{1}{2^s} + \frac{1}{3^s} + \frac{1}{4^s} + \cdots = \sum_{n=1}^{\infty} \frac{1}{n^s}$$

を解析接続して複素数全体 $(s \neq 1)$ へ拡張した場合，この拡張された関数の自明でない零点 s は，すべて実部が $1/2$ の直線上に存在すると 1859 年に予想した．この予想は，現在もまだ解けていない大問題である．

14.15 ボルツマン

ルードヴィヒ・エドゥアルト・ボルツマン (Ludwig Eduard Boltzmann, 1844 年–1906 年) は，オーストリア・ウィーン出身の物理学者，数学者，哲学者でウィーン大学教授であった．ボルツマンは確率論，統計力学の先駆的な業績を残している．彼は 1844 年にウィーンに生まれ，1866 年にウィーン大学で学位を取得している．ボルツマンはマクスウェルらの気体分子運動論の影響のもとで，さらに分子の運動力学的解析によって熱力学現象を説明する統計力学を創始した．同様の研究がアメリカの孤高な物理学者ギブスによっても成されている．

ボルツマンの熱統計力学研究の大きな成果の 1 つがエントロピー S の導入である。エントロピーは「熱力学系の混沌さを表す尺度」としてルドルフ・クラウジウスによって，熱現象の進む方向を示唆する量として導入されたものであった．「熱現象はエントロピーが増大する方向に進む」と言うのである．そのエントロピーが，つまるところ原子・分子などのでたらめな運動の結果であることをボルツマンは理想気体の運動力学的解析によって示し，有名なボルツマンの式 $S = k \log W$ を導いている（1877 年）．ここで，k はボルツマン定数と呼ばれている定数で，W は系の取る状態の総数である．こうした研究に関わることとして，1872 年に熱現象の不可逆性をエントロピーの増大（H 定理）により証明したかに見えた (L. Boltzmann: Wien Ber. 66, 275 (1872))．しかし，これは完全なものではなかった．このようにあらゆる現象を原子，分子の運動によって説明しようとする原子論の立場をとるボルツマンは，実証主義の立場のマッハやオストヴァルトらと対立し，激しい論争を繰り広げた．そのためもあって晩年はうつ病に苦しみ，アドリア海に面した保養地で静養中，自殺してしまう．

さらに，ボルツマンの大きな業績の 1 つに確率論の基礎概念であるエルゴード仮説の提唱がある．エルゴード仮説とは何か？ 例えば，サイコロを振るという試行を考えてみよう．1 から 6 の目が出る確率はどの目も 6 分の 1 だと言うが，はたしてそうか？ 600 回サイを振ったとき，すべての目が 100 回ずつ出るなんてことはないのは容易にわかるであろう．ではなぜ，どの目も確率 6 分の 1 で出現するというのか？ これを保証するのがエルゴード仮説である（力学には決定論的で保測性を満たすなどの条件が必要になるが）．すなわち，「時間平均は相平均に一致する」．試行を何回（無限）も繰り返してある目の出る確率は，1 から 6 の 6 個の相の平均 6 分の 1 になるという仮説である．この仮説が確率論の根本にあるのである．

なお，ボルツマンが眠るウィーン中央墓地の墓石には $S = k \log W$ の式が刻まれている．

14.16 カントール

ゲオルク・フェルディナント・ルートヴィッヒ・フィリップ・カントール（Georg Ferdinand Ludwig Philipp Cantor, 1845 年–1918 年）は，集合論の創始者である．無限集合の「大きさ」を濃度という概念で定め，無限集合のなかで可算集合という「無限のなかで一番小さな無限」の重要性を明確にした．また，カントール以前には，1 次元の直線より 2 次元の平面は「大量の」点を持ち，3 次元空間の点はさらに「大量」であるという漠然とした感覚があったと想像されるが，カントールはこれを否定し，これらはすべて同じ濃度の点集合であることを証明した．カントールは集合論で有名であるが，カントール集合やカントール

次元といったフラクタル理論で有名な概念もカントールに端を発するものであり，また，チューリング・マシーンの停止問題を議論するときなどでよく使われる議論も，カントールが開発した「対角線論法」の変形版ということができる．

14.17 ポアンカレ

ジュール＝アンリ・ポアンカレ（Jules-Henri Poincaré, 1854年–1912年）は，エコール・ポリテクニーク出身のフランスの数学者で，従兄弟は第三共和制大統領．守備範囲は非常に広く，天体力学，位相幾何学，保形関数論，数論などで際だった業績を挙げている（もしくは，その分野の創始者である）．また，電磁気学でのローレンツ変換の役割をアインシュタインとは独立に正しく見抜き「速度の相対論的合成則」まで得ている（しかし，アインシュタインならではの，あのあまりにもあっさりとした伝統的概念の放棄とはまた別の「数学としての認識」であろう）．

ポアンカレという名前は，ロシアの数学者グリゴリー・ペレルマンにより2002年に証明された「ポアンカレ予想」によって最もよく知られているのだが，これはポアンカレが1904年に提示したものである．ポアンカレ予想は5次元より高い次元のケースをステファン・スメールが1960年に，4次元の場合をマイケル・フリードマンが1981年に証明し，ペレルマンが最後に残された3次元の場合（これが元々ポアンカレが予想したケース）を証明したのであり，三者ともフィールズ賞を受賞している（あろうことか，ペレルマンはこれを辞退！）．この三者の「成功した」結果以外にも，デーンの補題をはじめとして証明の失敗が数学の発展に貢献したものも多く，ポアンカレ予想（定理）は，フェルマーの最終定理，ゼータ関数の零点についてのリーマン予想（未だに未解決の最難問）と並んで，数学発展の原動力となった難問としていつまでも記憶されることになるであろう．

14.18 ヒルベルト

ダフィット・ヒルベルト（David Hilbert, 1862年–1943年）は，「現代数学の父」と呼ばれるケーニヒスベルク出身の数学者で，ゲッティンゲン大学の教授を務めた．ゲッティンゲン時代のヒルベルトのゼミには各地からハイゼンベルク，パウリ，フォン・ノイマン，ヘルマン・ワイルといった俊英が集まってきていた．ヒルベルトには不変式論，代数的整数論，積分方程式，幾何学の公理的研究，など多くの業績がある．彼の公理論と数学の無矛盾性の証明に関する計画はヒルベルト・プログラムと呼ばれている．また，1900年のパリにおける国際数学

者会議において有名な「ヒルベルトの23の問題」を提唱している．その中には，物理学の数学的基礎づけや代数幾何の基礎づけの問題のように，抽象的な問題もあるが，さまざまな学者が23問題への取り組みによって，ヒルベルトの提唱は20世紀の数学の方向性を形作るものの1つになった．フォン・ノイマンによる物理学の数学的基礎づけへの試みによってヒルベルト空間が誕生したのである

14.19 ルベーグ

アンリ・レオン・ルベーグ（Henri Leon Lebesgue, 1875年–1941年）は，従来の積分概念では対応できなくなってきた関数列の収束と積分との関係を扱うために，ルベーグ積分，ルベーグ測度を開発した．ルベーグ（およびボレル）による積分の最大の特徴は，カントールにより見出された「加算性」に基づいた「加算加法性（σ-加法性）」という概念を登場させたことであろう．積分の定義としては，ルベーグ積分以外にも，コーシーによる定義，リーマン積分などがあるが，いずれも，「図形を有限個に分割して計量してから和をとり，その極限を考える」というアルキメデス以来の発想から離れたものではなかったのであり，「可算無限個に分割して極限を取る」というルベーグ積分の登場は，大げさな言い方になるが，積分概念2000年の歴史の新たなページを開いたと言ってもよいであろう．

「σ-加法性」以外にも，もう1つ重要な着眼点は「計量することができない集合」，つまり，例えば体積で言うならば「体積が定義できない集合」の存在を意識したことであろう（非可測集合）．結果としてルベーグは，数学を勉強する現代の学生を，その直感で把握しづらい概念展開により苦しめる「測度論」という学問を登場させてしまったことになるのだが，関数列の収束と積分との関係，フーリエ変換の正確な扱い，エルゴード理論と，それらいずれをとっても測度論なしには展開することが不可能なのであり，測度論は現代数学に欠かすことのできない基盤となっているのである．

14.20 フォン・ノイマン

ジョン・フォン・ノイマン（ハンガリー名：ノイマン・ヤーノシュ，ドイツ名：ヨハネス・ルートヴィヒ・フォン・ノイマン，John von Neumann，1903年–1957年）は，ハンガリーのブダペストで 3 人兄弟の長男として生まれ，その後アメリカに移住した数学者である．ノイマンは，20 世紀の科学史上において最重要人物の一人と言われ，数学のみならず物理学・工学・計算機科学・経済学・気象学・心理学・政治学などの発展に大きな貢献をした．また，第二次世界大戦中の原子爆弾開発や，その後の核政策への関与でも知られている．

幼いころより天才といわれ，8 歳で微分積分を理解したといわれている．1914年，ブダペストにあるルーテル・ギムナジウム"アウグスト信仰の福音学校"へ入学した．そこで，ノーベル物理学賞受賞者ユージン・ウィグナーと出会う．ルーテル校の教師ラースロー・ラーツがヤーノシュ（ノイマンのハンガリー時代の名前）の数学の才能を見抜き，彼に数学の英才教育を施す．17 才のギムナジウム時代に，数学者フェケテと共同で最初の数学論文「ある種の最小多項式の零点と超越直径について」を書く．ギムナジウムでは首席であり，習字・体育・音楽の成績は落第すれすれであったが，他のほとんどの科目は「優」であったといわれている．

1921 年から 1926 年にかけて，ブダペスト大学の大学院で数学を学ぶ．数学よりも金になる学問をつけさせようと望んだ父親の考えにより，ベルリン大学とチューリッヒ工科大学を掛け持ちして化学工学を学ぶことになった．そして，23 歳で数学，物理と化学の博士号を取得する．1926 年から，論文がダフィット・ヒルベルトに気に入られ，ゲッティンゲン大学でヒルベルトに師事，ヒルベルト学派の旗手となった．1930 年代はナチス政権を嫌い，ノイマン一家はアメリカ合衆国に移住することになり，ヤーノシュという名をジョンというアメリカ風の名前に改名した．アメリカではプリンストンに招かれ，プリンストン高等研究所の所員に選ばれた．そこには，アルベルト・アインシュタインとヘルマン・ワイルもいた．

彼の研究は多岐にわたるが以下に主要なものを列挙しておく：(1) 純粋数学では，数学基礎論（ゲーデルとは別に，第二不完全性定理を発見），集合論（公理的集合論における正則性公理の提唱），作用素環論（代数と解析の融合，数理物理の新たな展開），エルゴード理論．(2) 応用数学では，ゲーム理論の創設，ミニマックス定理の証明，ゼロサムゲームにおける戦略理論，モンテカルロ法の考案．(3) 物理学では，量子力学の数学的基礎付けを行っている．彼の著書 *Mathematical Foundation of Quantum Mechanics* は後世の量子物理学の発展に大きな影響を与えたものである．(4) 経済学では，ブラウワーの不動点定

理を使いワルラス均衡の存在証明やオスカー・モルゲンシュテルンとともに経済学にゲーム理論を持ち込んだことが挙げられる．(5) 計算機科学における貢献では，まず「ノイマン型コンピュータ」とも言われ，現在のほとんどのコンピュータの動作原理の提案が挙げられる．その他には，セル・オートマトンの分野の創出，アルゴリズムの研究，数値流体力学における人工粘性を決定するアルゴリズムを開発，などがある．

晩年の 1950 年代にはアメリカ合衆国空軍関連の仕事が増え，1953 年には「フォン・ノイマン委員会」が発足された．ここでは，戦略ミサイルなどが開発されている．そのほか核開発にも携わり，核爆弾実験の際に放射線を浴びたことが原因になってか，1955 年に骨腫瘍および，すい臓がんと診断された．その後，がんは全身に転移し，1957 年永眠．

14.21 コルモゴロフ

アンドレイ・ニコラエヴィッチ・コルモゴロフ（Андрей Николаевич Колмогóров, Andrey Nikolaevich Kolmogorov, 1903 年–1987 年）は，ロシアのタンボフで生まれ，確率論および位相幾何学の発展に大きく寄与した数学者である．彼以前の確率論はラプラスによる「確率の解析的理論」に基づく，いわゆる古典的確率論が中心であったが，彼の著作『測度論に基づく確率論』，『確率論の基礎概念』によって公理的確率論が確立し，現代確率論が始まったのである．

彼は，最初のころ，直観論理やフーリエ級数に関する研究を行っており，晩年には，乱流や古典力学に関する研究もある．さらに，彼はアルゴリズム情報理論の創始者の一人でもある．なお，イズライル・ゲルファント，ウラジーミル・アーノルドをはじめ，コルモゴロフには数多くの弟子がいる．

1920 年に，コルモゴロフは，モスクワ大学に入学したが，学生時代，彼は歴史の勉強などにも打ち込み，数学以外の論文も書いている．さらに，このころ，集合論とフーリエ級数におけるいくつかの定理も見つけている．1925 年には，直観論理についての有名な業績となる「排中律の原則に関して」も発表されている．コルモゴロフは，1925 年にモスクワ大学を卒業し，アレクサンドル・ヒンチン (A. Khinchin) とともに確率論に関心を持つようになる．確率論についての彼の画期的仕事「確率論における解析的手法について」は 1931 年にドイツ語で発表された．1931 年に彼はモスクワ大学で教授になり，1933 年には，現代確率論の基礎である確率空間の公理的アプローチを提唱した「確率理論の基礎」を世に問うた．さらに，確率過程（ランダム過程）の研究，特にマルコフ過程の研究は，イギリスのシドニー・チャップマンの研究とともにチャップマン–コルモゴロフの等式と呼ばれる大切な結果になっている．

確率論以外に彼は以下のような業績を残している：(1) 乱流や古典力学の研究に端を発した，コルモゴロフ・アーノルド・モザーの定理．(2) 1957 年には，弟子のウラジーミル・アーノルドとともに行ったヒルベルトの第 13 問題の解決．(3) コルモゴロフ複雑さの理論と呼ばれるアルゴリズム情報理論の創設．

索引

数字・記号・英語

1 対 1 写像 (one-to-one mapping) ... 84
2 次微分 (second derivative) 9
2 進変換 (Bernoulli shift) 175
2 分グラフ (bipatite graph) 144
2 分法 (bisection method) 225
2 変数関数の陰関数定理 (implicit function theorem on function of two variables) 30
3 重積分 (triple integral) 34
$\wedge$ 70
$\forall$ (arbitrary, any) 72
$\mathbb{C}^n$ 36
cn 181
$\equiv$ 153
cos 7, 15
$\cos^{-1}$ 7, 15
cosh 15
$\cosh^{-1}$ 15
det 32, 41, 59
dim 49
div 198
dn 181
$\exists$ (exists) 73
grad 26, 198
$\Im$ 52
inf 3
$\bigcap$ 77
Ker 52
$\triangle$ 198
lim 77
lim inf 77
$\underline{\lim}$ 77
lim sup 77
$\overline{\lim}$ 77
max 2
∇ 198
$\neg$ 70

$\vee$ 70
$\preceq$ 79
$\mathbb{R}^n$ 36
rank 44
Res 190
sin 7, 15
$\sin^{-1}$ 7, 15
sinh 15
$\sinh^{-1}$ 15
sn 181
$\bigcup$ 77
sup 3
tan 7, 15
$\tan^{-1}$ 7, 15
tanh 15
$\tanh^{-1}$ 15
graph 83
Ada 218
ALGOL 218
BASIC 218
BCH 符号 (BCH code) 153
Bernstein-Schröder の定理 (Bernstein-Schröder theorem) 88
β 分布 (beta distribution) 127
C# 219
C++ 218
C^1-級関数 (function of class C^1) 9, 23
C^∞-級関数 (function of class C^∞) ...9
C^k-級関数 (function of class C^k) 9
χ^2-分布 (chi-squared-distribution) 128
COBOL 218
C 言語 (C language) 218
ε-δ 論法 (ε-δ method) 1
Erlang 219
F. の公理系 (axiomatic system on F.) 111

Fortran 218
F 分布 (F-distribution) 128
Γ 分布 (gamma distribution) 127
Haskell 219
H 定理 (H-theorem) 210
Java 219
k 次微分 (k th derivative) 9
Linux 219
Lisp 219
Mac OS X 219
Maple 17
Mathematica 17
Maxima 219
Miranda 219
ML 219
n 変数関数の偏微分 (partial differentiation on function of n variables) 26
Pascal 218
Perl 218
Prolog 219
Python 218
RSA 公開鍵暗号方式 (RSA public key cryptosystem) 160, 161
S.K. の公理系 (axiomatic system on S.K.) 110
Scala 219
Scheme 219
σ-集合体 (σ-field) 99
Smalltalk 219
$S(p)$ の特徴付 (characterization of $S(p)$) 111
t 分布 (t-distribution) 128
Windows 219
wxMaxima 219

あ行

アークコサイン (arccosine) 7
アークサイン (arcsine) 7
アークタンジェント (arctangent) 7
アーベル群 (Abelian group) 132
アプリケーションソフトウェア (application software) 217
誤り検出 (error-detecting) 147
アルゴリズム (algorithm) 218
暗号化 (encipher) 160
暗号解読 (code-breaking) 160
暗号鍵 (enciphering key) 160
暗号文 (ciphertext) 160
鞍点 (saddle point) 29
一致推定量 (consistent estimator) .. 125
一般解 (general solution) 164
イデアル (ideal) 137
陰関数 (implicit function) 30
陰関数定理 (implicit function theorem) 30
インタプリタ (interpreter) 218
上に有界 (bounded from above) .. 2, 80
上への写像 (onto-mapping) 84
枝 (edge) 145
エラトステネスのふるい (sieve of Eratosthenes) 222
エルゴード仮説 (ergodic hypothesis) 204
エルゴード定理 (ergodic theorem) .. 209
エルミート行列 (Hermitian matrix) 42
エルミート多項式 (Hermite polynomial) 178
演算子 (operator) 8
演算表 (operation table) 134
円順列 (circular permutation) 93
円柱座標 (cylindrical coordinates) .. 34
エントロピー (entropy) ...102, 106, 108
エントロピーの性質 (property of entropy) 109
オイラー関数 (Euler function) 156
オイラーの公式 (Euler's formula) ... 13
オイラー法 (Euler method) 228
同じ濃度を持つ (equipotent) 87
オペレーティングシステム (Operating System, OS) 217

か行

外延的 (extensional) 75
階級 (class) 117
階級値 (class mark) 117
開集合 (open set) 4
階数 (order) 163
階数 (rank) 44
解析関数 (analytic function) 189

回転 (rotation) 203
回転群 (rotation group) 135
開被覆 (open covering) 5
ガウス型確率変数 (Gaussian random variable) 213
ガウスの発散定理 (Gauss' divergence theorem) 203
ガウス分布 (Gaussian distribution) 98
カオス (chaos) 163
下界 (lower bound) 2, 80
可換 (commutative) 131
可換環 (commutative ring) 137
可換群 (commutative group) 132
鍵交換法 (key exchange method) .. 160
可逆変化 (reversible change) 103
下極限 (limit inferior) 77
核 (kernel) 52, 137
拡散方程式 (diffusion equation) 213, 214
拡大体 (extension field) 139
確率過程 (stochastic process) 204
確率空間 (probability space) 99
確率収束 (convergence in probability) 100
確率測度 (probability measure) 99
確率分布 (probability distribution) 96, 99
確率変数 (random variable) 95
下限 (infimum) 3, 80
可算集合 (countable set, enumerable set, denumerable set) 87
仮説検定法 (hypothesis testing) 128
可測関数 (measurable function) 99
可測空間 (measurable space) 99
片側検定 (side test) 129
かつ (and) 70
カットセット (cutset) 144
加法 (addition) 137
カルノーサイクル (Carnot cycle) ... 102
ガロア体 (Galois field) 141
環 (ring) 137
関係 (relation) 79
完全2分グラフ (complete bipatite graph) 144

完全グラフ (complete graph) 144
完備 (complete) 4
ガンマ関数 (gamma function) 127, 176
ガンマ関数の公式 (formula of gamma function) 177
木 (tree) 145
偽 (falsity) 70
記憶装置 (memory unit) 216
棄却域 (range of rejection) 129
棄却する (reject) 129
規準化 (normalization) 119
基数 (cardinal number) 89
期待値 (expectation) 96
奇置換 (odd permutation) 58
基底 (basis) 49
基底変換行列 (basis transformation matrix) 53
帰納的順序集合 (inductively ordered set) 90
ギブスエントロピー (Gibbs entropy) 116
基本列 (fundamental sequence) 4
帰無仮説 (null hypothesis) 128
既約 (irreducible) 140, 154
逆関数 (inverse function) 8
逆行列 (inverse matrix) 40, 41
逆元 (inverse element) 37, 132
既約元 (irreducible element) 154
逆写像 (inverse mapping) 85
逆像 (inverse image) 85
既約多項式 (irreducible polynomial) 140
吸収壁 (absorbing barrier) 212
球面座標 (spherical coordinates) 34
行 (row) 39
境界条件 (boundary condition) 164
共通鍵暗号方式 (common key criptosystem) 160
共通集合 (intersection) 76, 91
強度 (intensity) 214
行の基本変形 (elementary transformation of row) 43
共役行列 (conjugate matrix) 40
行列 (matrix) 36, 38

251

行列式 (determinant) 41, 59
極 (pole) 190
極限 (limit) 5, 77
極座標 (polar coordinates) 33
極小 (minimal) 80
極大 (maximal) 80
距離 (distance) 3
距離空間 (metric space) 3
近傍 (neighborhood) 4
空集合 (empty set) 74, 91
偶置換 (even permutation) 58
区間推定 (interval estimation) 125
矩形波 (square wave) 195
組合せ (combination) 92
グラディエント (gradient) 26
グラディエントベクトル場 (gradient vector field) 26, 27, 198
グラフ (graph) 83, 142
グラフ理論 (graph theory) 142
グラム–シュミットの直交化法 (Gram-Schmidt orthogonalization) 56
クラメル・ラオの不等式 (Cramér-Rao inequality) 124
繰返し二乗法 (repeated squaring method) 157
群 (group) 132
計算複雑性理論 (computational complexity theory) 224
計数過程 (counting process) 214
ケイリー–ハミルトンの定理 (Cayley-Hamilton theorem) 41
結合則 (associative law) 131
原始関数 (primitive function) 15
原始関数の公式 (formula of primitive function) 15
原始根 (primitive root) 158
子 (direct descendant) 145
公開鍵 (public key) 161
公開鍵暗号方式 (public key cryptosystem) 160
高階偏微分 (partial differentiation of higher order) 23
広義積分 (improper integral) 21
合成関数 (composite function) 8
合成関数の微分 (differential of composite function) 25
合成写像 (composite) 84
合成積 (convolution) 192
高速フーリエ変換 (fast Fourier transformation, FFT) 155
交代行列 (alternate matrix) 42
合同式 (congruence expression) 153
恒等写像 (identity map) 84
公倍数 (common multiple) 154
構文規則 (syntax) 74
公約数 (common divisor) 154
公理的集合論 (axiomatic set theory) 89
コーシー–リーマンの方程式 (Cauchy-Riemann equation) 184
コーシーの主値 (Cauchy principal value) 21
コーシーの積分公式 (Cauchy's integral formula) 189
コーシーの積分定理 (Cauchy's integral theorem) 187
コーシー列 (Cauchy sequence) 4
互換 (transposition) 58
古典暗号 (classical criptosystem) .. 160
古典群 (classical group) 135
古典論理 (classical logic) 72
固有空間 (eigenspace) 63
固有値 (eigenvalue) 63
固有ベクトル (eigenvector) 63
固有方程式 (characteristic equation) 63
孤立特異点 (isolated singularity) ... 190
コルモゴロフの不等式 (Kolmogorov's inequality) 100
根元事象 (elementary event) 94
コンパイル（翻訳）(compile) 218
コンパクト (compact) 5
コンパクト集合 (compact set) 5

さ行

最小 (minimum) 80
最小距離 (minimal distance) 147
最小公倍数 (least common multiple) 154
最小値 (minimum value) 2

再生性 (reproducibility) 213
最大 (maximum) 80
最大公約数 (greatest common divisor)
. . . . 154, 155
最大値 (maximum value) 2
最大値の定理 (theorem of maximum
value) 6
最大ネットワーク問題 (maximum flow
problem) 144
採択する (accept) 129
最短経路問題 (shortest path problem)
. . . . 144
最頻値 (mode) 119
最尤推定値 (maximum likelihood
estimate) 125
最尤推定量 (maximum likelihood
estimator) 125
サドル点 (saddle point) 29
差分方程式 (difference equation)
. . . . 163, 174
作用素 (operator) 8
三角関数 (trigonometric function) . . 14
三角不等式 (triagle inequality) 55
散布図 (scatter plot) 120
サンプリング関数 (sampling function)
. . . . 197
算法 (calculus) 218
算法 (law of composition) 131
シーザー暗号 (Caesar cipher) 159
次元 (dimension) 49
自己共役行列 (self-adjoint matrix) . . 42
事象 (event) 91, 94
次数 (degree) 139, 142
指数分布 (exponential distribution)
. . . . 98
システムソフトウェア (system software)
. . . . 217
子孫 (descendant) 145
下に有界 (bounded from below) . . 2, 80
実一般線形群 (real general linear group)
. . . . 134
実シンプレクティック群 (real symplectic
group) 135
実数の基本性質 (fundamental property of
real number) 4

実線形空間 (real linear space) 48
実特殊線形群 (real special linear group)
. . . . 134
始点 (initial vertex) 142
射影演算子 (projection) 56, 63
射影する (project) 56
写像 (mapping) 83
シャノンの基本不等式 (Shannon's fundamental inequality) 115
自由エネルギー (free energy) 107
集合族 (family of sets) 77
重積分 (multiple integral) 31
収束 (convergence) 1
収束定理 (convergence theorem) . . . 100
終点 (terminal vertex) 142
十分推定量 (sufficient estimator) . . . 124
自由変数 (free variable) 74
従来型暗号 (conventional criptosystem)
. . . . 160
主値 (principal value) 21
述語論理 (predicate logic) 72, 74
シュワルツの不等式 (Schwarz's
inequality) 122
巡回セールスマン問題 (traveling salesman
problem) 144
巡回符号 (cyclic code) 150
順序関係 (order relation) 79
順序集合 (ordered set) 79
順序対 (ordered pair) 78, 131
準同型写像 (homomorphism) . . 132, 136
準同型定理 (homomorphism theorem)
. . . . 137
順列 (permutation) 92
上界 (upper bound) 2, 80
上極限 (limit superior) 77
条件 (condition) 70
上限 (supremum) 3, 80
条件付エントロピー (conditional entropy)
. . . . 108
条件付確率 (conditional probability)
. . . . 94
条件付き極値問題 (conditional extremum
problem) 31
商集合 (quotient set) 82
常微分方程式 (ordinary differential

equation) 163, 227
乗法 (multiplication) 137
剰余環 (residue (class) ring, factor ring, quotient ring) 138
剰余群 (residue class group) 136
剰余項 (remainder) 12
初期条件 (initial condition) 164
初期値 (initial value) 174
初等関数 (elementary function) 18
初等的 (elementary) 143
ジョルダン細胞 (Jordan block) 68
ジョルダン標準形 (Jordan canonical form) 68
自律系 (autonomous system) 228
真 (true) 70
真偽表 (truth table) 71
真性特異点 (essential singularity) .. 190
シンプソンの公式 (Simpson's rule) 226
信頼区間 (confidence interval) 126
信頼係数 (confidence coefficient) ... 126
推移確率行列 (transition probability matrix) 115
推移的 (transitive) 79
推移律 (transitive low) 79
推定 (estimation) 122
推定量 (estimator) 123
随伴行列 (adjoint matrix) 40, 56
随伴変換 (adjoint transformation) .. 56
数学的確率 (mathematical probability) 93
数列 (sequence of numbers) 1, 6
スカラー場 (scalr field) 197
スターリングの近似 (Stirling's approximation) 105
スターリングの公式 (Stirling's formula) 177
スペクトル分解 (spectral resolution) 63
正規行列 (normal matrix) 42
正規グラフ (regular graph) 144
正規直交基底 (orthonormal basis) ... 56
正規直交系 (orthonormal system) ... 56
正規部分群 (normal subgroup) 136
正規分布 (normal distribution) 98, 123
生成元 (generator) 150
生成された部分空間 (generated subspace) 48
正則 (holomorphic) 184
正則 (regular) 40
正則関数 (holomorphic function) .. 183
正則グラフ (regular graph) 144
整列可能定理 (well-ordering theorem) 90
積事象 (product event) 94
積分 (integral) 15, 19
積率母関数 (moment generating function) 98
接続 (connection) 142
絶対積分可能 (absolute integrable) .. 22
線形空間 (linear space, vector space) 36, 48
線形写像 (linear mapping) 48, 52
線形従属 (linearly dependent) 38
線形常微分方程式 (linear ordinary differential equation) 165, 169
線形独立 (linearly independent) 38
線形符号 (linear code) 148
線形変換 (linear transformaion) ... 52
全事象 (whole event) 94
全射 (surjection) 84
全順序 (total order) 80
全順序集合 (totally ordered set) 80
全称記号 (universal quantifier) 72
線積分 (line integral) 185
全体集合 (universal set) 76, 91
選択公理 (axiom of choice) 90
全単射 (bijection) 84
全微分 (total differential) 24
全微分可能 (totally differentiable) .. 24
素 (prime) 154
素因数分解 (factorization into prime factors) 222
像 (image) 52, 85
相関係数 (correlation coefficient) .. 122
相関図 (correlation diagram) 120
双曲型 (hyperbolic type) 199
双曲線関数 (hyperbolic function) ... 14
相互エントロピー (mutual entropy)

.... 115
相互情報量 (mutual information) .. 115
相似 (similar) 63
相似変換 (similarity transformation)
.... 63
層状 (lamellar) 203
相対エントロピー (relative entropy)
.... 113
相対エントロピーの性質 (property of relative entropy) 113
相対度数 (relative frequency) 93
相対度数分布表 (table of relative frequency distribution) 118
相転移 (phase transition) 107
添え字集合 (index set).............. 77
束 (lattice) 81
測度 (measure) 99
測度論的確率論 (measure theoretic probability theory) 98
束縛変数 (bound variable) 74
素元 (prime element) 154
素数 (prime number) 154
素体 (prime subfield) 140
ソフトウェア (software) 217
素朴集合論 (naive set theory) 89
存在記号 (existential quantifier) 73

た行

体 (field) 137
第 1 種楕円積分 (elliptic integral of the first kind) 182
第 1 種の誤り (error of the first kind)
.... 129
第 1 種のベッセル関数 (Bessel function of the first kind) 182
第 2 種楕円積分 (elliptic integral of the second kind) 182
第 2 種の誤り (error of the second kind)
.... 129
第 2 種のベッセル関数 (Bessel function of the second kind) 183
第 3 種楕円積分 (elliptic integral of the third kind) 182
対角化可能 (diagonalizable) 63
台形公式 (Trapezoidal rule) 226

対称暗号方式 (symmetrical cryptosystem) 160
対称行列 (symmetric matrix) 42
対称群 (symmetric group) 133
対称的 (symmetric) 79
対称なランダム・ウォーク (symmetric random walk) 214
対称律 (symmetric low) 79
代数拡大 (algebraic extension) 139
代数系 (algebraic system) 131
代数的 (algebraic) 139
大数の強法則 (strong law of large numbers) 101
大数の弱法則 (weak law of large numbers) 101
大数の法則 (law of large number) ... 93
対立仮説 (alternative hypothesis) .. 128
楕円型 (elliptic type) 199
楕円関数 (elliptic function) 181
楕円曲線 (elliptic curve) 182
楕円積分 (elliptic integral) 182
互いに素である (disjoint) 154
多項式環 (polynomial ring) 140
多項式時間アルゴリズム (polynomial time algorithm) 155
多項式表現 (polynomial representation) mbox 150
多項定理 (polynomial theorem) 93
単位行列 (unit matrix) 40
単位元 (unit element, identity element, neutral element) 131
単射 (injection) 84
単純 (simple) 143
単純拡大 (simple extension) 140
単純グラフ (simple graph) 142
単振動 (simple harmonic oscillation)
.... 193
弾性壁 (elastic barrier) 212
端点 (end vertex) 142
値域 (range) 85
チェビシェフ多項式 (Chebyshev polynomial) 178, 180
チェビシェフの不等式 (Chebyshev's inequality) 96, 100
置換 (permutation) 58, 133

置換群 (permutation group) 133
チャップマン–コルモゴロフの等式
(Chapman-Kolmogorov equation)
.............................206, 207
中央処理装置 (Central Processing Unit,
CPU) 216
中央値 (median) 119
中間値の定理 (intermediate value
theorem) 6
中心極限定理 (central limit theorem)
.............................98, 100
チューリング機械 (Turing machine)
.............................155, 223
超越的 (transcendental) 139
頂点 (vertex) 142
重複組合せ (repeated combination) . 92
重複順列 (repeated permutation) ... 92
調和関数 (harmonic function) 199
直積集合 (product set) 78
直和 (direct sum) 48
直交行列 (orthogonal matrix) 42
直交群 (orthogonal group) 135
直交している (orthogonal) 55
直交する (orthogonal) 178
直交多項式 (orthogonal polynomial)
...................................178
直交多項式系 (system of orthogonal
polynomials) 178
直交補空間 (orthogonal complement
space) 56
ツォルンの補題 (Zorn's lemma) 90
定義域 (domain) 83
定常推移確率 (stationary transiton
probability) 207
定積分の公式 (formula of definite
integral) 19
ディフィー–ヘルマンの鍵交換法 (Diffie-
Hellman key exchange method) ... 160
テーラー展開 (Taylor expansion)
.............................11, 189
ではない (not ⋯) 70
点推定 (point estimation) 123
転置 (transpose) 36
転置行列 (transposed matrix) 40
テント写像 (tent map) 175

点列 (sequence of points) 3
導関数 (derivative) 7
同型 (isomorphic) 132
同型写像 (isomorphism) 132
統計的確率 (statistical probability)
.... 93
統計量 (statistic) 123
等高線 (contour line) 26
等高面 (contour surface) 27
同値 (equivalent) 72
同値関係 (equivalent relation) ..79, 135
同値類 (equivalent class) 82
トートロジー (tautology) 72
特殊解 (particular solution) 164
特殊線形群 (complex special linear
group) 135
特殊相対性理論 (special theory of
relatirity) 135
特殊直交群 (special orthogonal group)
.... 135
特殊ユニタリー群 (special unitary group)
.... 135
特性方程式 (characteristic equation)
.... 171
独立 (independent) 94
度数 (frequency) 117
度数折れ線 (frequancy polygon) ... 118
度数分布表 (frequency table) 117
トレース (trace) 62

な行

内積 (inner product) 37, 55
内積空間 (inner product space) 55
内部エネルギー (internal energy) ... 102
内包的 (intensional) 75
ナブラ (nabla) 198
二項関係 (binary relation) 79
二項定理 (binomial theorem) 93
二項分布 (binomial distribution) 96
入出力ポート (Input/Output Port; I/O)
.... 216
ニュートン法 (Newton method) 226
根 (root) 145
熱方程式 (heat equation) 199, 200
熱力学第一法則 (the first law of

256

thermodynamics) 102
熱力学第二法則 (the second law of thermodynamics) 103
熱力学的エントロピー (thermodynamic entropy) 103
ノイマン関数 (Neumann function) 183
濃度 (cardinality) 87
ノルム (norm) 37
ノルム空間 (normed space) 55

は行

葉 (leaf) 145
ハードウェア (hardware) 216
バーナム暗号 (Vernam cipher) 159
排反事象 (exclusive events) 94
パソコン (personal computer, PC) 216
発散 (divergence) 198
波動方程式 (wave equation) ...199, 200
ハミング重み (Hamming weight) ... 148
ハミング距離 (Hamming distance) 147
ハミング限界式 (Hamming bound) 148
ハミング符号 (Hamming code) 149
パリティ検査行列 (parity-check matrix) 149
パリティ検査ビット (parity-check bit) 149
反エルミート行列 (anti-Hermitian matrix) 42
反射的 (reflective) 79
反射壁 (reflecting barrier) 212
反射律 (reflexive low) 79
非回転的 (irrotational) 203
非可換環 (noncomutative ring) 137
非可算集合 (uncountable set) 88
ヒストグラム (histogram) 117
非退化臨界点 (non degenerate critical point) 28
左剰余類 (left coset) 136
被覆 (covering) 5
微分 (differential) 7
微分可能 (differentiable) 7, 184

微分係数 (differential coefficient) 7
微分多項式 (differential polynomial) 169
微分の公式 (formula of differential) ...7
微分方程式 (differential equation) .. 163
秘密鍵 (secret key) 161
秘密鍵暗号方式 (secret key cryptosystem) 160
表現行列 (representation matrix) ... 52
標準化 (normalization) 119
標準形 (canonical form) 44
標準偏差 (standard deviation) ..96, 119
標数 (chracteristic) 140
標本（サンプル）(sample) 122
平文 (plain text) 160
フーリエ解析 (Fourier analysis) 193
フーリエ級数 (Fourier series) ..193, 195
フーリエ変換 (Fourier transformation) 196
ブール束 (Boolean algebra) 82
ブール代数 (Boolean algebra) 82
フェルマーの小定理 (Fermat's Little Theorem) 158
不可逆的変化 (irreversible change) 103
復号化 (decipher) 160
復号化鍵 (deciphering key) 160
複素一般線形群 (complex general linear group) 134
複素関数 (complex function) 183
複素線形空間 (complex linear space) 48
複素フーリエ級数 (complex Fourier series) 196
節 (node) 142, 145
部分木 (subtree) 145
部分空間 (subspace) 48
部分群 (subgroup) 134
部分集合 (subset) 75, 91
部分束 (sublattice) 81
不偏推定量 (unbiased estimator) ... 123
ブラウン運動 (Brownian motion) .. 213
フローネットワーク (flow network) 144
プログラミング (programming) 218

プログラミング言語 (programming language) 218
プログラミングパラダイム (programming paradigm) 218
プログラム (program) 216
フロベニウス写像 (Frobenius monomorphism) 140
分散 (variance) 96, 98, 118
分配束 (distributive lattice) 81
分布関数 (distribution function) 99
平均 (mean) 98
平均値 (average) 96, 118
閉集合 (closed set) 4
ベイズの定理 (Bayes' theorem) 94
平面グラフ (planar graph) 144
閉路 (closed path) 143
ベータ関数 (beta function) 127, 177
ベータ分布 (beta distribution) 127
ベキ集合 (power set) 75
ベクトル (vector) 36
ベクトル解析 (vector analysis) 197, 201
ベクトル積 (vector product) 201
ベクトル場 (vector field) 197
ヘッセ行列 (Hessian matrix) 28
ベルヌーイ型の常微分方程式 (Bernoulli's ordinary differential equation) 166
辺 (edge) 142
偏差値 (T-score) 119
偏導関数 (partial derivative) 23
偏微分 (partial differential) 22
偏微分可能 (partially differentiable) 22
偏微分方程式 (partial differential equation) 163, 199
変量 (variables) 117
ポアソン過程 (Poisson process) 215
ポアソン分布 (Poisson distribution) 123, 128
方向微分 (direction difference) 26
法則収束 (convergence in law) 100
放物型 (parabolic type) 199
母関数 (generating function) 178
補元 (complement) 82
補集合 (complementary set) 76, 91

母集団 (population) 122
ポテンシャル方程式 (potential equation) 199
ほとんど至るところ (almost everywhere) 101
ボレル–カンテリの補題 (Borel-Canteli's lemma) 100
ボレル集合体 (Borel field) 99

ま行

マクローリン展開 (Maclaurin expansion) 12
または (or) 70
マルコフ過程 (Markov process) 205
マルコフ連鎖 (Markov chain) 206
右剰余類 (right coset) 136
路 (path) 143
未知母数 (unknown parameters) ... 123
密度関数 (density function) 99
無向グラフ (undirected graph) 142
無作為抽出 (random sampling) 122
命題 (proposition) 70
命題結合記号 (proposition conectives) 72
命題論理 (propositional logic) 72
モジュラー束 (modular lattice) 81
モンテカルロ法 (Monte Carlo method) 227

や行

ヤコビアン (Jacobian) 32
ヤコビ行列 (Jacobi matrix) 32
有意 (purposive) 128
有界 (bounded) 2
有界集合 (bounded set) 5
有界閉集合 (bounded closed set) 5
ユークリッド空間 (Euclidean space) 36
ユークリッドの互除法 (Euclidean algorithm) 155
有限群 (finite group) 136
有限次拡大 (finite extension) 139
有限体 (finite field) 138, 141
有限マルコフ連鎖 (finite Markov chain) 211

有向グラフ (directed graph) 142
有向集合 (directed set) 80
有効推定量 (efficient estimator) 124
有向路 (directed path) 143
尤度関数 (likelihood function) 125
有理関数 (rational function) 16
有理点 (rational point) 18
ユニタリー行列 (unitary matrix) 42
ユニタリー群 (unitary group) 135
余因子 (cofactor) 59
余事象 (complementary event) 94

ら行

ライプニッツ則 (Leibniz rule) 9
ラグランジュ未定乗数法 (Lagrange's method of indeterminate coefficients) 31
ラゲール多項式 (Laguerre polynomial) 178, 180
ラッセルのパラドックス (Russell's paradox) 89
ラドン-ニコディムの定理 (Radon-Nikodym theorem) 99
ラプラシアン (Laplacian) 198
ラプラス積分 (Laplace integral) 191
ラプラス変換 (Laplace transform) .. 191
ラプラス変換の基本性質 (fundamental property of Laplace transformation) 191
ラプラス方程式 (Laplace equation) 199
ランダウの記号 (Landau symbol) ... 11
ランダム・ウォーク (random walk) 211
リーマン積分 (Riemann integral) ... 19
力学系 (dynamical system) 163
離散系 (discrete system) 108
離散時間の確率過程 (discrete time stochastic process) 204
離散対数 (discrete logarithm) 142, 159
離散対数問題 (discrete logarithm problem) 159
リッカチ型の常微分方程式 (Riccati type ordinary differential equation) 167

留数 (residue) 190
留数定理 (residue theorem) 190
両側検定 (two-sided test) 129
臨界点 (critical point) 28
隣接 (adjacent) 142
類 (class) 89
累次積分 (iterated integral) 31
累積度数 (cumulative frequency) .. 118
累積度数表 (cumulative frequency table) 118
類別 (classification) 82
ルジャンドル多項式 (Legendre polynomial) 178, 179
ルベーグ積分 (Lebesgue integral) ... 19
ルベーグ測度 (Lebesgue measure) ... 99
ルンゲ–クッタ法 (Runge-Kutta method) 228
零因子 (zero divisor) 43
零行列 (zero matrix) 40
零元 (zero element) 37
列 (column) 39
列の基本変形 (elementary transformation of column) 44
連結グラフ (connected graph) 143
連続 (continuous) 6
連続関数 (continuous function) 6
連続系 (continuous system) 108
連続時間の確率過程 (continuous time stochastic process) 204
連立一次方程式 (simultaneous linear equations) 44
ローラン展開 (Laurent expansion) 190
ローレンツ群 (Lorentz group) 135
ロジスティック写像 (logistic map) .. 175
ロピタルの定理 (l'Hôpital's theorem) 10
論理記号 (logical symbol) 74
論理ゲート (logical gate) 217
論理式 (formula) 74

わ行

輪 (self loop) 142
和事象 (sum event) 94
和集合 (sum, union, join) 76, 91

人名

アーベル, ニールス・ヘンリック (Niels Henrik Abel) 239
オイラー, レオンハルト (Leonhard Euler) 143, 235
ガウス, カール・フリードリヒ (Carl Fridrich Gauss) 238
ガロア, エヴァリスト (Évariste Galois) 239
カントール, ゲオルク・フェルディナント・ルートヴィッヒ・フィリップ (Georg Ferdinand Ludwig Philipp Cantor) 243
クラウジウス, ルドルフ (Rudolf Clausius) 102
コーシー, オーギュスタン＝ルイ (Augustin Louis Cauchy) 238
コルモゴロフ, アンドレイ・ニコラエヴィッチ (Andrey Nikolaevich Kolmogorov) 247
シャノン, クロード (Claude Shannon) 108
デカルト, ルネ (René Descartes) .. 231
ニュートン, アイザック (Isaac Newton) 234
パスカル, ブレーズ (Blaise Pascal) 233
ヒルベルト, ダフィット (David Hilbert) 244
フォン・ノイマン, ジョン (John von Neumann) 246
フーリエ, ジャン・バティスト・ジョゼフ (Jean Baptiste Joseph Fourier) ... 237
フェルマー, ピエール・ド (Pierre de Fermat) 232
ポアンカレ, ジュール＝アンリ (Jules-Henri Poincaré) 244
ボルツマン, ルードヴィヒ・エドゥアルト (Ludwig Eduard Boltzmann) 104, 242
ライプニッツ, ゴットフリート・ヴィルヘルム (Gottfried Wilhelm Leibniz) ... 235
ラグランジュ, ジョゼフ＝ルイ (Joseph-Louis Lagrange) 236
ラプラス, ピエール＝シモン (Pierre-Simon Laplace) 237
リーマン, ゲオルク・フリードリヒ・ベルンハルト (Georg Friedrich Bernhard Riemann) 242
ルベーグ, アンリ・レオン (Henri Leon Lebesgue) 245

【著者紹介】

大矢 雅則（おおや まさのり）

東京理科大学名誉教授，Ph.D，理学博士
1970 年　東京大学理学部物理学科 卒業
1976 年　ロチェスター大学大学院理学研究科博士課程 修了
1988 年　東京理科大学理工学部 教授

主要著書
◎文部科学省検定済み教科書
・『高等学校 数学 I』『高等学校 数学 A』『高等学校 数学 II』
　『高等学校 数学 B』『高等学校 数学 III』『高等学校 数学 C』
　　（共著，数研出版）
　　ほか．
○大学の教科書および専門書
・*Mathematical Foundations of Quantum Information and Computation and Its Applications to Nano- and Bio-systems*（共著，Springer-Verlag，2011 年）
・*Selected Papers of M. Ohya*（World Scientific，2008 年）
・『情報進化論』（岩波書店，2005）
・*Quantum entropy and its use*（共著，Springer-Verlag，1993 年）
・『測度・積分・確率』（共著，共立出版，1987）
・『作用素代数入門』（共著，共立出版，1985）
・『量子論的エントロピー』（共著，共立出版，1983 年）
　　ほか．

戸川 美郎（とがわ よしお）

東京理科大学理工学部 教授，理学博士
1975 年　早稲田大学理工学部数学科 卒業
1977 年　早稲田大学大学院理工学研究科数学専攻 修了
1991 年　東京理科大学理工学部 講師
1992 年　東京理科大学理工学部 助教授
2001 年　東京理科大学理工学部 教授

主要著書
◎文部科学省検定済み教科書
・『高等学校 数学 I』『高等学校 数学 A』『高等学校 数学 II』
　『高等学校 数学 B』『高等学校 数学 III』『高等学校 数学 C』
　　（共著，新興出版啓林館）
　　ほか．
○大学の教科書および専門書
・『数学オリンピック事典』（共著，朝倉書店，2001 年）
・『ゼロからわかる数学――数論とその応用』（朝倉書店，2001 年）
　　ほか．

高校-大学 数学公式集
第Ⅱ部 大学の数学
Ⓒ 2015 Masanori Ohya, Yoshio Togawa
Printed in Japan

2015年 1 月31日　初版第1刷発行

著　者	大　矢　雅　則
	戸　川　美　郎
発行者	小　山　　　透

発行所　株式会社 近代科学社
〒162-0843　東京都新宿区市谷田町2-7-15
電話 03-3260-6161　振替 00160-5-7625
http://www.kindaikagaku.co.jp

三美印刷　　ISBN978-4-7649-0468-2

定価はカバーに表示してあります．